SCHÄFFER
POESCHEL

Wolfgang Jenewein/Marcus Heidbrink

High-Performance-Teams

Die fünf Erfolgsprinzipien für Führung
und Zusammenarbeit

2008
Schäffer-Poeschel Verlag Stuttgart

Bibliografische Information der Deutschen Nationalbibliothek
Die Deutsche Nationalbibliothek verzeichnet diese Publikation in der Deutschen
Nationalbibliografie; detaillierte bibliografische Daten sind im Internet über
< http://dnb.d-nb.de > abrufbar.

Gedruckt auf chlorfrei gebleichtem, säurefreiem und alterungsbeständigem Papier

ISBN 978-3-7910-2293-2

© 2008 Schäffer-Poeschel Verlag für Wirtschaft · Steuern · Recht GmbH
www.schaeffer-poeschel.de
info@schaeffer-poeschel.de
Einbandgestaltung: Willy Löffelhardt
Satz: Johanna Boy, Brennberg
Druck und Bindung: Kösel Krugzell · www.koeselbuch.de
Printed in Germany
Februar 2008

Schäffer-Poeschel Verlag Stuttgart
Ein Tochterunternehmen der Verlagsgruppe Handelsblatt

Einleitung

Aphorismen, Metaphern und Lebensweisheiten über Teamarbeit gibt es unzählige; nicht eine Vorstandsrede, nicht eine Brandrede eines Fußballtrainers, in der nicht der Teamgeist beschworen wird. Warum ist das so? Wir sind der Ansicht, dass heutzutage keine Herausforderung von Bedeutung alleine bewältigt werden kann. In einer Wirtschaftswelt mit einem hohem Grad an Diversifizierung können Aufgaben nur im Team gelöst werden. Die Zeit der charismatischen Führerpersönlichkeit, die weitgehend autark und ohne effizienten Rückgriff auf ein kompetentes Team schalten und walten kann, ist passé.

Unbestritten war Teamarbeit auch in früheren Zeiten relevant und wichtig. Nur das Umfeld und die Rahmenbedingungen waren andere als heute. Dadurch wächst die Bedeutung von Teamarbeit.

- Der Konkurrenzdruck ist heute aufgrund der Globalisierung und Transparenz der Märkte um ein Vielfaches größer. Leader haben dementsprechend nicht mehr die Zeit, Lösungen kontinuierlich als Einzelperson zu entwickeln. Um gegenüber der Konkurrenz nicht abzufallen, muss die Führungskraft der Gegenwart jederzeit auf ein schlagkräftiges und motiviertes Team zurückgreifen können.
- Die Diversifizierung bzw. Spezialisierung in vielen Branchen macht es Führungskräften heutzutage unmöglich, großartige Leistungen im Alleingang ohne Unterstützung von Spezialisten aus verschiedenen Disziplinen zu erzielen.
- Kürzer werdende Innovationszyklen sorgen dafür, dass die Pace in allen Branchen zunimmt. Um auf der Höhe der jeweiligen Entwicklungen im eigenen, angestammten Bereich zu bleiben, benötigen Führungskräfte ein Team von agilen, innovativen und miteinander harmonierenden Mitarbeitern.

Dies sind nur drei Gründe für die erhöhte Bedeutung von Teams in unserer Zeit. Dieses Buch soll anhand ausgewählter Beispiele aus verschiedenen Bereichen zeigen, wie Teamführung auf höchstem Niveau praktiziert werden kann. Welche Stellhebel und Mechanismen wenden Manager an, um ihre Teams zu Höchstleistungen zu führen?

Wenn wir in diesem Buch von Teams sprechen, dann meinen wir Gruppen von Individuen, von denen jeder Einzelne eine besondere Spezialisierung mitbringt und ein Experte auf dem jeweiligen Fachgebiet ist. Wir gehen davon

aus, dass der heutige Teamführer eine Mannschaft von autonomen, selbstbe-
wussten Fachspezialisten zusammenführt und auf ein gemeinsames Teamziel
ausrichten muss. Das Orchester aus kompetenten Einzelspielern muss dirigiert
werden; nur der Gesamtklang ist entscheidend. Es geht also nicht mehr nur
darum, eine Abteilung zu organisieren, in der jedes Mitglied ein und die gleiche Tätigkeit ausführt und die Teamleistung identisch ist mit der Summe der
Einzelergebnisse. Wenn die Teamführung nicht mehr nur auf die Koordination
und Verwaltung einer Gruppe von Arbeitskräften beschränkt bleibt, dann ist
das Führen von Teams nicht mehr trivial.

Was macht aber nun gute Teamführung aus? Und vor allem: Was unterscheidet die guten, soliden Teams von denen, die das Außergewöhnliche schaffen,
die Höchstleistung erbringen? Diese Fragen haben uns bewegt. Und um sie
zu beantworten, wollten wir begreifen. Wir wollten dabei sein, in den Teams
miterleben, wie es sich anfühlt, Teil eines Hochleistungsteams zu sein. Welche Dynamiken werden spürbar, was sind die Erfolgsfaktoren? Und natürlich:
Wie verhält sich der Führer eines Teams, um das berühmte letzte Quäntchen
Energie zu mobilisieren und Höchstleistungen abzurufen?

In den letzten Jahren haben wir auf zwei Wegen Antworten auf diese Fragen
gesucht. Einerseits hatten wir die Möglichkeit, zahlreiche Spitzenteams in
Unternehmen kennenzulernen, aber auch in Forschungsprojekten mit dem
Alinghi-Team, der Deutschen Fußball-Männer-Nationalmannschaft und dem
Sauber Formel 1-Team zusammen zu arbeiten und diese systematisch nach
ihren Führungsprinzipien und Erfolgsgeheimnissen zu durchleuchten. Andererseits konnten wir unsere Ergebnisse aus den diversen Studien in mittlerweile über fünfhundert Trainings, Seminaren und Vorlesungen mit Managern
und Studierenden aus verschiedenen Ländern und Kulturkreisen diskutieren
und entsprechend verfeinern. Mit jeder Diskussion, mit jedem Team, in das
wir Einblick nehmen durften, hat sich unser Bild geschärft und unsere Theorie
vervollständigt. Die letzten Jahre waren für uns wie eine Entdeckungsreise.
Mit diesem Buch wollen wir unsere Erkenntnisse an Sie weitergeben und Sie
einladen, diese Entdeckungsreise nachzuvollziehen.

Starten wollen wir diese Reise im ersten Teil des Buches mit einem konkreten
Praxisfall, der Geschichte des Alinghi-Teams auf seinem Weg zum mittlerweile
zweifachen Gewinn des America's Cups. Damit der Leser die Schlussfolgerun-
gen und Theorien im zweiten Teil des Buches besser versteht, hat er hier die
Möglichkeit durch eine chronologische Beschreibung von Alinghis Siegeszug
– unterlegt mit vielen Originalzitaten –, sich ein eigenes Bild von den Erfolgsprinzipien eines Hochleistungsteams zu machen.

Aufbauend auf diesen Einzelfall soll im zweiten Teil des Buches kritisch reflektiert werden, was die erfolgsrelevanten Prinzipien, Regeln und Mechanismen sind, um Teams zur Höchstleistung zu führen. Wir beschreiben die Erfolgsfaktoren in insgesamt fünf Kapiteln, die von der Entstehung eines Teams bis zur dauerhaften Etablierung von Höchstleistung in einem Team den gesamten Lebenszyklus eines High-Performance-Teams abdecken. Die fünf Erfolgsfaktoren werden in einem Stufenmodell entwickelt. Es ist aber auch möglich, sich nur einzelne Kapitel herauszugreifen. Die Erkenntnisse aus unseren Forschungsprojekten werden im Verlauf des zweiten Teils immer wieder durch einzelne Beispiele und Praxisfälle ergänzt und veranschaulicht.

In den Seminaren, in denen wir mit Fallbeispielen aus dem Spitzensport arbeiteten, wurden gelegentlich Vorbehalte artikuliert, dass die Erfolgsprinzipien aus Sportteams nicht auf die betriebliche Praxis übertragbar seien. Im Verlauf der gemeinsamen Arbeit mit den Fallbeispielen wurden die Parallelen dann aber doch immer recht schnell offenkundig. Der Vorteil der Arbeit mit Spitzenteams aus dem Sportbereich ist in der inspirierenden Wirkung der Fallbeispiele zu sehen. Überprüfen Sie für sich kritisch, welche der Einzelaspekte aus den exklusiven Beispielen auch auf Ihre Führungstätigkeit übertragbar sind. Wir haben die entscheidenden Erfolgsfaktoren sowohl bei den Spitzenteams im Sport als auch in der Wirtschaft wiedergefunden und vertreten daher die Ansicht, dass beide Seiten voneinander profitieren können. Es lohnt sich, auch außerhalb der engeren Arbeitsgrenzen nach guten Ideen und Erfolgsfaktoren zu suchen.

Im dritten und letzten Teil des Buches werden dann die Erkenntnisse aus der Diskussion um die verschiedenen Hochleistungsteams zu einem Modell, dem sogenannten Leadership-House für High-Performance-Teams, verdichtet und zusammenfassend dargestellt. Wir wünschen Ihnen bei der Lektüre des Buches viel Spaß und bei der Umsetzung der Erfolgsprinzipien für ein Hochleistungsteam eine glückliche Hand.

St. Gallen und Köln   Wolfgang Jenewein
Januar 2008   Marcus Heidbrink

Inhaltsverzeichnis

Teil 1:
Ein Musterbeispiel für High-Performance-Teamleistung: Das Alinghi-Team

Die Erfolgsstory

Endlich war es soweit. Das Team Alinghi hatte sich nach souveränen Siegen in den Ausscheidungsrennen um den Louis Vuitton Cup für das finale Match um den America's Cup qualifiziert und forderte nun den Titelverteidiger, das Team New Zealand, heraus. Aufgrund der Empfehlungen ihrer Wetterteams stellten sich die beiden Konkurrenten auf der rechten Seite des Kurses auf. Doch im Gegensatz zum Alinghi-Team wurde die Afterguard des Titelverteidigers in letzter Sekunde unsicher und entschied sich für die linke Seite, da diese wenige Momente vor dem Startschuss die vermeintlich besseren Bedingungen versprach. Eine fatale Entscheidung der Neuseeländer, die gleich nach dem Start mit einem 150-Meter-Rückstand bestraft wurde und bis ins Ziel nicht mehr aufgeholt werden konnte. Auch die übrigen vier Wettfahrten um den America's Cup wurden zu einer Demonstration der Stärke des Schweizer Teams Alinghi, welches am Ende mit einem 5:0 einen Triumph der Superlative realisierte.

Die Presse sprach 2003 von einem historischen Sieg: Zum ersten Mal gewann eine Nation ohne eigenen Hochseezugang den America's Cup. Zum ersten Mal eroberte ein Team den »Auld Mug«, die beruhmteste Trophäe im Segelsport schlechthin – im ersten Anlauf. Und zum ersten Mal in der Geschichte des Cups, nach Dutzenden Versuchen anderer europäischer Syndikate, holte ein Team den Pokal zurück nach Europa, den Kontinent, auf dem vor über 150 Jahren der erste America's Cup ausgetragen worden war. Bemerkenswert ist aber auch, dass nicht nur die Presse, sondern auch die Konkurrenz neidlos die einzigartige Leistung dieses Teams anerkannte. Larry Ellison, Chef des Teams Oracle BMW, meinte am Ende der Wettfahrten, Alinghi sei das beste Segelteam, das er je gesehen habe.

Doch wie war diese Leistung möglich? Und was können Unternehmen und Manager von diesem Team lernen? Der Werdegang des Teams Alinghi, das im Jahr 2000 gegründet worden war und seitdem den America's Cup 2003 als Herausforderer gewonnen und im Jahr 2007 erfolgreich verteidigt hat, ist eine Erfolgsstory, die Unternehmen aus den verschiedensten Branchen wertvolle

Hinweise für die Führung und Zusammenarbeit von Teams liefern kann. Auch die Ausgangssituation, welche das Schweizer Team zu Beginn seiner Kampagne vorfand, ist in vielen Bereichen identisch mit den Herausforderungen, denen sich viele Unternehmen derzeit stellen müssen:

1. **Alinghi – ein Außenseiter:** Ein Segelteam aus der Schweiz – bekannt für Berge und Schnee – sollte Höchstleistungen auf dem Wasser vollbringen? Zudem trat Alinghi mit dem nur viertgrößten Budget unter anderem gegen Konkurrenten an, hinter denen nicht nur Weltkonzerne standen, sondern die im Gegensatz zu Alinghi auch schon über mehrjährige Cuperfahrung verfügten. Ähnlich hohe Zugangsbarrieren herrschen infolge globaler Konzentrationstendenzen mittlerweile in vielen Branchen. So zum Beispiel in der Medien- oder auch in der Pharmaindustrie, wo eine Hand voll übermächtiger Konzerne den Markt unter sich aufgeteilt hat. Immer weniger junge Unternehmen sind fähig und bereit, sich diesen Oligopolen entgegenzustemmen und die Formation der Großen zu durchbrechen.

2. **Alinghi – ein multinationales Team:** Man war sich darüber einig, dass man, um gegen die hochwertige Konkurrenz eine Chance zu haben, bei der Personalrekrutierung keine Kompromisse machen durfte. Entsprechend wurden die Teammitglieder auf der ganzen Welt gesucht, so dass am Ende des Selektionsprozesses ein Team von 97 exzellenten Seglern, Designern und Managern aus insgesamt 15 verschiedenen Nationen stand. Auch im Wirtschaftssektor werden die Teams aufgrund des Konkurrenzdrucks sowie grenzüberschreitender Fusionen, Kooperationen oder Joint Ventures immer internationaler und globaler. Gleichzeitig ringen besonders die Professional Service Firms wie Unternehmensberatungen, Wirtschaftsprüfungsgesellschaften oder Investmentbanken um die Besten der Besten. Denn wer den War for Talents für sich entscheidet, hat die halbe Miete bereits eingefahren.

3. **Alinghi – Leading Edge in Technology:** Die Möglichkeiten, sich in technischer Hinsicht von der Konkurrenz abzuheben, werden im Segelsport immer kleiner. Top Technology, bestes Material und computerbasiertes Design sind inzwischen Standard für beinahe alle Teams. Technologieführerschaft war somit ein Muss, um im Konzert der Großen mithalten zu können. Einen Wettbewerbsvorteil konnte Alinghi damit aber noch lange nicht erzielen. Parallelen findet man hier beispielsweise in der IT- oder der Telekommunikationsbranche. Hinsichtlich ihrer technisch-funktionalen Kompetenzen befinden sich die Unternehmen allesamt bereits im Leading-Edge-Bereich und somit in einer Pattsituation. Innovationen erfolgen meist nur noch inkrementell und garantieren schon lange nicht mehr die Erfolg bringende Differenzierung vom Wettbewerb.

Aber was war es dann, das dem Team Alinghi den entscheidenden Wettbewerbsvorteil verschaffte? Wie konnte sich das von Fachpresse und Experten als Außenseiter gehandelte Team gegen die schwergewichtige Phalanx von Wettbewerbern behaupten? Was waren die Erfolgsfaktoren, die Alinghi in den Driver's Seat brachten? Jochen Schümann, Alinghi-Helmsman und Sportdirektor, bringt es auf den Punkt: »Der America's Cup ist keine Auktion, die vom Meistbietenden gewonnen wird. Es handelt sich vielmehr um einen echten Wettbewerb, der durch die an ihm teilnehmenden Menschen und deren Zusammenarbeit entschieden wird.«

Der America's Cup –
Eine prestigeträchtige Trophäe

Eine Regatta im August 1851 vor der Südküste Englands gilt als Geburtsstunde des America's Cup. Die amerikanische Yacht »America« des New York Yacht Club gewann damals überraschend und unter den prominenten Augen von Queen Victoria gegen die besten und schnellsten englischen Segelyachten des Royal Yacht Squadron und nahm die ausgeschriebene Prämie – den damals noch unter dem Namen »100 Guinea Cup« bekannten Pokal – mit nach Hause. Zurück in Amerika stiftete der Miteigener und Kommodore des New York Yacht Clubs John Cox Stevens die Trophäe zu Ehren des Siegerschiffs als »America's Cup«. Seither darf jeder Yachtclub der Welt ihren Besitzer herausfordern. Als 1851 das amerikanische Team als Erstes die Ziellinie auf Höhe der Royal Yacht passierte, erkundigte sich Queen Victoria nach dem Zweitplatzierten. Die Antwort, »Ihre Majestät, es gibt keinen Zweiten«, drückt bis heute in nur vier Worten den einzigartigen Gedanken des Strebens nach Exzellenz im America's Cup aus. Großbritannien war angesichts der unerwarteten Niederlage »not amused«, aber der Grundstein für die berühmteste Regattaserie der Welt war gelegt. Schon damals galt der America's Cup nicht nur als Kräftemessen zwischen zwei Segelteams, sondern war geprägt von nationalem Stolz und dem Wunsch, die technische Überlegenheit des eigenen Landes zu demonstrieren.

Anders als bei den meisten internationalen Sportereignissen kennt der America's Cup weder konstante Regeln noch einen grundsätzlich festgelegten Austragungsort oder -zeitpunkt. Er ist ein herausfordererbasierter Wettbewerb, bei dem der jeweils titelverteidigende Yachtclub die Regeln bestimmt und als Gastgeber für die neue Austragung fungiert. Dabei tritt der Titelverteidiger jeweils erst gegen das Herausforderer-Team an, welches sich in der Qualifikationsregatta, dem Louis Vuitton Cup, gegenüber den anderen potentiellen Herausforderern durchgesetzt hat.

Aufgrund der Regeln, die traditionell den verteidigenden Yachtclub in eine stärkere Position stellen, gilt der America's Cup als einer der am schwierigsten zu gewinnenden Sportwettbewerbe der Welt – ein Ruf, der sich auch in seiner Geschichte widerspiegelt. In der 152-jährigen Chronik des Cups kamen außer den USA lediglich drei weitere Nationen in den Besitz der Trophäe. 132 Jahre lang blieb der New York Yacht Club ungeschlagen, und erst im Jahr 1983 gewann mit Australien – vertreten durch den Perth Yacht Club – eine andere Nation den Pokal. In den Folgejahren ging die Trophäe drei weitere Male an die USA (1987, 1988, 1992) und zweimal an Neuseeland (1995, 2000), bevor im Jahr 2003 Alinghi bei der 31. Auflage des Cups den Pokal in die Schweiz und damit erstmals zurück nach Europa holte.

Entstehung einer Vision

Schon in frühester Jugend entwickelt der am 22. September 1965 in Rom geborene und heute in Genf in der Schweiz lebende Ernesto Bertarelli eine große Affinität zum Segelsport. In Begleitung des Vaters nimmt er schon in seiner Jugend an diversen Regatten teil und ist dabei überaus erfolgreich. So gewinnt er neben vielen kleineren Wettfahrten wie der Bol d'Or am Genfer See beispielsweise auch das Farr 40 Race als Steuermann und wird 1999 beim prestigeträchtigen Fastnet Race als Navigator Dritter. Schon damals trugen die Yachten, auf denen er segelte, den Namen Alinghi.

> »Alinghi ist ein von mir kreiertes Kunstwort, es steht für Leidenschaft und Phantasie und drückt viel von dem aus, was mich mit dem Segelsport verbindet.«
> Ernesto Bertarelli (Navigator, Gründer und Präsident des Team Alinghi)

Segeln ist Ernesto Bertarellis Passion und Leidenschaft. Doch trotz überdurchschnittlichem Talent für den Sport entscheidet er sich gegen eine Profikarriere und für den Einstieg in den elterlichen Betrieb namens Serono, in dem er von 1985 an in verschiedenen Managementpositionen arbeitet. Aufgrund der schweren Krebserkrankung seines Vaters muss Ernesto Bertarelli 1996 im Alter von 31 Jahren den Konzern übernehmen. Gerüstet durch ein MBA-Studium in Harvard sowie Dank einer weisen und vorausschauenden Heranführung an die Geschäfte durch den Vater, gelingt es ihm bis in das Jahr 2003 nicht nur, das vormalige Pharmaunternehmen in den drittgrößten Biotech-Konzern der Welt zu transformieren, sondern auch den Umsatz von US$ 809 Millionen auf US$ 2,018 Milliarden und den Nettogewinn von US$ 50 Millionen auf US$ 390 Millionen zu erhöhen.

Trotz der großen Verantwortung als CEO und der damit einhergehenden Arbeitsbelastung bleibt Bertarelli dem Segelsport verbunden und nimmt aktiv an verschiedenen nationalen und internationalen Rennen teil. Das ist umso erstaunlicher, als er zusätzlich zu seiner Arbeit für Serono im April 2002 auch noch in den Verwaltungsrat der UBS-Bank berufen wird. Während der Zeit im Management von Serono und auch während der verschiedenen Regattateilnahmen verliert er jedoch nie seinen Kindheitstraum, den America's Cup (AC), aus den Augen. Schon als Jugendlicher galt Bertarellis besonderes Interesse dieser Königsdisziplin des Segelsports. Er kannte sämtliche Gewinner der letzten Jahrzehnte, verfolgte gemeinsam mit dem Vater und seinem Schulfreund Michel Bonnefous die Geschicke des Cups im Fernsehen oder auch live, sprach immer wieder mit Freunden und Segelexperten über die älteste Segeltrophäe der Welt und analysierte, was für eine erfolgreiche Teilnahme am AC wohl nötig wäre. Er selbst bekannte, dass in ihm von Klein auf der Wunsch brannte, einmal an dem America's Cup teilzunehmen, und der Traum, diesen eines Tages zu gewinnen. Diese Faszination für den America's Cup begleitete Bertarelli zeitlebens und ließ ihn nicht mehr los.

Konkret wurde es dann im Winter 1999/2000. In dieser Zeit fasste Bertarelli den Entschluss, seinen Traum vom Gewinn des America's Cup ernsthaft und systematisch anzugehen. Dazu lud er den dreimaligen deutschen Olympiasieger Jochen Schümann zum Skilaufen in die Schweiz ein. Schümann, der, seit er 1999 gemeinsam mit Bertarelli an einer Regatta vor Marseille segelte, das Vertrauen und die Wertschätzung des Schweizer Unternehmers genießt, war Bertarelli 2000 als Steuermann für die Schweizer America's Cup-Yacht »Be Happy« aufgefallen. Bei dem Treffen wollte Bertarelli von Schümann die Gründe für den Misserfolg der ersten Schweizer Kampagne namens »Fast 2000« erfahren. Ferner fragte er den Deutschen, wie eine idealtypische Kampagne wohl aussehen würde und was man dabei alles berücksichtigen sollte. Am Ende des Meetings übergab Schümann Michel Bonnefous, Bertarellis Freund und Manager, eine Arbeitsliste, auf welcher genau vermerkt war, wen man in Vorbereitung auf eine Cup-Kampagne sehen und sprechen müsste.

»Ich war überrascht, wie viel Ernesto bei unserem ersten Treffen
bereits über den America's Cup wusste, vor allem aber war ich beeindruckt
von der Ernsthaftigkeit seiner Absichten und seiner Willenskraft.«
Jochen Schümann (Steuermann und Sportdirektor von Alinghi)

Rekrutierung des Teams –
Das Fundament des Erfolges

Es war der 4. Mai 2000, an dem der Schweizer einen weiteren wichtigen
Schritt zur Erfüllung seiner Vision unternahm. An diesem Tag kam es in
einem Hotelzimmer in New York zu einem denkwürdigen Treffen zwischen
Ernesto Bertarelli und Michel Bonnefous einerseits sowie den zu dieser Zeit
amtierenden America's Cup Gewinnern aus Neuseeland Russell Coutts und
Brad Butterworth andererseits. Da die beiden Neuseeländer damals noch beim
Team New Zealand unter Vertrag standen, musste das Treffen geheim bleiben.
Schnell merkte man, dass man nicht nur einen informellen und lockeren
Umgang miteinander pflegte, sondern auch sehr ähnliche Vorstellungen von
einer erfolgreichen America's Cup Kampagne hatte. Bertarelli und Bonnefous
wollten die beiden Neuseeländer für ihr Syndikat gewinnen und konnten
schon zu diesem frühen Zeitpunkt ein Budget von 55 Millionen Euro für das
Team, zwei Raceboats, ein Trainingsboot, 60 Segel, 5 Masten und mehrere
Begleitboote garantieren. Das war Balsam auf die Wunden der Neuseeländer,
die sich zu jenem Zeitpunkt nicht nur mit personellen Querelen, sondern
auch mit finanziellen Nöten im Team New Zealand herumschlagen mussten.
Noch in derselben Nacht einigte man sich und beschloss, bei der 31. Austragung des America's Cup im Jahr 2003 in einem gemeinsamen Team an den
Start zu gehen. Nach der Besprechung waren beide Parteien so über den per
Handschlag besiegelten Deal erfreut, dass sie unabhängig voneinander jeweils
eine Flasche Champagner öffneten.

»Brad und ich haben in diesem Meeting erkannt, welch einmalige Gelegenheit
es für uns ist, eine Kampagne gewissermaßen von Null selbst mit aufzubauen
und zu gestalten. Ohne einen schriftlichen Vertrag, nur auf das Wort von Ernesto hin,
haben wir zwei Wochen später offiziell unseren Abschied
vom Team New Zealand erklärt.«
Russell Coutts (Skipper Team Alinghi)

Nach diesem Treffen hat man sich Anfang Juni an die Rekrutierung von zwei weiteren Segellegenden gemacht. Die Wahl des Chefdesigners für das Alinghi-Team fiel auf den Holländer Rolf Vrolijk, der nicht nur jahrzehntelang erfolgreiche Admirals Cup Yachten gebaut, sondern auch für die spanische America's Cup Kampagne CADE im Jahr 2000 die viel beachtete Bravo España konstruiert hatte. Nachdem Russell Coutts und Michel Bonnefous ein erstes Vorgespräch mit dem Holländer in Hamburg geführt hatten, meldete Vrolijk grundsätzliches Interesse an, wollte aber, zumal er noch Anfragen von Michael Illbruck und der Prada Challenge vorliegen hatte, nicht endgültig zusagen, bevor er mit Ernesto Bertarelli gesprochen hatte. Noch in derselben Woche kam es zum Gespräch der beiden in Genf.

> »Das Gespräch mit Bertarelli verlief so, wie es auch später immer wieder war: fachlich versiert und interessiert, offen und einfach nett. Ich war von den Möglichkeiten der Kampagne überzeugt, als ich mit vielen positiven Gedanken im Kopf nach Hause flog.«
> Rolf Vrolijk (Chefdesigner Team Alinghi)

Die Rekrutierung der letzten Schlüsselfigur, Jochen Schümann, der beim 30. Match um den America's Cup mit der Schweizer Kampagne Fast 2000 und der dazugehörigen Yacht Be Happy schlechte Erfahrungen gemacht hatte, gestaltete sich schwieriger als angenommen. Schon bald nach Schümanns geheimen Gesprächen mit Bertarelli während der Skiferien im Winter 1999/2000 besuchte ihn Michel Bonnefous in seinem Haus in Penzberg bei München, um ihm ein Engagement im Team Alinghi als Sportdirektor und Sparringspartner von Russell Coutts anzubieten. Coutts und Schümann, die seit zwanzig Jahren im gleichen Business arbeiteten und beide jeweils im Alter von 21 Jahren im Finn Dingi eine Olympia-Goldmedaille gewonnen hatten, kannten sich bis dahin nicht näher, hegten aber stets den größten Respekt voreinander.

Trotz Russel Coutts Begeisterung, Jochen sei ein phantastischer Sportler, der manchmal sogar ein besseres Gefühl für das Boot habe als er, dessen Organisationstalent und Perfektionismus legendär seien und so verlockend das Angebot auch war, Schümann lehnte ab. Denn er wollte sich voll und ganz auf die bevorstehenden Olympischen Spiele in Sydney und den Gewinn seiner vierten Goldmedaille vorbereiten. Russell Coutts selbst war es, der nicht locker lassen wollte und den besten deutschen Segler aller Zeiten immer wieder kontaktierte, bis er ihn schließlich im September 2000 während der Olympiade in Sydney persönlich traf. Unbemerkt von der versammelten Segelprominenz und der Weltpresse kam es im leeren Dachgeschoss des Cruising Yacht Club of Australia zum Treffen der beiden Ausnahmeathleten, und während um sie herum olympische Betriebsamkeit und allgemeine Hektik herrschte, besprachen sie eine idealtypische Strategie für den Gewinn des 31. America's Cup.

> »Wir unterhielten uns über unsere Segelphilosophien und stellten erstaunlich viele Übereinstimmungen fest. Diskrepanzen gab es nicht. Wir besiegelten die künftige Zusammenarbeit mit einem Handschlag.«
> Jochen Schümann

Als Anfang Oktober mit dem Holländer Dirk Kramers noch ein weiterer Designer mit Weltruhm zum Team stieß, war das Kernteam mit Ernesto Bertarelli, Michel Bonnefous, Russell Coutts, Brad Butterworth, Rolf Vrolijk, Jochen Schümann und Dirk Kramers komplett. Man verabredete sich Mitte Oktober zum ersten gemeinsamen Treffen im Konferenzraum eines Hotels in Genf. Angesichts der nominellen Stärke spürte jeder Anwesende, dass mit diesem Team beinahe alles möglich ist.

> »Ich erinnere mich, als wir uns alle zum ersten Team-Meeting in Genf zusammensetzten. Es war wie im Film »Die glorreichen Sieben«, in dem die Männer auch einer nach dem anderen zusammenkamen.«
> Ernesto Bertarelli

Nachdem das Kernteam im Herbst 2000 zusammengestellt war, machte man sich unverzüglich an die Rekrutierung weiterer Mitglieder. Man war sich bewusst, dass man im Vergleich zu den meisten anderen namhaften Syndikaten wie der Prada Challenge, dem BMW Oracle Team oder auch der OneWorld ein halbes Jahr Verspätung hatte und viele namhafte wie erfahrene Segler schon von anderen Teams angeheuert worden waren. Trotzdem waren sich die Verantwortlichen um Ernesto Bertarelli einig, bei der Teamauswahl keine Kompromisse zu machen. Verschiedene Kriterien spielten bei der Ernennung der Mitglieder eine Rolle. Zentral war, dass die Rekrutierten auf ihrem jeweiligen Gebiet zur Weltklasse zählten. Insbesondere suchte man nach Seglern, die eine hohe Kompetenz aufwiesen, mitunternehmerisch sowie ganzheitlich dachten und ständig bemüht waren, die Kampagne kontinuierlich weiterzubringen.

> »Bei der Auswahl der Crewmitglieder hatten wir nicht nach Seglern Ausschau gehalten, die einfach nur perfekt segelten, sondern wir suchten nach Leuten, die darüber hinaus in der Lage waren, das Boot zu warten und zu reparieren und dabei ständig nach Verbesserungsmöglichkeiten suchten. Kleine Verbesserungen wie das Umsetzen der Trimmerspule um 20 cm, damit sie den Kollegen bei der Wettfahrt nicht ständig im Weg umgeht, können in der Summe über Sieg oder Niederlage entscheiden.«
> Russell Coutts

Ein wichtiger Aspekt war auch die Internationalität des Teams, ohne dabei die Schweizer Identität der Kampagne zu verleugnen. Neben den fachlichen Kompetenzen und der Internationalität waren eine positive und konstruktive Grundeinstellung des Bewerbers sowie ein guter Sinn für Humor entscheidend für die Aufnahme ins Team Alinghi.

> »Wir haben nicht einfach Leute gesucht, die gut Segeln können, sondern wir haben nach Persönlichkeiten Ausschau gehalten, die darüber hinaus auch passioniert und humorvoll sind. Es ist eine lange Kampagne, und die Crew ist über knapp drei Jahre hinweg auf engstem Raum zusammen. Ohne absolutes Commitment und einem guten Sinn für Humor hat kein Team eine Chance.«
> Simon Daubney (Recruiter und Trimmer des Team Alinghi)

Bei der Suche nach diesen Talenten ging man immer nach dem gleichen Schema vor: Man befragte jedes neu aufgenommene Teammitglied, ob es noch jemanden kannte, der zum Team und den gemeinsam entwickelten Werten passte. Der Empfohlene wurde dann jeweils hinsichtlich seiner Passung zu den vom Team geteilten Werten einerseits sowie seinen Kompetenzen andererseits überprüft und am Ende vom gesamten Team aufgenommen oder abgelehnt. Nach diesem immer gleichen demokratischen Prinzip wurden bis zum Frühjahr 2001 sämtliche Teammitglieder rekrutiert. Am Ende bestand das Team aus 32 Seglern, einer 20-köpfigen Design Crew, welche in enger Zusammenarbeit mit den Seglern die Boote entwickelte, einer 15-köpfigen Shore Crew, welche unter Leitung von Michel Marie für logistische Fragen sowie die Wartung und Instandhaltung der Boote an Land zuständig war, sowie 30 Mitarbeitern des Management Teams, die unter Leitung des General Managers Grant Simmer für die Bereiche Administration und Marketing verantwortlich waren.

Die Teamvision – The Freedom to act

Nach der Rekrutierungsphase setzten sich sämtliche Teammitglieder zusammen, um noch vor dem Beginn der intensiven Trainingszeit eine gemeinsame Teamvision festzuschreiben.

> »Wir wollen ein Team aufbauen, auf das man stolz ist, das in der Lage ist, den America's Cup zu gewinnen und das andere Leute begeistert, selbst höhere Ziele zu erreichen.«
> Vision Team Alinghi

Diese gemeinsam definierte und übergeordnete Vision wurde nicht nur von allen Teammitgliedern akzeptiert, sondern auch als übergeordneter Leitstern für alle Bestrebungen und Aktivitäten verinnerlicht. Das Spezielle an der

Vision ist, dass sie neben dem messbaren Ziel des Gewinns des Cups auch eine Weg- bzw. Verhaltenskomponente aufwies.

> »Unsere Vision beinhaltet logischerweise, dass wir den Cup gewinnen wollen. Für uns war aber auch das Wie entscheidend. Auch wenn wir nur Zweiter oder Dritter geworden wären, wollten wir doch zumindest sagen können: Das Wie haben wir eingehalten. Wir haben unsere Leute begeistert, wir haben uns sportlich fair verhalten. Wir haben versucht, unser Motto durchzuhalten und nicht nur die Trophäe um jeden Preis zu holen.«
> Jochen Schümann

Für die Erreichung dieses Ziels wurde von Beginn an auf die Kompetenzen und die Selbstverantwortung jedes einzelnen Teammitglieds gesetzt. Man wollte in allen Phasen und allen Bereichen der Kampagne vor den Wettbewerbern liegen und seglerisch, designtechnisch, aber auch in Marketing und Kommunikation Maßstäbe setzen.

> »Zum Glück war unser Konzept von Haus aus so gradlinig und offensichtlich auch so gut gewählt, dass wir von Anfang an schon mehr der Maßstab für die anderen waren, als dass wir auf sie reagieren mussten. Ich glaube, überall dort, wo man die Situation von Strategiespielen hat, ist es von Vorteil, wenn man selbst nicht reagiert, sondern derjenige ist, der agiert.«
> Jochen Schümann

Um trotz des späten Starts der Kampagne in den sogenannten »Driver Seat« zu kommen, hat Ernesto Bertarelli das Team von Beginn an konsequent nach drei Prinzipien geführt: Vertrauen, Freiheit und Technologie. Wenn man sich in High-Performance-Teams gegenseitig möglichst viel Freiheiten in der Zusammenarbeit gibt, so seine Überzeugung, kann jeder seine Kompetenzen einbringen und wird das Maximum aus sich herausholen. Dies gilt für die Segelcrew ebenso wie für das Design- und das Managementteam. Bertarelli meint, sie hätten darauf geachtet, dass sie gut zusammenarbeiten und Freiraum für die Entwicklung der Fähigkeiten jedes Einzelnen geben. Sie hätten nach dem Motto geführt: Hol die besten Leute ins Team und lass sie ihren Job tun. Voraussetzung dafür sei ein weitgehendes Vertrauensverhältnis zueinander.

> »Die Zusammenarbeit innerhalb des Teams Alinghi unterschied sich diametral von der, welche ich auf der Be Happy drei Jahre zuvor erlebte. Diese Kampagne war alles andere als happy. Hier herrschte sogenanntes Schlüssellochmanagement vor. Der Chef der Kampagne wollte zu jeder Zeit über alles und jeden Vorgang informiert werden und mitentscheiden. Ernesto Bertarelli pflegt einen völlig anderen Führungsstil. Beim Alinghi-Team gab es viel Vertrauen und viel Vergebung. The Freedom to act war das Prinzip unserer Zusammenarbeit.«
> Jochen Schümann

Neben Vertrauen und Freiheit ist Bertarellis drittes Führungsprinzip Top-Technologie. Das musste auch Russell Coutts erleben, als er im März 2000 Bertarelli anrief, um ihm die neuseeländische Siegeryacht von 1995 zur Charter anzubieten, um dadurch so dringend benötigtes Geld für sein damaliges Team New Zealand zu besorgen. Bertarelli, der jedoch vielmehr am Skipper Coutts als an dessen altem Siegerboot interessiert war, lehnte das Angebot mit der Begründung, dass er kein Interesse an veralteter Technologie habe, dankend ab. Ebenso wie in seinem Biotech Unternehmen Serono, welches bekannt ist für den Einsatz von Leading Technology in allen Bereichen des Unternehmens, will Bertarelli auch auf der Alinghi keine Kompromisse bei der Qualität des verwendeten Materials machen.

> »Wenn Sie mein Boot sehen, werden Sie meinen Managementstil verstehen.
> Um das Leadership der Entscheidungsträger so gut wie möglich zu
> unterstützen, versuche ich stets, State-of-the-art-Technology einzusetzen.«
> Ernesto Bertarelli

Ein Team wächst zusammen

Im Mai 2001 war die Phase der Rekrutierung abgeschlossen, und das Segelteam zog mit dem Trainingsboot SUI 59 an die französische Mittelmeerküste nach Sète um. Hier begann die harte Zeit des Trainings und Testens. Dabei musste man sich nicht nur an das knallharte Training mit täglich vielen Stunden Arbeit auf dem Wasser und an Land, sondern auch an die enorme Diversität innerhalb des Teams gewöhnen. Insgesamt bestand das Team aus 15 verschiedenen Nationen, umfasste Cup-Neulinge ebenso wie hochdekorierte mehrmalige Cup-Gewinner und wies darüber hinaus einen hohen Altersunterschied auf. Der älteste des Segelteams, Jochen Schümann, war mit 47 Jahren mehr als doppelt so alt wie Yves Detrey, der mit 23 Jahren der Jüngste an Bord war.

So war es nur natürlich, dass man zu Beginn des Trainings alles andere als ein eingeschweißtes Team war. Immer wieder gab es kleinere Sticheleien und Reibereien unter den Seglern. Hilfreich war, dass Coutts und Schümann von der ersten Minute an ein hartes Regiment führten und keine Zweifel daran aufkommen ließen, wer Chef im Ring war. Auch das intensive Training, welches täglich um 6.30 Uhr im Kraftraum begann und spätabends gegen 20 Uhr in der Bootswerft endete, half, die ersten Vorbehalte und die gegenseitige Skepsis im Team abzubauen.

Für Grant Simmer, den General Manager des Team Alinghi, waren die Wettfahrten um den Louis Vuitton Cup und den America's Cup nur noch die Kür. Der Grundstein für den Erfolg, die Pflicht sozusagen, sei schon viel früher hinter den Kulissen, während der harten Zeit des Trainings gelegt worden.

> »Russell und mir lag viel daran, in unserem Team keine Egos heranwachsen zu lassen. Wir haben uns weder gescheut, einen zu übermütigen Segler für eine Weile vom Boot zu nehmen, noch davor, täglich die Position wechseln zu lassen, bis alle im Team unsere Botschaft begriffen hatten. Ich denke, wir haben von Anfang an ein relativ striktes Regiment gegen allzu abgehobene Sprüche und schräge Egos geführt. Unsere Disziplin hat letztlich zu einem Zusammenrücken des gesamten Teams geführt.«
> Jochen Schümann

Nach der Rückkehr des Segelteams von der französischen Mittelmeerküste an die Homebase nach Genf war die Teambildung schon einen großen Schritt weiter, aber immer noch weit von einem Idealzustand entfernt, denn nach wie vor gab es Unstimmigkeiten und Ressentiments. Es sollte noch dauern, bis man wirklich zu einer eingeschworenen Gemeinschaft und einem Winning Team zusammenwuchs.

Eine Allround Yacht für das Alinghi-Team – Weniger ist mehr

Während die Segelcrew im französischen Sète das Training mit dem Trainingsboot aufnahm, begann das Designteam unter der Leitung von Rolf Vrolijk im Frühjahr 2001 mit der Konstruktion der Rennyacht. Es galt, die Arbeit von über zwei Jahren bis ins letzte Detail festzulegen und eine Unmenge an Fragen zu beantworten: Wie stimmt man Design-, Test- und Bootsbauprozesse optimal aufeinander ab? Wie garantiert man den reibungslosen Übergang von einer Phase in die nächste? Wie überwacht man das Budget, und vor allem wie und wann stimmt man sich mit dem Segelteam ab? Zur Erarbeitung des Konzepts und zur Abstimmung all dieser Prozesse nutzte Vrolijk und sein Team das Programm MS Project, welches nach anfänglichen, mühsamen Lernprozessen eine sehr gute Hilfe war. Dabei mussten verschiedene grundsätzliche Entscheide gefällt werden. Vrolijk und Bertarelli waren sich einig, dass man nicht, wie in der Branche üblich, als Basis für das Training auf gebrauchte Cup Yachten von früheren Kampagnen zurückgreifen wollte. Stattdessen nutzte man die damalige Regel des America's Cups, dass man bis zu 50% des Rumpfes einer alten Yacht verändern durfte und sie trotzdem noch nicht als neue Yacht galt.

Eine weitere wichtige Frage war, wie eine Yacht beschaffen sein müsste, welche die während des Louis Vuitton Cup und des America's Cup erwarteten unterschiedlichen Bedingungen souverän meistert.

> »Wir waren der Meinung, dass die Bedingungen im Louis Vuitton Cup und im America's Cup nicht so unterschiedlich sein würden, wie alle dachten. Also wollten wir in der Mitte gut sein. Die Mitte lag für uns bei etwa zwölf Knoten Wind. Darüber hinaus wollten und mussten wir uns natürlich nach oben wie unten absichern. Russell sagte, dass er eine Führung vor dem Wind auch gegen einen schnelleren Gegner verteidigen könne, dass er aber am Wind unbedingt vorne sein wolle. In diese Richtung haben wir dann konsequent gearbeitet.«
> Rolf Vrolijk

Darüber hinaus musste entschieden werden, ob die Alinghi Yacht mit einer kleineren oder einer größeren Kielfläche ausgestattet werden sollte. In Absprache mit den Seglern entschied sich Vrolijk und sein Team gegen die Computer-Theorie und den allgemeinen Trend in der Branche für eine größere Kielfläche und damit für eine Allround-Yacht.

Die vierte Grundsatzentscheidung, welche das Team fällte, war der vergleichsweise frühe Wechsel von Schlepptankversuchen auf 1:1-Tests. So konnten die Segler früher und besser bei der Entwicklung und Veränderung des Bootes mitentscheiden und ihre Erfahrungen aus dem Training direkt in die Designarbeit einfließen lassen. Schließlich wurden die Boote immer nur inkrementell und nie radikal verändert.

Umzug nach Auckland – Das gesamte Team unter einem Dach

Als die Rennyacht nach akribischer Arbeit des Designteams im November 2001 fertiggestellt war, übersiedelte das gesamte Team mit dem Equipment nach Neuseeland. Endlich waren Segler, Designer und das Management, die vorher verstreut in Genf, Veuve, Lausanne und Sète arbeiteten, an ihrer neuen Homebase in Auckland unter einem Dach vereint. Hierfür ließ man eigens ein großzügiges Gebäude erstellen, das nicht nur genügend Platz für die 100 Teammitglieder und die Boote bot, sondern auch einen für die Öffentlichkeit zugänglichen Merchandising- und Showroom hatte. Alinghi war damit der erste Herausforderer in der Geschichte des America's Cup, der seine Homebase der Öffentlichkeit zugänglich machte. Das Team wollte nicht nur für seine Fans da sein, sondern auch aktiv den Austausch mit der Öffentlichkeit suchen, weshalb der Gebäudekomplex auch »Interactive Plaza« genannt wurde. Bei der Ausgestaltung und Einrichtung des Basiscamps brachte sich jedes Teammitglied ein und half, das gemeinsame Heim aufzubauen.

»Der Umzug nach Auckland war ein wichtiger Meilenstein im Prozess der Teambildung Dass wir alle unter einem Dach arbeiten und auch bei der Gestaltung dieses Basislagers mithelfen konnten, hat uns mehr als jeder künstlich ins Leben gerufene Event gebracht.«
Jochen Schümann

Interner Wettbewerb – Das Prinzip des Besten auf jeder Position

Der Tagesablauf der Teammitglieder folgte einem festen Rhythmus. Das Training begann jeden Morgen um 6.30 Uhr im Kraftraum. Nach dem Duschen und einem leichten Frühstück traf sich das Team um 8.30 Uhr zum Briefing für den Tag. Anschließend trainierten 16 Mann mit dem Boot auf dem Wasser, während die anderen 16 Mitglieder der Segelcrew in Zusammenarbeit mit dem Designteam die Inhouse-Entwicklung der Boote fortführten. Darüber hinaus wurden immer wieder Tune-up-Rennen und Inhouse-Regatten mit den beiden Booten durchgeführt, um schon im Training immer wieder auch unter Wettbewerbsbedingungen zu proben. Zur Aufrechterhaltung dieser Wettkampfsituation wurde darauf geachtet, dass alle Teammitglieder gleich behandelt und alle Entscheidungen möglichst transparent kommuniziert wurden. Die Zusammensetzung des Segelteams war im Prinzip jeden Tag wieder offen. Schließlich ist am Ende auch jedes Crewmitglied mindestens ein Rennen im offiziellen Wettkampf gesegelt.

»Wir wählten die 16 besten Segler an dem Tag des ersten Rennens aufgrund der Trainingsergebnisse von 2 Jahren Vorbereitung aus. Jeder, auch ich, stellte sich dieser Auswahl. Diese Auswahl hielt durch den gesamten America's Cup hindurch an. Das Team, welches wir am 1. Oktober benennen, muss nicht das gleiche wie das vom 2. Oktober sein.«
Russell Coutts

Dieser strengen Auswahl stellte sich auch der Eigner und Präsident von Alinghi Ernesto Bertarelli, der an der Position des Navigators segelte.

Das Gesetz des offenen Wortes

Bertarelli, Schümann und Coutts waren der Meinung, dass im Team von Beginn an das Prinzip des offenen Wortes gelten sollte. Sie haben bei jeder Gelegenheit und in allen Teilen des Teams die Leute zur Kritik ermuntert. Die Leader waren sich einig, dass das Team nur besser wird, wenn jeder offen seine Meinung sagen könne und ständig um Verbesserungen bemüht sei. So wurde beispielsweise nach jeder Trainingseinheit ein Debriefing an Land durchgeführt. Dabei pflegte man eher eine Wertschätzungs- als eine Fehlerkultur. Die Leader waren bemüht, die Stärken der Teammitglieder weiter auszubauen, anstatt sich auf deren Schwächen zu fokussieren.

Darüber hinaus wurde darauf geachtet, dass Informationen jederzeit für alle Teammitglieder verfügbar waren. Es gab keine großen bürokratischen oder räumlichen Trennungen zwischen den verschiedenen Abteilungen und es lag im Verantwortungsbereich jedes einzelnen Teammitglieds, sich die relevanten Auskünfte zu besorgen: Man war sich im Team einig, dass Informationen eine Holschuld und keine Bringschuld sind. Trotzdem wurde soweit wie möglich dieser informelle Austausch durch strukturelle Maßnahmen unterstützt: So wurde das morgendliche Training im Kraftraum für das gesamte Team freigegeben, wodurch jeden Morgen Teammitglieder aus der Designabteilung ebenso wie Kollegen aus dem Management und Marketing gemeinsam mit dem gesamten Segelteam unter Anleitung des Fitnesscoachs trainieren und dabei ungezwungen über die neuesten Entwicklungen und Probleme diskutieren konnten.

> »Ich hatte schon Kampagnen erlebt, da haben die Leader des Teams immer hinter verschlossenen Türen getagt und sind dann mit einer großen To-do-Liste herausgekommen. Da werde ich sauer. Bei Alinghi war das anders, Ernesto, Russell, Jochen, Brad und Grant haben uns an den Entscheidungen teilhaben lassen.«
> Curtis Blewett (Segler im Alinghi-Team)

No Babysitting

Während der zwei Jahre dauernden Vorbereitung auf den America's Cup kam es auch zu Konflikten und Streitigkeiten. Diese zwischenmenschlichen Probleme kommen jedoch zwangsläufig auf, wenn ein multinationales Team über einen langen Zeitraum auf engem Raum sehr intensiv zusammenarbeitet. Bertarelli, Coutts und Schümann waren in solchen Situationen darum bemüht, dass etwaige Probleme und Unstimmigkeiten immer gleich direkt zwischen den betreffenden Personen geregelt wurden. Darüber hinaus gab es einheitliche und für alle Beteiligten transparente Regeln für den Umgang miteinander und sonstige Widrigkeiten. Es galt der Codex »Love it, Change it, or Leave it«, wonach jedes Teammitglied für seine Arbeitszufriedenheit selbst verantwortlich war. Die Führungskräfte gaben dazu die nötigen Freiräume, so dass jeder die Möglichkeit hatte, Missstände selbst sofort zu ändern.

Harte Arbeit und eine Menge Spaß

Im Sommer 2002, nach knapp zwei Jahren intensiven Trainings, neigte sich die Vorbereitungszeit ihrem Ende zu. Trotz des im Vergleich zu den Wettbewerbern um sechs Monate verspäteten Starts der Kampagne wurde man rechtzeitig mit den Vorbereitungen auf den Louis Vuitton Cup fertig. Das Designteam hatte in dieser kurzen Zeit die beiden Rennyachten SUI 64 und SUI 75 erstellt. Auch das Management hatte Großartiges vollbracht, indem es nicht nur die gesamte Logistik und die Verwaltung des Teams gemeistert hatte, sondern auch eine beispielhafte Marketingkampagne und Öffentlichkeitsarbeit realisiert hatte. Schließlich hatte auch das Segelteam in dieser kurzen Zeit wirklich Bemerkenswertes vollbracht: Gemeinsam mit dem Designteam wirkte es bei der Entwicklung aller drei Boote, der Segel und auch der Masten mit und testete und perfektionierte darüber hinaus das neue Material sowie das Zusammenspiel an Bord. Beinahe täglich arbeitete es dafür 12 Stunden auf dem Wasser und abends noch einige Stunden an Land, weit weg von der eigenen Familie. Trotz dieser enormen Arbeitsbelastung hat das Team zu keinem Zeitpunkt seinen Humor verloren und viel Spaß miteinander gehabt.

> »Im Nachhinein möchte ich behaupten, dass wir unter anderem auch deshalb so gut miteinander harmonierten, weil wir wirklich Spaß zusammen hatten. Es war das verbindende Element, das uns in vielen kritischen Situationen geholfen hat. Darum ist es gut, jemanden wie Brad Butterworth im Team zu haben, der nicht nur als Taktiker über einzigartige Qualitäten verfügt, sondern auch mit sinnlos-blöden Bemerkungen zur rechten Zeit für entspannte und heitere Momente sorgt.«
> Jochen Schümann

Der Louis Vuitton Cup

Am 1. Oktober 2002 war es soweit: Die ersten Wettfahrten im Rahmen des Louis Vuitton Cups sollten beginnen. Ziel dieses kräftezehrenden Cups, der sich über dreieinhalb Monate erstreckt, ist, das beste aller Syndikate zu selektieren und damit einen ebenbürtigen Gegner für den Verteidiger des America's Cup hervorzubringen. Bis zu diesem Tag gab es wilde Spekulationen darüber, welcher der neun Herausforderer wohl die besten Siegeschancen hätte. Dabei war man sich einig, dass die Syndikate Mascalzone Latino (Italien), Le Défi Areva (Frankreich), GBR Challenge (Großbritannien), Team Dennis Conner (USA) sowie die Victory Challenge (Schweden) aufgrund zu geringer Budgets, zu wenig Erfahrung oder/und ungenügender Vorbereitung wohl nur Außenseiterchancen hätten. Kontroverse Diskussionen wurden dagegen um die Siegchancen der verbleibenden vier Teams geführt. Für die italienische Prada Challenge um den Milliardär Patrizio Bertelli sprach, dass sie schon im letzten Jahr den Louis Vuitton Cup gewinnen konnte und mit ca. 100 Millionen Euro das offiziell größte Budget aller Kampagnen auswies. Auch der amerikanischen One World Challenge um Teamboss Craig McCaw wurden aufgrund einer erfahrenen, teilweise vom Cup Verteidiger Neuseeland abgeworbenen Segelequipe gute Chancen zugesichert. Ebenfalls hoch gehandelt wurde das dritte amerikanische Team, welches am Louis Vuitton Cup 2003 teilnahm, das Oracle BMW Racing Team um Oracle Chef und Milliardär Larry Ellison. Einerseits standen mit Oracle und BMW zwei Weltkonzerne hinter dem Syndikat, und andererseits war Lary Ellison bekannt für seinen Ehrgeiz und den unbedingten Willen zum Sieg. Nicht zuletzt deshalb wurde das offizielle Budget von 90 Millionen Euro zwar zur Kenntnis genommen, Expertenkreise waren sich allerdings einig, dass dem Oracle Team wohl unbegrenzte finanzielle Mittel zur Verfügung standen. Der vierte Herausforderer, dem anfangs wenige, im Laufe der Zeit aufgrund überzeugender Trainings- und Öffentlichkeitsauftritte aber immer größere Chancen eingeräumt wurden, war das Team Alinghi. Überzeugt haben die Experten vor allem die Teamzusammensetzung mit Russell Coutts, Jochen Schümann und Brad Butterworth als hochdekorierte Segellegenden, Rolf Vrolijk als erfahrenen Bootsbauer sowie Bertarelli als Finanzier und Kopf des Syndikates.

>»Wenn man sich die favorisierten Teams genauer ansieht, stellt man fest, dass sie sowohl personell als auch materiell ähnlich ausgestattet sind. Zum einen haben alle Top Teams erfahrene Segler an Bord,

die in der Lage sind, den Cup zu gewinnen, und zum anderen ist die State-of-the-art-Technology zu einem bestimmten Zeitpunkt am Markt verfügbar. Jedes Syndikat kann darauf zurückgreifen. Es geht also in erster Linie nicht um technische Vorteile, sondern um einen echten Wettbewerb, der durch die an ihm teilnehmenden Menschen und deren Art der Zusammenarbeit entschieden wird.«
Jochen Schümann

Die Rennen bestätigten weitgehend, was die Fachwelt im Vorfeld vermutete: Oracle BMW, One World und Alinghi wurden ihrer Favoritenrolle gerecht, während der letztmalige Gewinner des Louis Vuitton Cups, Prada, mit erheblichen Problemen startete. Aber nicht nur Prada hatte Probleme in den Vorrunden. Bei Oracle haderte man zwar nicht mit dem Design, hatte aber teaminterne Querelen. Nach vier Niederlagen in Folge wurde Larry Ellison unruhig und bekam Angst, den Einzug in die Viertel- und Halbfinale zu verpassen und verbannte kurzerhand seinen Skipper Peter Holmberg auf die Ersatzbank, um den im Team nicht unumstrittenen Chris Dickson bis auf weiteres als Steuermann einzusetzen. Holmberg soll daraufhin für einige Tage enttäuscht die Stadt verlassen haben, und auch innerhalb des Teams gab es einigen Widerstand gegen den neuen Chef an Bord. Trotz dieser Nebengeräusche nutzte Dickson seine Chance und ersegelte die Qualifikation für das Halbfinale.

Auch der dritte Halbfinalist, die One World Challenge, hatte mit Problemen zu kämpfen. Immer wieder wurden ihr Spionageakte und die widerrechtliche Nutzung von Designinformationen anderer Teams, insbesondere des Team New Zealand, vorgeworfen. Die Teams Dennis Conner und Prada gingen sogar so weit, dass sie ihre Anwälte einschalteten, eine 92-seitige Anklageschrift mit umfassendem Beweismaterial verfassten und die One World Challenge vor das Arbitration Panel zerrten. Nach eingehender Untersuchung bestätigte dieses den Verdacht und verurteilte die One World Challenge zu einer Geldstrafe von US$ 65.000 sowie zu einem Punktabzug in allen kommenden Wettfahrten. Das war ein Schock für die Mannschaft von Craig McCaws, trotzdem war man zuversichtlich, das anstehende Halbfinale gegen Prada zu gewinnen.

Im Gegensatz zu den anderen drei Halbfinalisten gab es beim Alinghi-Team keine größeren Probleme. Im Gegenteil: Das Team segelte mit 13 von 16 möglichen Siegen eine beinahe makellose Vorrunde, welche sie auch als punktbestes aller neun angetretenen Teams beendete. Noch überzeugender war Alinghis Auftritt im Viertelfinale gegen das Team Prada: Die Italiener gaben beim Stand von 3:0 entnervt auf.

Halbfinale des Louis Vuitton Cups

Einen Tag vor Beginn der Halbfinals hatte auch Alinghi unerwartet mit einer Krisensituation zu kämpfen. Beim Abschlusstraining auf dem Hauraki Golf war der Mast der Rennyacht SUI 64 gebrochen. Die Segler wussten, dass die Reparatur mindestens 10 Stunden dauern würde und waren deshalb bemüht, das Boot für die nötigen Arbeiten so schnell wie möglich in die Bootswerft zu bringen. Man war verunsichert aufgrund des unerwarteten Zwischenfalls und gleichzeitig voller Hoffnung, dass das Designteam das Boot über Nacht wiederherstellen konnte.

> »Der Mastbruch vor dem Halbfinale war im ersten Moment ein Schock, wir wussten, dass die verbleibende Zeit bis zum Rennen am nächsten Tag sehr knapp sein wird. Wir arbeiteten die ganze Nacht durch, und jeder, wirklich jeder im Team, hat mitgeholfen, dieses Problem zu lösen. Was mich dabei faszinierte, war, dass während der gesamten Zeit keiner je nach dem Schuldigen für diesen Mastbruch suchte. In anderen Kampagnen hab ich oft erlebt, dass man sich gegenseitig die Fehler zuschreiben wollte. Hier war das anders, wir haben nicht über Fehler, sondern über Lösungen gesprochen.«
> Dirk Kramers (Chefingenieur Team Alinghi)

Rechtzeitig zum Start des Halbfinals am 10. Dezember 2002 war die SUI 64 wieder vollständig hergestellt, und die Rennen gegen das Oracle BMW Racing Team konnten beginnen. Das Sprichwort »Je schlechter die Generalprobe, um so besser der eigentliche Wettkampf« sollte sich einmal mehr bewahrheiten. Alinghi dominierte die Rennen souverän und entschied das Halbfinale mit 4:0 für sich. Seit der Crew-Umstellung war das Oracle Team ungeschlagen geblieben. Nun mussten sie nach der klaren Niederlage gegen die Schweizer in den Hoffnungslauf der Halbfinals. Hier trafen sie auf die One World Challenge, welche im zweiten Halbfinale das Team Prada besiegt hatte. In diesem Hoffnungslauf gab sich das Team von Larry Ellison aber keine Blöße mehr und besiegte die One World Challenge klar mit 4:0. Damit stand die Paarung für das Finale um den Louis Vuitton Cup mit Team Alinghi und Oracle BMW Racing fest.

Die Black-Heart-Campaign

Am 3. Januar 2003, kurz nach einer ausgelassenen Silvesterparty mit Familienangehörigen und Freunden des Teams, bat das Alinghi Management um Michel Bonnefous zu einer internationalen Pressekonferenz in den Interactive Plaza. Neben den Journalisten war auch der Polizeisprecher Aucklands, Jeff Barraclough, anwesend. Sofort war allen klar, dass etwas Schwerwiegendes passiert sein musste. Die Hetzkampagne, die schon seit Bekanntwerden des Wechsels von Coutts und Butterworth im Mai 2000 mal stärker, mal schwächer gegen das Team Alinghi geführt worden war, hatte ihren traurigen Höhepunkt gefunden. Bonnefous informierte die Öffentlichkeit über zwei anonyme Briefe, in denen neuseeländische Teammitglieder, ihre Familien und auch deren Kinder bedroht wurden. Die Polizei hatte die Briefe analysiert und als ernstzunehmende Gefahr eingestuft. Nachdem die Absender nicht ermittelt werden konnten, hatte man dem Team zum Gang an die Öffentlichkeit geraten. Bonnefous war sichtlich erregt, als er erklärte, sie seien nach Neuseeland gekommen, um ihre Leidenschaft für den Segelsport mit den Menschen zu teilen und nicht, damit ihre Kinder bedroht würden. Sie seien müde, seit nunmehr über zwei Jahren immer nur einzustecken und wendeten sich daher, entgegen ihrer bisherigen Politik, jetzt doch an die Öffentlichkeit.

Es wurde vermutet, dass diese Drohbriefe, die bereits im Spätsommer 2002 aufgetretene Black-Heart-Campaign gegen Coutts, Butterworth und deren Kollegen wieder aufgriffen. Sie warf den ehemaligen Mitgliedern des Team New Zealand vor, dass sie seelenlose Söldner seien, die ihr Vaterland für eine Menge Geld eines Schweizer Milliardärs verkaufen würden. Die Black-Heart-Campaign, die mit Slogans wie »Country before Money« oder »Coutts und Co. – Schweizer Banker seit 2000« für über 40.000 Euro ganz Auckland zuplakatierte, fand großen Anklang bei Bevölkerung und Presse. Neben vielen anderen Artikeln gegen die neuseeländischen Teammitglieder wurde unter der Überschrift »Booh to you Mr. Bertarelli« auch der Chef des Syndikats persönlich beleidigt. Die Kampagne bekam eine solche Dynamik, dass die Polizei sogar davor warnte, sich mit Merchandisingartikeln des Teams Alinghi in der Öffentlichkeit zu zeigen.

Mit dem Bekanntwerden der anonymen Briefe und der Stellungnahme von Bonnefous wurden die Medien plötzlich moderater und der neuseeländische Marketingexperte David Walden gab den Rückzug der Black-Heart-Kampagne bekannt. Mit Drohungen gegen Kinder wollte man nichts zu tun haben. Trotzdem kam es auch danach noch zu kleineren und größeren Vorfällen. Die Atmosphäre blieb angespannt, und dem Team wurden immer wieder offene wie verdeckte Feindseligkeiten entgegengebracht. Was schließlich auch Ernesto Bertarelli dazu bewog, einen Brief an die Premierministerin Neuseelands Helen Clark zu schreiben. Darin wies der Schweizer auf die negativen Wirkungen der Kampagne auf den Tourismus im Allgemeinen und den America's Cup im Speziellen hin und bat um mehr Unterstützung in diesem unfairen Kampf.

»Ernesto hat nach der Veröffentlichung der beiden Drohbriefe und kurz vor dem Finale des Louis Vuitton Cups eine sehr emotionale Ansprache an das Team gerichtet. Er wies darauf hin, dass wir den äußeren Bedrohungen und Einschüchterungen nur durch Geschlossenheit begegnen können und die beste Antwort durch einen Sieg auf dem Wasser geben. Das hat im Team einen emotionalen Push ausgelöst.«
Hamish Ross (General Counsellor Team Alinghi)

Finale des Louis Vuitton Cups

Am 12. Januar 2003 war es soweit. Das Finale um den Louis Vuitton Cup zwischen Team Alinghi und Oracle BMW Racing konnte beginnen. Die ersten drei Wettfahrten entschied Alinghi klar für sich. Die vierte Wettfahrt ging an das Team von Larry Ellison, und auch in der fünften Wettfahrt lagen die Amerikaner an der ersten Marke um 140 Meter vorn. Doch Alinghi gab nicht auf und kämpfte sich zur Überraschung vieler Experten trotz Leichtwind auf dem zweiten Vormwind-Gang an Oracle vorbei zum Sieg und erhöhte damit sein Siegverhältnis auf 4:1. Damit war der Widerstand von Oracle gebrochen, und mit dem Alinghi-Team stand zum ersten Mal in der 152-jährigen Geschichte des America's Cup ein Binnenland ohne Küstenanschluss als Sieger des Louis Vuitton Cups fest.

Der America's Cup –
Eine Vision wird Wirklichkeit

Obwohl Alinghi in beeindruckender Art und Weise den Louis Vuitton Cup gewonnen hatte, galt es bei den Experten wie auch in den Wettbüros nur als Außenseiter für den America's Cup. Das Team ließ sich weder von diesen Spekulationen noch von den wieder aufkeimenden Hetzkampagnen gegen Coutts & Co. verunsichern. Im Gegenteil: Die Vorbereitungen auf das finale Match um den America's Cup waren geprägt von sachlicher Nüchternheit und höchster Konzentration.

»Jeder im Team wusste genau, was er zu tun hatte und um was es ging. Es gab keine Pep-talks der Leader oder irgendwelche Pseudo-Motivationsversuche. Ich musste nur Russell beobachten, dann spürte ich zu jeder Zeit seinen Ehrgeiz, seine Intensität und seinen Fokus. Das motivierte mich.«
Curtis Blewett

Am 15. Februar 2003 konnte das erste Duell zwischen Verteidiger Team New Zealand und Herausforderer Team Alinghi beginnen. Zehntausende bevölkerten die Ufer und über 2500 Boote säumten den Kurs auf dem Hauraki Golf, als die erste Wettfahrt gestartet wurde. Gleich nach dem Start lag die NZL 82 noch eine halbe Bootslänge vorne, aber Alinghi konnte mithalten. Kurze Zeit später stellten die Kommentatoren in aller Welt besorgt fest, dass immer mehr Wasser in die Yacht der Neuseeländer schwappte. Schon wenige Minuten nach dem Start standen die Segler bis zu den Oberschenkeln im Wasser. Insgesamt flossen sechs Tonnen Salzwasser in den Rumpf des Bootes, bevor es 25 Minuten nach dem Start durch die Mehrbelastung zu einer Kettenreaktion kam, bei der erst der filigrane Großbaumnock und dann der Schäkel am Genuahals brach. Damit war die erste Niederlage besiegelt und die Experten kamen zu dem Schluss, dass bei den Neuseeländern das Hauptaugenmerk auf Design und Optimierung des Bootes am Computer und weniger auf gutes Handling gelegt worden war. Die Neuseeländer hatten einen Großteil der ihnen zur Verfügung stehenden Vorbereitungszeit mit Designarbeiten am Computer verbracht und dabei im Vergleich zum Team Alinghi nur ein Drittel der Zeit auf Tests auf dem Wasser verwendet.

Am zweiten Renntag herrschten leichte und drehende Winde, und diesmal erwischt Alinghi den besseren Start. Doch Dean Barker und seine Crew holten auf und machen auf dem ersten Vorwind-Gang aus dem 12-Sekunden-Rückstand bis zur ersten Wendemarke eine Führung. Nach einem der packendsten Zweikämpfe in der America's Cup-Geschichte siegte auch dieses Mal die Alinghi. Das Alinghi-Team gewann auch die nächsten Rennen, und am 2. März 2003 wurde mit einer letzten souveränen Fahrt und einem Vorsprung von 45 Sekunden der erforderliche fünfte Sieg eingefahren. Alinghis Gipfelsturm war perfekt.

Die Freude auf dem Boot kannte keine Grenzen. Einige genossen still den Augenblick des größten Glücks, andere fielen sich überglücklich in die Arme und tanzten überschwänglich im Heck des Bootes. Es war vollbracht, eine Vision war Wirklichkeit geworden.

> »If you have the will and believe in yourself and your dream,
> you can achieve almost anything.«
> Ernesto Bertarelli

Teil 2:
Die fünf Erfolgsprinzipien
von High-Performance-Teams

»Erfolg kommt nicht von ungefähr. Was Ihnen widerfährt,
hängt nicht von Glück oder Zufall ab. Es gibt für alles einen Grund.«
Kausalitätsgesetz des Aristoteles

Erfolg ist planbar

Im Team Alinghi sind viele Faktoren zusammengekommen, die den Erfolg ermöglicht haben. Im Nachhinein lassen sich diese Erfolgsfaktoren gut rekonstruieren. Natürlich haben auch andere Segel-Syndikate viele Dinge richtig gemacht, in der Summe der richtigen Vorgehensweisen und Entscheidungen muss das Alinghi-Team allerdings als herausragend gelten. Die Kooperation und Führung innerhalb des Teams waren die entscheidenden Erfolgsfaktoren, nicht die Höhe des Budgets. Sicherlich gehört zu einem sportlichen Triumph auch das nötige Quäntchen Glück dazu, im Fall Alinghi war die Überlegenheit jedoch so stark, dass nicht von einem Zufallserfolg gesprochen werden kann.

Das Alinghi-Team eignet sich als hervorragendes Fallbeispiel für die Bildung eines High-Performance-Teams, gerade auch, weil das Team von Null aufgebaut worden ist und es in kürzester Zeit zur Weltspitze gebracht hat. Wie die vorangestellte Alinghi-Fallstudie zeigt, ergänzten sich viele kleine Entscheidungen und richtige Vorgehensweisen zu dem Gesamterfolg. In den von uns untersuchten Hochleistungsteams in Wirtschaft und Sport zeigten sich wiederkehrende Muster, die den letztendlichen Erfolg überhaupt erst möglich gemacht haben. Das Entscheidende dieser in der Summe fünf Erfolgsfaktoren ist, dass sie planbar sind. Sie lassen sich durch die Teamführung beziehungsweise alle Teammitglieder beeinflussen und entziehen sich dem Glücks- oder Zufallsmoment. Damit bilden sie die Grundvoraussetzung für Hochleistung in Teams.

Wir werden die Erfolgsfaktoren in den folgenden fünf Kapiteln detaillierter besprechen und anhand von weiteren Fallbeispielen erläutern. Vorab skizziert lassen sich die fünf Erfolgsfaktoren von High-Performance-Teams wie folgt zusammenfassen: eine nutzenversprechende Existenzberechtigung, eine kompromisslose Personalauswahl, die erfolgreiche Klärung der Rollen und Teamstrukturen, das verbindliche Vereinbaren von Spielregeln und der Erhalt von Fokus und Energie zur Stabilisierung der Höchstleistung.

Die fünf Erfolgsfaktoren von High-Performance-Teams im Überblick

Als erste Voraussetzung für das Bilden eines High-Performance-Teams muss die Frage schlüssig beantwortet werden, warum sich mehrere Personen zu einem Team zusammenfinden. Die Antwort einer freiwilligen **Teambildung** ist immer das Vorliegen einer gemeinsamen Aufgabe. Die Erfüllung der Aufgabe und damit das Erreichen eines gemeinsamen Zieles muss für alle Beteiligten positiv besetzt sein, also einen persönlichen Nutzen versprechen. Wir werden zeigen, dass alle von uns untersuchten High-Performance-Teams nicht nur ein operatives Ziel angestrebt haben, sondern einer längerfristig angelegten Vision gefolgt sind. Dabei wird dem Einhalten und Leben eines selbst auferlegten Mission-Statements ein größerer Wert beigemessen als dem Erreichen des finalen Ziels. Der erste Erfolgsfaktor ist eng mit der Definition und Festlegung der richtigen Vision, einer für alle verbindlichen Mission und eines positiv besetzten Ziels verbunden.

Im zweiten Schritt ist zu klären, wie sich das Team personell zusammensetzen soll. Es stellt sich die Frage der **Personalauswahl**, wobei zu zeigen sein wird, dass Hochleistungsteams besonders kompromisslos bei der Selektion ihrer Teammitglieder sind. Dies betrifft nur zu einem Teil die Überprüfung der fachlichen Eignung eines potenziellen Teammitglieds. Die gleiche Bedeutung wird der zwischenmenschlichen und kulturellen Passung der Teammitglieder beigemessen. Warum das so sein muss, beziehungsweise welche Probleme auch in Hochleistungsteams auftauchen, wenn Kompromisse bei der Personalauswahl eingegangen werden, wird anhand mehrerer Fallbeispiele erläutert.

Nach der Rekrutierung der Teammitglieder ist sicherzustellen, dass alle Einzelspieler ihren Platz im Team finden. Der Prozess der **Teamfindung** ist durch geeignete Teaming-Maßnahmen positiv beeinflussbar. Allerdings kommt dem kontinuierlichen Aushandeln der Rollen, der Klärung der gegenseitigen Erwartungen und der Herausbildung einer informellen Teamhierarchie die größere Bedeutung zu. Es muss gewährleistet sein, dass die Teammitglieder in Kontakt kommen, sich ausprobieren können und Zeit miteinander verbringen. Eine Teamstruktur lässt sich nicht verordnen, sie muss sich entwickeln und bewähren. Beim Alinghi-Team brauchte dieser Prozess der Teamfindung und Rollenklärung fast zwei Jahre. Ähnliche Erfahrungen machten auch die anderen von uns untersuchten High-Performance-Teams.

Nahezu parallel zur Entwicklung einer Teamstruktur und der Klärung von Rollen und Rollenerwartungen bilden Hochleistungsteams klare Spielregeln und verbindliche Vorgehensweisen für wiederkehrende Prozesse im Team aus. Einige Teams gehen hierzu formell vor, indem sie **Teamregeln** aufstellen und dazu Gefolgschaft einfordern. Das Team der deutschen Fußball-National-mannschaft in der Ära Klinsmann stellt hierzu ein erfolgreiches Beispiel dar. Andere Teams gehen eher informell vor und überlassen die Herausbildung von Regeln und Vereinbarungen den Beteiligten. Im Nachhinein kann dann eine Verschriftlichung erfolgen, um beispielsweise sinnvolle und bewährte Spielregeln an nachkommende Mitgliedergenerationen weiterzugeben. Unabhängig davon, ob die Regeln zum Umgang miteinander, zu bestimmten Prozessen und Vorgehensweisen innerhalb der Teams schriftlich oder nur mündlich festgelegt werden, in High-Performance-Teams herrschen klare Spielregeln vor, zu denen alle Teammitglieder ihr persönliches Commitment zum Ausdruck bringen müssen. Abweichungen von der formal oder informell festgelegten Teamnorm werden unmittelbar zurückgemeldet und gegebenenfalls konsequent sanktioniert. Einem unmittelbaren, direkten und auch schonungslosen Feedback kommt in Hochleistungsteams eine entscheidende Bedeutung zu.

Als letzter aber entscheidender Erfolgsfaktor muss es Teams gelingen, die Teamstruktur und die erfolgreich festgelegten Spielregeln in Zählbares umzu-setzen. Hierzu ist es angesichts der Komplexität der Ziele und der Langwierigkeit des Prozesses der **Zielerreichung** notwendig, die einmal mobilisierte Energie zu wahren, die Intention vor Störquellen zu schützen und die zwangs-läufig auftretenden Krisen für eine Festigung des Teams zu nutzen. Wie unsere Erfahrungen und die im Buch verwendeten Fallbeispiele zeigen, ist es keines-wegs trivial, über einen längeren Zeitraum hinweg Fokus und Ausdauer zu wahren. Hochleistungsteams gelingt dies über das Definieren von attraktiven Etappenzielen, die Ausbildung von Willensstärke und das aktive Behandeln von Konfliktfeldern. High-Performance-Teams sind auch langfristig produktiv und können ihren Erfolg wiederholen.

Das 5-Stufen-Modell von High-Performance-Teams

Die fünf Erfolgsfaktoren von Hochleistungsteams lassen sich sinnvollerweise als Stufenmodell darstellen (s. Abbildung 1). Wie jedes Modell vereinfacht auch das 5-Stufen-Modell von High-Performance-Teams die Wirklichkeit. Es kann jedoch als Leitgedanke dafür dienen, die Komplexität der Führung und Zusammenarbeit in großen Arbeitsteams zu reduzieren und auf die zentralen Erfolgsfaktoren zu verdichten.

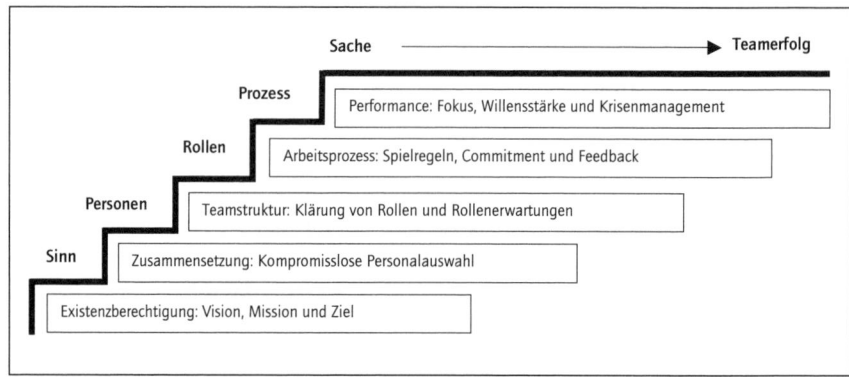

Abbildung 1: Das 5-Stufen-Modell von High-Performance-Teams

Die Modellierung der Erfolgsfaktoren von High-Performance-Teams in Stufen-
form veranschaulicht, dass grundlegende Fragen geklärt sein müssen, bevor
ein Team auf der eigentlichen Sach- beziehungsweise Leistungsebene nach
Erfolg streben kann. Nur wenn die tieferliegenden Stufen erfolgreich gemeistert wurden, können ausreichende Energien mobilisiert werden, um über einen
längeren Zeitraum hinweg fokussiert zu bleiben, Krisen zu bewältigen und an
dem eigentlichen Teamziel zu arbeiten. Wird ein Team neu aufgebaut, so sind
die fünf Erfolgsstufen in der dargestellten Abfolge zu durchlaufen.

Allerdings drückt das Stufenmodell auch aus, was zu unternehmen ist, falls
es auf der Sachebene zu Problemen kommt. Das dem Stufenmodell zugrunde
liegende Prinzip ist dabei stets das Gleiche. Tritt auf einer übergeordneten
Ebene ein scheinbar unüberwindbares Problem auf, so gilt es, eine Stufe
zurückzutreten und zunächst auf der darunterliegenden Ebene eine Klärung
zu erreichen. Über direktes Feedback, das Einholen von Commitment zu den
Teamregeln oder durch das Vereinbaren neuer beziehungsweise veränderter
Spielregeln und Arbeitsweisen kann dann erneut das Feld bereitet werden, um
auf der Sachebene weiterzuarbeiten und die Teamziele zu verfolgen.

In diesem Sinne stellt das Stufenmodell also keine Einbahnstraße dar, die ein
einziges Mal bei der Bildung des Teams von unten nach oben zu durchlaufen
ist. Vielmehr kann es im Verlauf einer langfristigen Zusammenarbeit notwendig sein, eine oder mehrere Stufen zurückzugehen, um die gemeinsame Basis,
den kleinsten gemeinsamen Nenner des Teams, wiederzufinden und darauf
aufbauend die Zusammenarbeit neu zu entwickeln.

Ein **Beispiel**: In einem Projektteam kommt es zur Überschreitung der vorgegebenen Frist für den nächsten Meilenstein. Die Performance des Projektteams

wird vom Lenkungsausschuss kritisiert. Eine teaminterne Analyse zeigt, dass ein Subteam die Zulieferung ihrer Teilarbeit zeitlich so eng geplant und vorgenommen hatte, dass keine Zeit für eine Korrekturschleife blieb. Die Arbeitsleistung des Subteams war jedoch nicht akzeptabel, so dass Nacharbeiten notwendig geworden waren, die zu einer Überschreitung der Deadline für diesen Meilenstein führten. Gemäß dem Stufenmodell müssen auf der Ebene unter der Sach- beziehungsweise Leistungsebene Klärungen herbeigeführt werden. Der Projektleiter ist also gut beraten, die Spielregeln innerhalb des Teams zu beleuchten und gegebenenfalls zu überprüfen, kritisches und direktes Feedback an das problematische Subteam zu geben und deren Commitment zu den Teamregeln einzufordern.

Gibt das Subteam zu erkennen, dass es die Vereinbarungen auf der Prozessebene nicht akzeptiert, müssen die Rollen der Beteiligten einer kritischen Überprüfung unterzogen werden. Hier müsste beispielsweise Einigkeit darüber erzielt werden, dass es einem Projektleiter zusteht, Spielregeln aufzustellen, diese einzufordern und gegebenenfalls kritische Rückmeldungen zu geben. Auf der anderen Seite wären die Erwartungen an die Projektmitarbeiter und die einzelnen Teilprojektgruppen zu klären. Herrscht über die Rollenverteilung, die Teamstruktur und die gegenseitigen Erwartungen Einigkeit, können die Spielregeln auf der Prozessebene geklärt werden, um dann anschließend auf der Sachebene die Arbeit wieder produktiv voranzutreiben.

Sollte hingegen auf der Ebene der Rollen keine einvernehmliche Regelung gefunden werden, bleibt es zu prüfen, ob die aktuell im Projektteam mitwirkenden Personen die richtigen sind. Unter Umständen sind bei der Zusammenstellung des Teams Entscheidungen getroffen worden, die sich während des Arbeitsfortschritts als Fehler erweisen. Insbesondere bei wiederkehrenden Problemen in der Zusammenarbeit muss sich das Team die Frage stellen, ob in der vorliegenden personellen Zusammensetzung weiter gearbeitet werden soll. Sind die Projektziele nachhaltig gefährdet, darf die Frage personeller Konsequenzen kein Tabuthema sein.

Lässt sich aber auch auf der Stufe der Teamzusammensetzung keine gemeinsame Basis finden, so bleibt dem Projektleiter nur der Ausweg, die Sinnfrage zu stellen. Hier gilt: Keine Scheu vor der Sinnfrage! Es kann viele Situationen geben, in denen die Beendigung einer Zusammenarbeit in einer bestimmten Zusammensetzung zu einer bestimmten Fragestellung für alle Beteiligten die beste Lösung darstellt. Zudem aktiviert die Sinnfrage alle Beteiligten und setzt häufig zusätzliche Kompromisskräfte frei. Aus Sicht von Hochleistungsteams wäre es verschwendete Energie, in einer festgelegten Struktur weiterzuarbeiten, wenn kein gemeinsames Verständnis über die Vision, die Mission und die Ziele vorlägen. In dem Projektbeispiel bleibt dem Projektleiter immer die Möglichkeit, den Projektauftrag unbearbeitet zurückzugeben, mit allen Konsequenzen, die sich für die Beteiligten dadurch ergäben. Diese Wahloption wird häufig nicht gesehen. Alleine das Aufwerfen der Sinn-Frage, das Infragestellen der Existenzberechtigung des Teams mobilisiert Energie und kann dazu führen, dass sich alle Teammitglieder auf ihr gemeinsames Ziel besinnen. Auf der Basis dieses gemeinsamen Nenners können dann aufsteigend die darüberliegenden Stufen gemeinsam angegangen werden.

Wir werden in der Folge des Buches die fünf Erfolgsstufen von High-Performance-Teams einzeln aufgreifen, beschreiben und diskutieren. Dabei werden wir punktuell Rückgriffe auf die vorangestellte Fallbeschreibung des Alinghi-Teams vornehmen und zur vertiefenden Erläuterung Episoden und Beispiele aus den weiteren von uns untersuchten High-Performance-Teams einbringen.

Erfolgsfaktor 1
Warum gibt es uns als Team? –
Die Bedeutung von Vision, Mission
und Ziel

Die Existenzberechtigung eines Teams ist immer das Vorliegen einer gemeinsamen Aufgabe. Die Aufgabe muss so beschaffen sein, dass sie nur im Team bewältigt werden kann oder im Team besser zu bewältigen ist als alleine. Damit es bei der Erfüllung der Teamaufgabe allerdings zu Höchstleistung kommen kann, müssen drei Grundvoraussetzungen gegeben sein:

- **Eindeutigkeit der Teamaufgabe:** Nur wenn Klarheit über die Ziele besteht, können die geeigneten Maßnahmen getroffen werden, um das Ziel zu erreichen. Je größer ein Team ist, desto schwieriger wird es, ein gemeinsames Verständnis der Teamaufgabe zu entwickeln. Um Hochleistung mit Teams erbringen zu können, muss die Energie jedes Einzelnen auf das gemeinsame Ziel fokussiert sein. Hierzu muss aber jeder im Team um die exakte Definition der Teamaufgabe wissen. Zu unterscheiden ist bei der eindeutigen Klärung der gemeinsamen Aufgabe zwischen der Teamvision, der Teammission und dem enger gefassten, direkt messbaren Teamziel. In Hochleistungsteams steht die Erreichung des angestrebten Ziels gleichberechtigt neben dem Verfolgen der Teammission. Die Teamvision gibt Orientierung für die langfristigen Ambitionen und Perspektiven.

- **Kollektives Nutzenversprechen:** Es ist nicht ausreichend, die Vision, Mission und das Ziel eines Teams eindeutig festzulegen. Um eine dauerhafte Mobilisierung der Produktivkräfte eines Teams zu ermöglichen, müssen die Verfolgung und die mögliche Erfüllung der Teamaufgabe dem Kollektiv einen Nutzenvorteil versprechen. Aus Sicht einer Gruppe heraus kann die Abwehr einer gemeinsamen, für alle spürbaren Gefahr in höchstem Maße Energie freisetzen und zu einer herausragenden Gemeinschaftsleistung anstacheln. Ebenso motivierend kann das Erreichen eines Zielzustands sein, den das einzelne Teammitglied alleine nicht hätte erreichen können.

- **Individuelles Nutzenversprechen:** Die Mitgliedschaft in einer Gruppe muss für den Einzelnen attraktiv erscheinen. Neben dem großen gemeinsamen Gruppenziel müssen weitere persönliche Vorteile greifbar sein, um sich einer Gruppe anzuschließen und sich mit voller Energie einzubringen. Um Höchstleistung in Teams zu ermöglichen, muss jeder Einzelne die eigene persönliche Höchstleistung abrufen. Zur Höchstleistung wird der Einzelne nur motiviert, wenn er erkennt, dass sich sein Engagement in dem Sinne auszahlt, als dass damit die eigenen Bedürfnisse und Motive befriedigt werden können.

Eindeutigkeit der Teamaufgabe

Nur wenn alle Beteiligten ein klares und gemeinsam geteiltes Verständnis von der Teamaufgabe haben, besteht die Chance, dass alle Beteiligten ihre Energie und Aufmerksamkeit auf das gemeinsam zu erstrebende Ziel fokussieren. Der eindeutigen Klärung der Teamaufgabe kommt entscheidende Bedeutung zu.

Interessanterweise haben sich die von uns untersuchten Hochleistungsteams nicht damit begnügt, das Ziel der gemeinsamen Teamanstrengungen – beispielsweise das Gewinnen des America's Cups oder der Fußball-Weltmeisterschaft – zu definieren. Vielmehr wurde ebenso sorgfältig festgehalten, auf welche Weise das Ziel erreicht werden soll. Neben der Zielkomponente wurden also auch immer Verhaltenskomponenten zur Beschreibung und eindeutigen Klärung der Teamaufgabe herangezogen. Weiterhin existierte durchweg eine rahmengebende Vorstellung darüber, wie das Team langfristig agieren und wahrgenommen werden soll.

Verwirrende Begrifflichkeiten: Vision, Mission und Ziel

Zur weiteren Analyse der Frage, wie High-Performance-Teams ihre gemeinsame Aufgabe und damit ihren Existenzzweck beschreiben, lohnt es sich,
zwischen der Vision, der Mission und des Ziels eines Teams zu unterscheiden.
Die Begrifflichkeiten werden sehr unterschiedlich und teilweise redundant verwendet, so dass es sinnvoll ist, zunächst eine Begriffsklärung vorzunehmen.

- **Vision:** Unter einer Teamvision verstehen wir zunächst ein in der Vorstellung entworfenes Bild des Zustands des Teams in der Zukunft. Im Französischen steht das Wort Vision für Traum. Vision leitet sich aus dem Lateinischen videre (= sehen) ab. In unserem Verständnis ist eine Teamvision
  ein positiv besetzter Zustand in der Zukunft. Das entwickelte Traum- oder
  Wunschbild ist stets erstrebenswert. Aus der Sicht des jeweils aktuellen
  Status quo mag eine Vision durchaus ein wenig unrealistisch oder utopisch
  erscheinen. In jedem Fall handelt es sich nicht um einen kurzfristig und
  ohne Aufwand zu erreichenden Zustand. Von einer Vision geht Motiva-
  tionskraft aus, da die Erreichung des positiv besetzten Zielzustands persönlichen Nutzen verspricht. Eine Vision gibt den prägenden Rahmen für
  die Ziele eines Teams, geht aber über die enger zu fassenden Teamziele
  hinaus, da sie auf den Zweck des Teams verweist. In einer Vision wird
  der Existenzgrund, der raison d'être des Teams jenseits kurzfristiger Ziele
  beschrieben.
- **Mission:** Wenn es gilt, eine Mission zu erfüllen, muss ein klar umrissener
  Auftrag erfüllt werden. Im Kirchenlatein steht missio für das Aussenden
  eines Glaubensboten, abgeleitet aus dem Lateinischen mittere (= entsen-
  den). Die Mission ist in diesem Sinne eine kurze und bündige Formulierung, die dem Missionar die Art und Weise vorgibt, wie er seinen Auftrag
  auszuführen hat. In diesem Verständnis verstehen wir unter einer Teammission nicht die Beschreibung des Auftrags selbst, sondern die Vorgabe,
  wie der Auftrag auszuführen ist. Es handelt sich bei der Teammission nicht
  um die Beschreibung von kurz- oder langfristig zu erreichenden Zielzu-
  ständen, sondern um die Beschreibung des während der Aufgabenerfüllung
  zu zeigenden Verhaltens. Wie die Fallbeispiele zeigen, kommt in High-
  Performance-Teams dem Leben der Teammission die gleiche Bedeutung
  zu wie dem Erreichen des Teamziels selbst.
- **Ziel:** Mit einem Ziel wird ein in der Zukunft liegender Zustand möglichst
  exakt beschrieben. Es werden spezifische Indikatoren festgelegt, die den
  Zielzustand charakterisieren und eindeutig feststellbar machen, ob das Ziel
  erreicht worden ist. Das Teamziel ist, verglichen mit dem aktuellen Status,
  ein positiv veränderter, erstrebenswerter Zustand. Es markiert den End-

punkt der Teamanstrengungen und des Arbeitsprozesses. In Abgrenzung zur Teamvision verstehen wir Teamziele operativer, greifbarer, realistischer und kurzfristiger. Die Teamziele sollten sich aus der Teamvision ableiten beziehungsweise mit dieser im Einklang stehen.

Zur Verdeutlichung der Begriffsklärung greifen wir noch einmal auf das eingangs dargestellte Alinghi-Beispiel zurück. Das Alinghi-Team hatte ein klares Ziel, das Gewinnen des America's Cups. Der Vorteil von Sportteams gegenüber Arbeitsgruppen, Abteilungsgemeinschaften oder Projektteams in Wirtschaftsunternehmen ist, so der häufige Einwand von Managern, mit denen wir den Alinghi-Fall diskutiert haben, dass sich das Ziel in Sportteams eindeutig definieren ließe und auf der Hand liege. Damit sei der Erfolg einer Kampagne unmittelbar an Sieg oder Niederlage abzulesen. Daher ist jedoch zu bedenken, dass die Festlegung der Teamaufgabe im Alinghi-Fall nicht so eindimensional erfolgt ist, wie es auf den ersten Blick erscheint. Es sollte möglich sein, auch mit bestehenden Teams im Arbeitsumfeld spezifische Ziele zu vereinbaren, die greifbar, zeitlich befristet und erstrebenswert sind.

Das Ziel des Alinghi-Teams war es sicherlich, den America's Cup zu gewinnen. Dazu wurde das Team gegründet, unter dieser Zielsetzung wurden Budgets bereitgestellt, zu diesem Zweck haben sich die beteiligten Individuen zu einem Team zusammengefunden. In der weiteren Arbeit des Teams wurde das Gesamtziel des Gewinnens des America's Cups 2003 jedoch in spezifische Feinziele untergliedert.

- Develop Alinghi to be known as the best sailing team in the world.
- Design, build and develop the fastest America's Cup yacht.
- Assemble the best group of people and build a team for the 32nd America's Cup with consideration for our long term competitiveness.
- Develop two sailing crews capable of winning the Cup.
- Create, develop and apply the most advanced technology in all aspects of the program.
- Continuously benchmark our performance against measurable targets and the competition.
- Create an environment where people respect our team values.
- Enhance and develop the Alinghi brand to support our growth and generate sufficient revenues to fulfil our vision.

Die Feinziele wiesen einen operativen Charakter auf, waren ambitioniert, aber umsetzbar und zeigten einen sichtbaren Zusammenhang zu dem Gesamtziel des Cup-Gewinns. Die Relevanz der Feinziele für das große Ganze war für alle Beteiligten auf Anhieb erkennbar. Zu jeder Phase und in allen Bereichen der Kampagne wollte man vor den Wettbewerbern liegen und nicht nur seglerisch, sondern auch im Bootsdesign, in der Konstruktion und Logistik, aber auch in Fragen von Marketing und Kommunikation Benchmark für die Konkurrenz sein.

Gleich zu Beginn der Zusammenarbeit, noch vor dem Start der operativen Tätigkeit, legte sich das Team Alinghi eine gemeinsame Teamvision zu.

> »Wir wollen ein Team aufbauen, auf das man stolz ist,
> das in der Lage ist, den America's Cup zu gewinnen
> und das andere Leute begeistert, selbst höhere Ziele zu erreichen.«

Diese Vision ist in mehrfacher Hinsicht bemerkenswert. Zum einen lässt sich erkennen, dass man nicht festschreibt, den America's Cup zu gewinnen, sondern dass man sich vornimmt, ein Team zu formen, das *in der Lage ist*, die Trophäe zu gewinnen. Ganz analog hatte sich auch die deutsche Fußball-Nationalmannschaft der Männer darauf festgelegt zu sagen, dass man 2006 *Weltmeister werden wollte*, nicht, dass man *Weltmeister werden würde*. Hier wurde der Erkenntnis Rechnung getragen, dass nur die eigene Leistung und nicht der letztendliche Erfolg endgültig planbar ist.

Weiterhin ist an der Alinghi-Vision bemerkenswert, dass der angepeilte Gewinn des Cups nur eine von drei Komponenten darstellt, welche das Team anstrebt. Die Vision des Teams geht über das recht profane Ziel, der Beste in einem sportlichen Wettbewerb werden zu wollen, hinaus. Es geht auch darum, im Umkreis des Teams Stolz und Begeisterung zu erzeugen, also ein Team zu bilden, mit dem sich die Fans und Angehörigen identifizieren können, zu dem sie sich bekennen. Und ganz entscheidend: Das Segelteam nimmt sich vor, als Inspirator und Vorbild für andere Teams dienen zu können. Man möchte andere Leute zu Höchstleistung motivieren, ihnen helfen, ihre heutigen Grenzen zu überwinden und selbst höhere Ziele zu erreichen. Welch ein Anspruch für ein einzelnes Sportteam! An dieser Stelle erfolgt eine ideelle Überhöhung des engeren, operativen Ziels des Gewinnens einer Sporttrophäe. Es geht nunmehr darum, in den Menschen, die auf das Alinghi-Team schauen, etwas zu bewegen, sie zu verändern und ihnen zu helfen, besser zu werden und erlebte Grenzen zu überwinden. Damit erfüllt die Alinghi-Vision die vorab dargestellten Kriterien einer Teamvision: Durchaus etwas utopisch, den Existenzzweck des Teams darstellend, einen erstrebenswerten Zielzustand in der Zukunft zeichnend, nicht leicht zu realisieren, aber in jedem Fall inspirierend und motivierend. Es fällt leicht, sich mit dieser Vision zu identifizieren. Es ist etwas durchweg Positives, das den Leitstern für alle Teamanstrengungen bildet. Es liegt damit eine bedeutungsvollere Existenzberechtigung des Teams vor als lediglich der Zusammenschluss zum Zwecke des Gewinnens einer Sporttrophäe.

Und schließlich zeigt sich an der Alinghi-Vision, was auch in anderen High-Performance-Teams sichtbar wird: Die Vision enthält neben dem messbaren Ziel des Gewinns des America's Cups auch eine Weg- bzw. Verhaltenskomponente, die sogenannte Mission.

> »Unsere Vision beinhaltet logischerweise, dass wir den Cup gewinnen wollen. Für uns war aber auch das Wie entscheidend. Auch wenn wir nur Zweiter oder Dritter geworden wären, wollten wir doch zumindest sagen können: Das Wie haben wir eingehalten. Wir haben unsere Leute begeistert, wir haben uns sportlich fair verhalten. Wir haben versucht, unser Motto durchzuhalten und nicht nur die Trophäe um jeden Preis zu holen.«
> Jochen Schümann

Auch wenn das Alinghi-Team nicht explizit mit dem Begriff der Teammission gearbeitet hat, ist das, was ihr Sportdirektor Jochen Schümann beschreibt, die Mission des Teams, nämlich nach vorab dargestellter Definition die für alle verbindliche Festlegung, auf welche Weise die Teamaufgabe auszuführen ist. Angesichts der Tatsache, dass gerade in sportlichen Wettkämpfen, in denen sich der Erfolg einer ganzen Kampagne, einer zum Teil jahrelangen Vorbereitung in wenigen Minuten entscheiden kann, ist jedem klar, dass das Endergebnis nur bedingt planbar ist. Tatsächlich planbar und vollständig kontrollierbar für ein Team ist hingegen die Art und Weise, wie man die gemeinsame Teamaufgabe angeht, wie die Qualität des gemeinsamen Weges beschaffen ist. Es ist deutlich greifbarer für die Teammitglieder, einen Verhaltenskodex zu befolgen, also Vorgaben zu konkreten Verhaltensweisen und Umgangsformen bei der Zielerreichung zu beachten, als einer weit entfernten Vision oder Langfristzielsetzung nachzueifern.

Es ist für das Commitment der Teammitglieder zu der gemeinsamen Mission entscheidend, dass der Erfüllung der Mission selbst eine ebenso große Bedeutung beigemessen wird wie dem Erreichen des Endziels. Es muss deutlich werden, dass es auf den Weg, auf die Art, wie man die gemeinsam zu verbringende Lebenszeit miteinander gestaltet, in gleichem Maße ankommt wie auf den letztendlichen Teamerfolg. Und exakt das passiert in Hochleistungsteams. Wie Schümann es für das Alinghi-Team ausdrückt, will man sich im Misserfolgsfall nicht vorwerfen müssen, die Mission verraten zu haben, also Fehler auf dem Weg der Zielerreichung gemacht zu haben oder grundlegende Verhaltensprinzipien über Bord geworfen zu haben.

Das Alinghi-Team nimmt sich vor, sportlich fair zu agieren, zu begeistern und sich in allen Belangen professionell zu verhalten. Abgeleitet aus dieser übergeordneten Mission werden Teamwerte aufgestellt, welche die Verhaltenserwartungen verbindlich festschreiben. Wir werden diese Normen und internen Spielregeln von Teams in einem nachfolgenden Kapitel ausführlicher aufgreifen. An dieser Stelle ist lediglich festzuhalten, dass sich das Alinghi-Team nicht nur vorgenommen hat, den America's Cup zu gewinnen, sondern operative Feinziele definiert hat, eine übergreifende Vision verfolgt hat und sich eine klare Mission gegeben hat, welche Verhaltensweisen während der Erfüllung der Teamaufgabe zu zeigen waren.

Wann macht eine Vision keinen Sinn?

Die Bedeutung und mögliche Strahlkraft einer positiv besetzten Vision ist nicht zu unterschätzen. Es gibt aber Konstellationen in der betrieblichen Praxis, in denen ein bewusster Verzicht auf eine Vision mehr Erfolg verspricht. Eine positive Vision auszumalen in Zeiten, die kurzfristiges, entschlossenes und handfestes Handeln verlangen, wirkt anachronistisch und wenig glaubwürdig. Eine dieser Situationen erlebte das schwedisch-schweizerische Traditionsunternehmen ABB, als man im Jahr 2002 nach rasantem Wachstum und zahlreichen organisatorischen Veränderungen die Insolvenz direkt vor Augen hatte. Eine Fallstudie schildert die wechselhafte Zeit, als Jürgen Dormann, ursprünglich Verwaltungsratspräsident von ABB, als CEO die operative Verantwortung für den Konzern übernommen hatte: Dormann beschränkte seine Amtszeit von Anfang an auf zwei Jahre. In dieser Zeit verfolgte er sehr ambitionierte und klar definierte Turnaround-Ziele, verzichtete aber bewusst auf die Definition und Ausgabe einer Vision.

ABB wurde 1987 im Zuge der Fusion zwischen der schwedischen Asea Gruppe und dem schweizerischen Brown Boveri Konzern gegründet. Damit entstand mit 170.000 Mitarbeitern eines der größten Industrieunternehmen jener Zeit. Unter dem damaligen CEO Percy Barnevik erlebte ABB ein rasantes Wachstum. Allein in den ersten beiden Jahren kaufte Barnevik 55 weitere Unternehmen. ABBs Matrixstruktur aus Business Areas und Ländern erlaubte zunächst eine weitgehend reibungsfreie Integration der neuen Unternehmensteile. Nach acht Jahren permanenten Wachstums zeigten sich erste Anzeichen von überhöhter Komplexität im Unternehmen.

Göran Lindahl, ab 1997 Barneviks Nachfolger, strukturierte ABB um und führte eine Spartenorganisation ein. Damit wollte er nicht nur den Problemen der Matrix begegnen, sondern den Industriekonzern mit Hilfe von e-commerce und internetbasierten Prozessen zu einer knowledge company machen. Der erwartete Erfolg der Maßnahmen blieb aus. Zu Beginn des neuen Jahrtausends traten erste finanzielle Probleme auf: Der Umsatz fiel im Jahr 2000 um US$ 1,7 Milliarden auf US$ 23 Milliarden. Gleichzeitig ging der Nettogewinn um 10,5 % auf US$ 1,4 Milliarden zurück, und der Börsenkurs verlor bis Ende 2000 über ein Viertel seines Wertes. Göran Lindahl wurde zum 1. Januar 2001 durch Jörgen Centerman ersetzt. Dieser leitete eine erneute Reorganisation ein – diesmal nach vier Kunden- und zwei Produktdivisionen. ABBs Geschäftsergebnis verschlechterte sich daraufhin weiter: Im Jahr 2001 wies das Unternehmen einen Verlust von US$ 691 Millionen aus, und die Schulden erreichten bis Mitte 2002 mit US$ 5,2 Milliarden einen Rekordstand.

Am 5. September 2002 verließ Jörgen Centerman kurzfristig die Konzernleitung, und Jürgen Dormann wurde CEO der beinahe illiquiden ABB. Die Lage des Unternehmens war prekär. Dormann leitete verschiedene überlebensnotwendige Sofortmaßnahmen ein, unter anderem die Neubesetzung des Executive Committees, eine konsequente Simplifizierung der Corporate Structure und eine Konzentration auf die Geschäftsfelder Power Technologies (PT) und Automation Technologies (AT). Im Zentrum seiner Führung im Turnaround standen jedoch der Wiederaufbau von Stolz, Identität und Vertrauen in das Management sowie die Stärkung der Zuversicht in die ABB-Zukunft. Mitte 2004 war der Turnaround erfolgreich abgeschlossen: Das Halbjahrergebnis des wies einen Umsatz von US$ 9,2 Milliarden und einen Gewinn von US$ 90 Millionen aus. Dormann hatte den Konzern innerhalb kürzester Zeit wieder in die Gewinnzone geführt, aber auf eine Vision hat er zu seiner Zeit als CEO bewusst verzichtet.

> »Ja, ich habe eine Vision für ABB, aber es ist nicht der richtige Zeitpunkt, um über Visionen zu sprechen. Im Moment geht es um Operational Excellence. Wir müssen immer berücksichtigen, wie viel wir unseren Mitarbeitern zumuten können. In den letzten eineinhalb Jahren haben wir eine Menge geschafft, wir dürfen jetzt nicht den Fehler machen, zu viele Dinge zur selben Zeit zu initiieren. Wir müssen zunächst zu Operational Excellence kommen und eine geschlossene Einheit werden. Dann können wir über langfristige Visionen sprechen.«
> Jürgen Dormann (CEO 2002-2004 bei ABB)

Am 1. Januar 2005 übergab Dormann die operative Verantwortung als CEO von ABB an den Schweizer Fred Kindle. Am Ende des Jahres 2006 konnte Kindle vermelden, die finanziellen Ziele des Konzerns bereits drei Jahre früher als geplant erreicht zu haben. Im Gegensatz zur Zeit des »Interims-Leader« (Jenewein & Morhart, 2007) Dormann hat sich ABB unter Kindle wieder eine Vision und eine Mission gegeben. (Für eine vollständige Fallbeschreibung siehe Bruch & Jenewein, 2005).

Während der zwei Jahre der operativen Verantwortung von Jürgen Dormann war auf den ersten Blick alles auf die kurzfristige Wiederherstellung des Erfolgs ausgerichtet, was der finanziellen Notlage des Konzerns geschuldet war. Beachtenswerterweise gab Dormann aber nicht nur Richtgrößen für Kosteneinsparungen vor, sondern bemühte sich von Anfang an um die Wiederherstellung von Stolz und Selbstbewusstsein und die Stärkung der Identifikation der Mitarbeiter mit dem gesellschaftsübergreifenden Brand und dem Kerngeschäft von ABB. Auch wenn Dormann es vermied, explizit eine Vision für den Turnaround auszugeben, kann der starke Anspruch einer nachhaltigen Kulturentwicklung bei ABB unter Dormann durchaus als visionär bezeichnet werden. Kulturveränderungen sind immer langwierig und benötigen ein hohes Maß an Ausdauer und Kontinuität, um nachhaltig zu werden. Jürgen Dormann hatte trotz seiner von Anfang an begrenzten Amtszeit als CEO immer auch langfristige Ambitionen für ABB. Dormann wusste um die Bedeutung und Wirkung eines Visions- und Missions-Statements, verzichtete aber während seiner Amtszeit bewusst auf das explizite Formulieren einer Langfrist-Perspektive, um das Change-Momentum, nämlich den Sinn für Dringlichkeit im Anblick der Insolvenz, für weitgehende Veränderungen zu nutzen. Ihm lag gerade daran, seine Ziele kurzfristig zu halten und damit auch die temporäre Besonderheit seiner sehr weit gehenden Maßnahmen zu betonen. Unter diesen Rahmenbedingungen war der Verzicht auf das Ausgeben einer idealisierenden Vision der glaubwürdigere Führungsweg. Wenn das Boot gerade voll Wasser läuft, sollte der Kapitän die Rettungsmaßnahmen koordinieren und nicht von der Schönheit der anzusteuernden Inseln schwärmen.

Auf die Glaubwürdigkeit kommt es an

Für den Interims-Leader Jürgen Dormann, dessen Amtszeit für alle bekannt von Beginn an auf zwei Jahre beschränkt war, wäre es unglaubwürdig gewesen, eine langfristig angelegte Vision auszugeben. Allen war klar, dass Dormann nur kurzfristig als CEO zur Verfügung stand, so dass er eine von ihm ausgegebene Vision nicht mehr selbst hätte umsetzen können. Dormann überließ es daher seinem Nachfolger, die eingeschlagene Strategie weiterzuverfolgen und der langfristigen Entwicklung von ABB eine explizite Vision und eine Mission zu geben. Ein entscheidender Erfolgsfaktor von Jürgen Dormann in seiner Zeit als Turnaround-Manager bei ABB war seine Glaubwürdigkeit. Das Gleiche gilt für das Alinghi-Team oder die Deutsche Fußball-Nationalmannschaft. Beide bekannten sich zu dem Gesamtziel der gemeinsamen Arbeit, also das Gewinnen des jeweiligen Wettbewerbs, aber beide fokussierten darauf, ein Team zu bilden, das *in der Lage* war, die Trophäe zu erringen. Niemand versprach den finalen Triumph. Erst als sich die ersten Vorrundenergebnisse positiv gestalteten, entwickelte sich der Glaube an die Umsetzbarkeit der Vision. Zuvor konnte die Vision keine Wirksamkeit entfalten. Auf die Glaubwürdigkeit kommt es an.

Was müssen Führungskräfte beachten, um eine *glaubwürdige* Vision zu entwickeln? Hierzu ist es notwendig, nicht nur den fernen, gerne auch etwas utopischen Endzustand der gemeinsamen Arbeit zu beschreiben, sondern auch zu berücksichtigen, welche Rahmenbedingungen vorherrschen, wie stark die Mitbewerber einzuschätzen sind und was die bisherige Erfolgshistorie des Teams ist. Alle drei Faktoren beeinflussen das Selbstbewusstsein des Teams und die subjektive Wahrnehmung der Teammitglieder bezüglich der eigenen Erfolgswahrscheinlichkeit. Bei allem Realitätssinn darf man als Führer aber auch nicht die psychologisch beflügelnde Wirkung von Träumen und Utopien außer Acht lassen.

Ein Team, das eine hervorragende Mischung aus Realitätssinn und Vision für die eigenen Ambitionen gefunden hat, ist das **Sauber Formel 1 Team**. Ein Formel 1 Team kann als High-Tech-Unternehmen aufgefasst werden, das sich in einem hoch kompetitiven Umfeld bewegt und in der Lage sein muss, langfristige Entwicklungen als Gesamtteam voranzutreiben, obwohl man einem permanenten kurzfristigen Erfolgsdruck ausgesetzt ist. Das Sauber Formel 1 Team gilt als eines der effizientesten Teams in dem High-Tech-Zirkus Formel 1. Obwohl mehr als fünfzehn Jahre lang kein milliardenschwerer Automobilkonzern hinter den Schweizern stand, gelang es dem Team von Peter Sauber, kontinuierlich Weltmeisterschaftspunkte zu sammeln und sich beachtliche Platzierungen in der Konstruktionswertung der Formel 1 zu sichern.

> »What Sauber accomplishes, with the resources available, is fantastic … .
> Sauber achieves wonders – already now.«
> Jean Todt (General Director bei Ferrari)

> »For me Sauber Petronas is the most efficient team in Formula 1.
> What they are performing over years is great. Sauber offers Formula 1 a lot.«
> Bernie Ecclestone (Funktionär und »Besitzer« der Formel 1)

Um die Herkunft der vom Sauber-Team definierten und gelebten Mission zu verstehen, ist ein Rückgriff auf zwei Erlebnisse beziehungsweise Grenzerfahrungen von Peter Sauber hilfreich. Sie erklären die Glaubwürdigkeit des vom Team verfolgten Mission Statements.

Im Jahre 1969 gewann Peter Sauber mit einem Käfer-Umbau die Klub-Meisterschaft des Formel-Rennsportclubs der Schweiz (FRC) und knüpfte dabei

Kontakte zu anderen Konstrukteuren aus der Schweizer Motorsportszene, die schlussendlich zur Entwicklung des Sauber C11 führten, einer Kombination von Eigenbau-Karosserie und Fahrwerk eines Formel-Rennwagens. Das »C« im Namen des Fahrzeugs ist der Anfangsbuchstabe des Vornamens von Peter Saubers Ehefrau Christiane. 1970 gewann Peter Sauber auf dem C1 die Schweizer Meisterschaft, beschloss jedoch im Anschluss daran, seine aktive Pilotenkarriere zu beenden.

> »Das Schlüsselerlebnis war der entscheidende Lauf der Meisterschaft. Um den Titel zu sichern, musste ich gewinnen. Im ersten von zwei Läufen lag ich zurück. Nun spürte ich plötzlich einen gewaltigen Druck. Ich musste aufholen – und damit über meine Verhältnisse fahren. Natürlich freute ich mich über den Titel, aber im Rückblick war mir das Ganze eher unangenehm, ich hatte eindeutig zu viel riskiert.«
> Peter Sauber (Schweizer Meister 1970 und Gründer des Sauber Formel 1 Teams)

Die zweite Episode, die nachhaltig die Mission des Sauber Teams beeinflusste und bis heute als Paradebeispiel für fairen Sport, Ehrlichkeit, Menschlichkeit und gegenseitigen Respekt in der Formel 1 gilt, ereignete sich im zweiten Formel 1 Jahr des Sauber Teams. Nach zunächst waghalsigem Alleingang beim Einstieg in die Königsklasse des Motorsports konnte Peter Sauber im Jahr 1994 mit Mercedes einen offiziellen Motorenpartner präsentieren. Der Entschluss des einstmals legendären Silberpfeil-Herstellers Mercedes, einen kleinen Schweizer Privatrennstall zu unterstützen, führten jedoch auch zu gesteigerten Erfolgserwartungen in der Öffentlichkeit und bei den Sponsoren.

Die in der Formel 1 vorherrschende rücksichtslose Erfolgsorientierung wollte das Sauber-Team nicht unterstützen. Als am 11. Mai 1994 Karl Wendlinger im Training zum Grand Prix von Monaco in Monte Carlo mit 160 km/h einen Verkehrsteiler rammte, dabei lebensgefährliche Gehirnprellungen erlitt und 19 Tage im Koma lag, verzichtete Peter Sauber gänzlich auf einen Start beim Grand Prix von Monaco. Bei dem vorangegangenen Rennen in Imola waren innerhalb von 24 Stunden die beiden Fahrer Roland Ratzenberger (Team Simtek-Ford) und Ayrton Senna (Team Williams) tödlich verunglückt. Doch deren Teams waren dessen ungeachtet weitergefahren, um keine Einbußen bei den WM-Punkten hinnehmen zu müssen.

> »Nach Wendlingers Trainingsunfall war ein Start überhaupt keine Option. Der Rückzug beider Wagen war für mich eine menschliche Selbstverständlichkeit. Man darf nie vergessen, dass es bei dem, was wir tun, letzten Endes immer nur um zwei Wagen geht, die im Kreis fahren. Und auch wenn viel Geld und Prestige damit verbunden ist, steht der Mensch über allem.«
> Peter Sauber (Gründer und CEO des Sauber Teams)

Aus den tragischen Vorfällen dieser Rennen zogen die Schweizer sofort Konsequenzen und entwickelten als erstes Team überhaupt einen Cockpit-Kopfschutz für den Fahrer, der bereits bei den nächsten Rennen zum Einsatz kam. Das Sauber-Team setzte einen neuen Standard bezüglich Fahrersicherheit, indem die Schutzzone nun bis zum Schulterbereich des Fahrers reichte, der dessen Hals und Kopf von den immensen Kräften im Falle eines Aufpralls schützte.

Mit dem Rückzug des Sauber Teams und den Investitionen in den verbesserten Schutz des Fahrers setzte man klare Zeichen: Der Sport- und Wirtschaftszirkus Formel 1 stand für Peter Sauber und sein Team nie über den Menschen, die an ihm beteiligt sind. Auf der Basis dieser beiden Schlüsselerlebnisse im Extrembereich entwickelte das Sauber-Team ein eigenes Mission Statement.

> »We strive for continuous perfection and steady success –
> for our partners and ourselves.
> We challenge – the competition and ourselves.
> We are sincere, personal, and passionate in all our activities, on- and off-track.
> Sauber, where high-tech meets emotions.«

Das Mission Statement des Sauber Formel 1 Teams enthält im Sinne des am Anfang dieses Kapitels dargestellten Begriffsverständnisses sowohl Aussagen zur Vision als auch zur Mission des Teams. Das Visionäre ist in der letzten Botschaft enthalten: Man möchte ein Team bilden, das sich technologisch auf einem Spitzenniveau befindet und zudem die Menschlichkeit integriert, Emotionen weckt und Begeisterung schafft. Weiterhin ist das Selbstverständnis des Teams in Abgrenzung zum Wettbewerb enthalten: Man sieht sich als Herausforderer, der durch eigene Spitzenleistungen den Platzhirschen Höchstleistung abverlangt. Damit sind die Daseinsberechtigung und der Zweck des Teams beschrieben. Das sportliche Teamziel wird mit dauerhaftem Erfolg definiert. Tatsächlich sind Kontinuität und Beständigkeit in dem wechselhaften Formel-1-Zirkus schwierig zu realisieren. Aber analog zum Alinghi-Team fokussiert sich das Sauber-Team ebenfalls nicht nur auf das engere sportliche Ziel. Vielmehr will man auch »off-track« eine professionelle, menschliche und passionierte Leistung gewährleistet wissen.

Die ersten drei Sätze des Statements enthalten Verhaltensanweisungen für das Team, in unserem Wortsinn die Mission. Es wird von allen Teammitgliedern verlangt, kontinuierlich nach Perfektion zu streben, den Status quo herauszufordern, sich nicht mit dem Erreichten zufriedenzugeben und professionell und ernsthaft an einem Top-Teamergebnis zu arbeiten. Im Gegensatz zur Vision beschreibt die Mission keinen erstrebenswerten Zustand in der Zukunft, sondern spezifische Verhaltensanweisungen, in welcher Art und Weise bei der Erfüllung der gemeinsamen Teamaufgabe zu agieren ist.

Der entscheidende Erfolgsfaktor des Mission Statements des Teams ist die Glaubwürdigkeit, die sich aus zwei Aspekten ergibt. Zum einen sieht man sich als Herausforderer, nicht als Platzhirsch. Angesichts der ungleichen Budgets wäre die Ausgabe des Gewinnens der Formel 1 Konstrukteursweltmeisterschaft unrealistisch und damit unglaubwürdig gewesen. Man berücksichtigte die faktische Konkurrenzsituation angemessen. Zum anderen wirkt das Mission Statement glaubwürdig, weil das Sauber Team bereits über vorangegangenes Verhalten bewiesen hatte, dass es menschlich handelt und es versteht, die Balance zwischen Technik und Wettbewerb einerseits und Menschlichkeit andererseits zu wahren. Das Mission Statement des Teams entwickelt also seine Glaubwürdigkeit aus der richtigen Einschätzung der zukünftigen Chancen und dem menschlichen Verhalten in Schlüsselszenen der Vergangenheit.

Die Bedeutung und Wirkung eines eindeutig definierten Teamauftrags

Was könnte der Grund dafür sein, dass High-Performance-Teams soviel Wert auf die Definition einer Teamvision, die Festschreibung einer Teammission und die Klärung der gemeinsamen Ziele legen? Handelt es sich hier um einen populären Management-Trend oder hilft ein eindeutig definierter Teamauftrag tatsächlich weiter? Falls ja, wie ist die Wirkungsweise?

In der Managementliteratur wird in der Regel das Führen über Ziele empfohlen. Unter dem Begriff Management-by-Objectives MbO hat das Führen über Ziele eine große Verbreitung gefunden. Dem Grunde nach geht es dabei immer um eine Transaktion: Die Führungskraft stellt dar, was sie erwartet, und belohnt oder sanktioniert den Mitarbeiter anschließend für dessen abgelieferte Leistung. Der angebotene Deal lautet immer: Belohnung gegen Leistung. Die Vorteile des Führens über Ziele werden beispielsweise von Faerber und Stöwe (2004) wie folgt zusammengefasst:

- Alle Mitarbeiter kennen ihre Ziele und die des Unternehmens. Dadurch werden die Ressourcen des Verantwortungsbereichs zielorientiert auf erfolgsentscheidende Aspekte hin ausgerichtet.
- Die Eigenverantwortung und Eigeninitiative der Mitarbeiter wird gefördert, weil diese Spielräume bekommen, die Ziele auf ihre eigene Art und Weise zu erreichen.
- Wenn regelmäßig über Ziele und die Zielerreichung gesprochen wird, gibt es Klarheit über die gegenseitigen Erwartungen an die Arbeitsergebnisse.

- Schlüssig aus übergeordneten Zielen und der Strategie abgeleitete Ziele vermitteln den Mitarbeitern den Sinn ihrer Tätigkeit, was wiederum zu einer höheren Selbstverpflichtung und Motivation führt.
- Die Beurteilung von Arbeitsergebnissen erfolgt auf Basis klarer Vereinbarungen, so dass unnötige Diskussionen vermieden werden.
- Es kann eine große Zahl von Mitarbeitern koordiniert werden, weil individuelle Ziele aus übergeordneten Notwendigkeiten abgeleitet und untereinander abgestimmt werden.
- Die Führungskraft kann sich durch Delegation Freiräume für wesentliche, strategische Aufgaben verschaffen.

Ganz ähnlich fassen Lurse und Stockhausen (2001) die Vorteile eines Zielvereinbarungssystems für das Unternehmen beziehungsweise den Mitarbeiter zusammen (s. Abbildung 2).

Vorteile von Zielvereinbarungen ...

... für das Unternehmen

- Konzentration auf Prioritäten
- Bessere Ergebnisse
- Schnellere Verbesserung
- Systematischere Erfolgskontrolle
- Bessere Möglichkeit zur Steuerung von Performance
- Zufriedene Mitarbeiter
- Bessere Koordination und Zusammenarbeit

... für den Mitarbeiter

- Strukturiertes, konzentriertes Arbeiten
- Klarheit über die Erwartungen
- Transparenz von Ergebnissen
- Klare Freiräume und Eigenverantwortung
- Erfolgserlebnisse
- Gezielteres Lernen
- Führung einfordern können
- Mehr Geld für Erfolgreiche
- Mehr Identifikation und Motivation

Abbildung 2: Vorteile von Zielvereinbarungen für Unternehmen und Mitarbeiter

Zielvereinbarungen wirken gemäß der zahlreichen empirischen Vergleichsstudien steigernd auf die Produktivität. Aus unserer Sicht ist der entscheidende Wirkungshebel des Führens über Ziele die Fokussierung der eingesetzten Energie. In unseren Seminaren und Vorträgen ist uns noch kein Manager begegnet, der nicht vorgab, zu wenig Zeit zu haben. In der Regel mangelt es Managern nicht an Engagement, sondern an der Fokussierung der aufgebrachten Energie. Es geht nicht nur darum, die Dinge richtig zu tun, sondern in erster Linie darum, die richtigen Dinge zu tun. Und hierzu können Zielvereinbarungen hilfreich sein.

Grundsätzlich hat ein Mitarbeiter ein Universum an Möglichkeiten vor sich, wie er sich verhalten kann. Die eindeutige Klärung der Ziele des Mitarbeiters schränkt dieses Universum der Möglichkeiten ein. Ein wohlwollender Mitarbeiter, der sich nicht aktiv oder passiv den Erwartungshaltungen verweigert, erhält durch die Vereinbarung von Zielen eine Orientierung. Er kann seinen Anstrengungen eine Richtung gegeben und seine Energie fokussiert und zielgerichtet einsetzen.

Damit ist jedoch noch nichts über die motivationalen Aspekte von Zielvereinbarungen gesagt. Es gibt einige, insbesondere psychologische Untersuchungen, die davon ausgehen, dass die Existenz von Zielen an sich bereits motivierend wirkt. Man muss aber nicht in die psychologische Trickkiste greifen, um zu erkennen, dass ein Ziel immer attraktiv und erstrebenswert erscheinen muss, damit es motivierend wirken kann. Wir werden in der Folge dieses Kapitels näher darauf eingehen. Es geht immer darum, dass die Vorstellung, die Teamvision oder das Teamziel erreicht zu haben, positiv besetzt sein muss. Im psychologischen Sinne kann der erstrebenswerte Zustand eine angenehme Belohnung, ein individueller Nutzenvorteil oder das Wegnehmen eines negativen Reizes sein.

Bei der Diskussion über die Vorzüge einer Zielvereinbarung darf nicht außer Acht gelassen werden, dass es sich beim Führen über Ziele stets um eine Transaktion handelt: Belohnung gegen Leistung. In der Literatur wird für diese Formen der Führung der Begriff der transaktionalen Führung verwendet. Es wird der transaktionalen Führungskraft zugetraut, mit dem eigenen Team ein spezifisches Ziel zu 100 % zu erreichen. Was jedoch durch ein Führen über Ziele alleine nicht erreicht werden kann ist Spitzenleistung. Besondere Kreativität, außergewöhnliches Engagement oder High Performance auf Teamebene ist unter Anwendung des reinen Paradigmas der transaktionalen Führung nicht zu erwarten. Hier bekommt die Führung im optimalen Fall die Leistung zurück, die sie ausgelobt hat, die sie misst und für die sie belohnt oder bestraft.

Die transaktionale Führung wird abgegrenzt von der transformationalen Führung, die nach Bass (1990, 1998) darauf ausgelegt ist, die Vision der Führungskraft auf das gesamte Team zu übertragen. Es geht darum, mit den Einstellungen, Motiven und Ambitionen eines Mitarbeiters zu arbeiten und diese so zu transformieren, dass sie mit dem übergeordneten Teamziel im Einklang stehen. Der Mitarbeiter muss nach der Idee der transformationalen Führung erkennen, dass es seinen individuellen Bedürfnissen entspricht, das Teamziel anzustreben und dafür persönlichen Einsatz zu bringen. Nur unter dieser Bedingung ist außergewöhnliche Leistung jenseits der 100 %-Norm zu erwarten. Die Abbildung 3 veranschaulicht, welche vier Verhaltensweisen üblicherweise unter dem Paradigma der transformationalen Führung zusammengefasst werden.

Abbildung 3: Erwartetes Führungsverhalten im Paradigma der transformationalen Führung

Es verwundert nicht, dass sich in den von uns untersuchten Hochleistungsteams nahezu alle Verhaltensweisen und Kompetenzen einer transformationalen Führung wiederfinden lassen. Wir werden in den nachfolgenden Kapiteln umfassender auf die Art der Führung und Zusammenarbeit in einem High Performance Team eingehen. An dieser Stelle geht es darum, deutlich zu machen, dass ein enges Fokussieren auf ein spezifisches Teamziel keine Spitzenleistung verspricht. Es wird verständlich, dass High-Performance-Teams stets über die engeren, eher operativ zu definierenden Ziele hinaus einer Vision folgen. Man hat das Gefühl, eine gemeinsame Mission erfüllen zu müssen. Es geht nicht nur um operative Ziele, es geht um ein ideell überhöhtes großes Ganzes, dem sich der Einzelne verschreibt. Es macht Sinn, sich persönlich anzustrengen, denn alle Energien des Teams sind auf eine gemeinsame Vision, einen zunächst unrealistisch, ja utopisch erscheinenden Zustand in der Zukunft gerichtet. Mit den ersten gemeinsamen Teilerfolgen wächst jedoch zunehmend das Selbstbewusstsein und Vertrauen, dass man gemeinsam auf dem richtigen Weg ist und Stück für Stück dem Wunschzustand näher kommt. Darüber kann sich eine positive Gruppendynamik entwickeln. Oliver Bierhoff zufolge hat auch das DFB-Team über diesen Weg Dynamik und Selbstvertrauen aufgebaut.

»Man sollte die Kraft einer Vision nicht unterschätzen. Am Anfang braucht es eine Idee, dann Kontinuität. Man muss diese Idee vermitteln können, sie vor externen Störungen schützen und die Zeit haben, lange daran zu arbeiten. So kann man die Spieler daran beteiligen, sie davon überzeugen, in kleinen Schritten gemeinsam immer besser werden und eine positive Dynamik erzeugen. Dann entfacht die Vision Strahlungswirkung.«
Oliver Bierhoff (DFB-Teammanager seit 2004)

Bierhoff sieht die Bedeutung einer positiv besetzten Vision für ein Team. Er vermutet offensichtlich die Wirksamkeit einer eindeutig definierten Vision in der Chance der Fokussierung der Energien des Teams auf den gemeinsam anzustrebenden Zielzustand. Darüber hinaus setzt er auf das erhoffte Aufkommen einer positiven Gruppendynamik, nachdem sich die ersten greifbaren Teilerfolge eingestellt haben.

Neben einer ambitionierten und erstrebenswerten Vision sowie der eindeutigen Klärung der Teamziele geben sich High-Performance-Teams eine Mission. Ob sie es Mission Statement, Teamwerte, eigener Stil oder Spielphilosophie nennen, ist zweitrangig. In jedem Fall geht es darum, sich selbst normative Vorgaben aufzuerlegen, wie man sich bei der Bearbeitung der Teamaufgabe verhalten möchte. Eine Mission ist deutlich greifbarer für die Mitglieder eines Teams als eine Vision, sie enthält somit die Chance, maßgeblich zu sein für das tägliche Miteinander. Eine Mission beinhaltet Normen und Wertvorstellungen, die ein Team nicht über Bord werfen möchte. Man kann sich an diesen selbst auferlegten Vorgaben im Krisenfall aufrichten. Die positive Wirkung einer von allen geachteten Mission ist vielfältig:

- Zum ersten bietet die Missionsvereinbarung einen gemeinsamen Nenner, der für den Prozess der Gruppenbildung von Bedeutung ist: Individuen mit gemeinsam geteilten Werten kommen sich näher und können sich positiv abgrenzen gegen andere Individuen, welche diese Regeln nicht kennen oder die Wertvorstellungen nicht teilen.
- Zum zweiten bietet die in der Mission geregelte Verhaltensvorschrift eine Orientierung und ein Gerüst für das tägliche Miteinander. Detaillierte Spielregeln können aus der Mission abgeleitet und das gegenseitige Feedback kann an der vorgegebenen Mission ausgerichtet werden.
- Drittens kann im Misserfolgsfall darauf verwiesen werden, dass man zumindest die Mission nicht über Bord geworfen, dem letztendlichen Erfolg also nicht alle normativen Grundsätze untergeordnet hat. So bleibt beim Verfehlen des finalen Ziels wenigstens ein moralischer Sieg über die Verlockungen eines unethischen Vorgehens. Man kann sich selbst treu bleiben und stolz auf die Erfüllung der gemeinsamen Mission schauen.

»Ich bin nicht Euer Trainer und darum werdet Ihr von mir auch keine technischen
oder taktischen Dinge hören. Trotzdem möchte ich Euch vor diesem Turnier etwas
aus meiner Erfahrung mit auf den Weg geben. Es kommt bei diesem Turnier
auf zwei Dinge an: Euren Kopf und Euer Herz. Darauf habt Ihr Einfluss
und hier müsst Ihr alle Reserven mobilisieren. Am Ende der WM werdet
Ihr dann vor dem Spiegel stehen und Euch fragen: ›War es ein gutes Turnier?
Hab ich alles gegeben?‹ Ihr könnt auf diese Frage alle anlügen, Eure Trainer,
die Medien, Eure Frauen, aber nicht Euch selbst. Nur Ihr werdet es wissen.
Und wenn Ihr ›ja‹ sagen könnt und trotzdem wurde ein anderes Team Weltmeister,
dann Hut ab vor dem besseren Gegner.«
Oliver Bierhoff (DFB-Teammanager seit 2004)

Viertens geht von einer gut formulierten Mission eine positive Strahlkraft aus.
In der Mission sind in der Regel Verhaltensweisen festgeschrieben, mit denen
sich alle Teammitglieder identifizieren können. Eine Mission beinhaltet positive Normen und menschliche Grundsätze, über die man unter Umständen
nicht permanent selbst nachdenkt, obwohl sie grundsätzlich als Maxime für
das eigene Handeln gelten könnten. Sie fördern in diesem Sinne das Gute in
den Teammitgliedern und machen diese sensibel für die anzustrebenden Verhaltensweisen. Schon Schopenhauer (1851) wusste, dass es bisweilen schwer
fällt, sich die eigenen Handlungsgrundsätze selbst bewusst zu machen:

»Nach abstrakten Grundsätzen handeln ist schwer und gelingt erst nach viel Übung,
und selbst da nicht jedes Mal: auch sind sie oft nicht ausreichend. Hingegen hat jeder
gewisse angeborene konkrete Grundsätze, die ihm in Blut und Saft stecken, indem sie
das Resultat alles seines Denkens, Fühlens und Wollens sind. Er kennt sie meistens
nicht in abstracto, sondern wird erst beim Rückblick auf sein Leben gewahr, daß er sie
stets befolgt hat und von ihnen wie von einem unsichtbaren Faden ist gezogen worden.«

Spielphilosophie und Vision der Deutschen Fußball-Nationalmannschaft

Ein abschließendes Beispiel dafür, wie ein Spitzenteam über eine eindeutige
Klärung von Vision, Mission und Zielen die Teamaufgabe präzisiert und die
Energien darauf fokussiert, ist die deutsche Fußball-Nationalmannschaft in
der Ära Klinsmann. Besonders bemerkenswert sind an diesem Beispiel die
Methoden des Führungsteams zur Kommunikation ihrer Vorstellungen. Am
Ende der Vorbereitungsphase hatten alle Spieler die Team-Vision verinnerlicht
und teilten eine gemeinsame Spielphilosophie.

Innerhalb von weniger als zwei Jahren war es dem Führungsteam um Jürgen
Klinsmann gelungen, nicht nur eine verkrustete Organisation wie den DFB
aufzufrischen, sondern eine Fußballphilosophie zu entwickeln, die Begeisterung weckte, erfolgreich war und es vermochte, aus jedem Einzelspieler die

maximale Leistung abzurufen. Auf diesem Erfolgsweg waren viele Hindernisse zu überwinden und Entscheidungen zu treffen. Am Anfang stand aber auch in diesem High-Performance-Team die Definition einer Teamvision und die eindeutige Klärung der eigenen Mission.

Das neue Führungsteam begann sofort nach der Berufung mit der Arbeit und verfeinerte zunächst Klinsmanns Grundkonzept. Dafür analysierte es gemeinsam mit den Beratern Warren Mersereau und Mick Hoban, unbeeinflusst von den vielen Emotionen, die sich in Deutschland nach dem schmachvollen Ausscheiden bei der Europameisterschaft 2004 um die deutsche Nationalelf aufgestaut hatten, die Geschichte des deutschen Fußballs. Diese Analyse war die Grundlage für das gesamte Projekt und die Basis für die Entwicklung der gemeinsamen Vision des Führungstrios Klinsmann – Bierhoff – Löw. So kam es, dass der neue Bundestrainer gemeinsam mit dem Teammanager schon bei der ersten offiziellen Pressekonferenz der Weltöffentlichkeit verkündete, dass man 2006 im eigenen Land Weltmeister werden wollte.

> »Die Fans hatten den Wunsch und die große Hoffnung, dass wir 2006 im eigenen Land Weltmeister werden. Das war auch mein Ziel. Ich hatte nach unserer Analyse erkannt, dass das Potenzial dazu bei allen Problemen vorhanden ist. Meine Vision bei Amtsantritt war es, den deutschen Fußball wieder groß zu machen. Mir war klar, dass diese Aufgabe nicht einfach sein würde.«
> Jürgen Klinsmann (DFB-Bundestrainer 2004–2006)

> »Unsere Vision war es, durch offensiven, dynamischen und risikobereiten Fußball eine Begeisterung bei den Fans auszulösen. Jedes Kind sollte wieder den Wunsch haben, Nationalspieler zu werden.«
> Oliver Bierhoff (Teammanager des DFB)

Es war dem Führungsteam um Jürgen Klinsmann offenbar wichtig, sich offensiv zu dem ohnehin von der Öffentlichkeit geforderten Ziel des Gewinns der Weltmeisterschaft im eigenen Land zu bekennen. Mit der dem Führungsstil Klinsmanns entsprechenden Proaktivität ging man daher gleich zu Beginn der Kampagne an die Presse, um sich der Herausforderung zu stellen. Das Visionäre in der Aussage von Klinsmann ist aber nicht der Gewinn der WM-Trophäe. Nach der begrifflichen Festlegung zu Beginn dieses Kapitels stellt der Gewinn der Weltmeisterschaft die Zielsetzung des Teams dar. Die visionäre Überhöhung dieses sportlichen Ziels hingegen ist das Bemerkenswerte. Es geht nach Klinsmann darum, den Deutschen ihren geliebten Fußball zurückzugeben, den deutschen Fußball wieder groß zu machen, es den Fans möglich zu machen, wieder stolz auf »ihre Jungs« sein zu können. Bei Oliver Bierhoff, dem Teammanager der Nationalmannschaft, klingt das Visionäre noch stärker durch: Es geht darum, Begeisterung zu schaffen und bei jedem Kind den Wunsch zu entfachen, eines Tages selbst Teil dieser Mannschaft sein zu dürfen. Klinsmann und Bierhoff finden die richtigen Worte für die Deutschen, für die der Fußball seit Jahrzehnten die Sportart Nummer eins ist. Man hat nach dem zweiten Weltkrieg das erste neue Selbstbewusstsein aus den Erfolgen der Fußball-Nationalmannschaft gezogen. Hier wollte man anknüpfen und erneut Begeisterung und Stolz in der gesamten Bevölkerung auslösen. Selbst wenn das absolute Ziel – der Weltmeistertitel – nicht erreicht werden sollte, so wollte man zumindest während der Weltmeisterschaft in all seinem Tun und mit allen Bestrebungen positive Emotionen im Volk wecken.

In dem vorangestellten Statement von Oliver Bierhoff geht der Teammanager aber nicht nur auf die Vision des »Reformprojekts Nationalmannschaft« ein, sondern umreißt zeitgleich die Mission. Es geht also offensichtlich darum, einen offensiven, dynamischen und risikobereiten Fußball zu spielen, alles Eigenschaften, die nicht als klassische deutsche Fußball-Tugenden gelten. Kurzum, gemäß der ausgegebenen Mission sollte die Spielweise des Teams grundsätzlich verändert werden.

Die Mission des Teams klang in allen internen und öffentlichen Auftritten der drei Führungskräfte immer wieder durch. Es war dabei durchaus ein bewusstes Vorgehen, bei allen Vorträgen, Ansprachen und Interviews mit ähnlichen Worten die gleichen Botschaften zu transportieren. Man setzte durch die Emotionalisierung der Kampagne auf einen gruppendynamischen Prozess, auf eine »Welle der Begeisterung, welche die Mannschaft bis ins Finale tragen sollte«. Bei der Kommunikation der Teammission – in der Wortwahl der Beteiligten der »eigene Stil« oder »die Spielphilosophie der Mannschaft« – wurde gezielt auf Wiederholung gesetzt. Man bezog sich dabei explizit auf einen Aristoteles zugeschriebenen Sinnspruch, den das Führungsteam auch der Mannschaft mit auf den Weg gegeben hatte:

> »Wir sind, was wir ständig wiederholen. Exzellenz ist ... eine Angewohnheit.«

Bezeichnenderweise übernahmen die Spieler diese Maxime. Zur Verwunderung der Öffentlichkeit bekannten sich nach und nach alle Spieler zu der Teamvision, wiederholten sie ständig in Interviews und verteidigten sie gegen Kritik. Einzelspieler, denen mit ihren Bundesliga-Clubs in internationalen Wettkämpfen nicht allzu viel gelungen war, sprachen mit dem Brustton der Überzeugung vom Gewinn der Weltmeisterschaft im eigenen Land. Das war eine erstaunliche Entwicklung.

Bei der Kommunikation der eigenen Vision, der Mission und des Ziels des Teams an die Spieler setzte das Führungsquartett auf unterschiedliche Informationskanäle und moderne Kommunikationstechnik. Beispielsweise luden Klinsmann, Bierhoff, Löw und Köpke im März 2005 die Spieler nach Berlin ein, den Ort, an dem siebzehn Monate später das Endspiel um die Weltmeisterschaft 2006 stattfinden sollte. Für den Endspurt zur WM hatte sich das Führungsteam etwas Besonderes ausgedacht: Als alle Spieler am Treffpunkt versammelt waren, verdunkelte man wortlos den Raum, und es wurde ein Video gezeigt, das eigens für diesen Anlass produziert worden war. Es hieß »Herausforderung 2006«. Unterlegt mit emotionaler Musik zeigte der Film die großen Momente des deutschen Fußballs und endete schließlich mit einer Aufnahme eines Feuerwerks im Berliner Olympiastadion. Die Botschaft des Films war klar: Das ist unser Ziel. Ebenso die Frage, die an alle im Raum gerichtet war: »Wollt Ihr dabei sein bei diesem einmaligen Ereignis? Wollt Ihr die Herausforderung 2006 annehmen?«.

> »Bei dem Treffen in Berlin und dem dabei gezeigten Film konnte man spüren,
> wie der Funke auf die Mannschaft übergesprungen ist.«
> Michael Ballack (Kapitän der Deutschen Fußball-Nationalmannschaft seit 2004)

Nach dem Treffen in Berlin verteilte Oliver Bierhoff unter anderem einen persönlichen Ordner an jeden Spieler. In diesem war auf der ersten Seite die Vision der Mannschaft eingeordnet. Die Abbildung 4 gibt diesen Auszug aus dem Ordner wieder. Bezeichnenderweise nimmt nach der Darstellung der Zielsetzung die Mission des Teams, hier als Weg bezeichnet, den größten Raum auf dieser Seite ein. Bemerkenswert ist weiterhin, dass im Gegensatz zur Kommunikation mit der Öffentlichkeit, bei der das Führungsteam darauf achtete, stets zu betonen, dass man sich in Lage versetzen möchte, Weltmeister werden zu können, ist die Wortwahl in der Kommunikation zu den Spielern offensiver: »Wir werden Weltmeister!!!«. Diese Aussage weckte mehr Emotionen als die für die Öffentlichkeit abgedämpfte Formulierung und konnte damit mehr Strahlkraft und Motivationswirkung bei den Spielern entfalten.

Es bleibt festzuhalten, dass sich die von uns untersuchten Hochleistungsteams zu Beginn ihrer Zusammenarbeit explizit und eindeutig klar gemacht haben, zu welchem Zweck sie sich zu einem Team zusammenfinden. Die gemeinsame Teamaufgabe stellt die Daseinsberechtigung dar. Sie muss dementsprechend präzise formuliert werden. Obwohl es scheinbar in Sportteams auf der Hand liegt, was das Ziel der gemeinsamen Unternehmung darstellt, haben sich die High-Performance-Teams nicht damit begnügt, das sportliche Ziel zu definieren. Ganz im Gegenteil ist sogar eine leichte Relativierung des finalen Ziels zu beobachten, wenn der Erfüllung der Mission, also der Einhaltung der Verhaltensvorgaben, die gleiche Bedeutung beigemessen wird wie dem Erreichen

Vision

Wir werden Weltmeister!!!

Der Weg

1. Höchstes Tempo
2. Offensive Ausrichtung
3. Aggressivität
4. Selbstvertrauen
5. Auf Stärken bauen
6. Teamwork

Wir haben Spaß und Freude beim Spielen!!!
Wir sind alle Botschafter unseres Landes!!!

Abbildung 4: Auszug aus dem Spieler-Ordner mit der Darstellung der übergeordneten Zielsetzung und der Mission des DFB-Teams

des Ziels selbst. Man folgt einer Vision, die eine ideelle Überhöhung der enger definierten Ziele des Teams darstellt, und gibt sich eine Mission mit auf den Weg, die den Leitstern für das gemeinsame Arbeiten an der Teamaufgabe bildet.

Die Bedeutung eines kollektiven Nutzenversprechens

Damit eine Vision Strahlkraft entfalten und motivierend auf die Teammitglieder wirken kann, muss sie positiv besetzt sein. Der in der Zukunft liegende Zustand des Teams muss so attraktiv erscheinen, dass es sich lohnt, alle Energie zu mobilisieren und auf das gemeinsame Ziel zu fokussieren. Nur wenn der angestrebte Zielzustand Vorteile verspricht, ist mit einem uneingeschränkten Einsatz der Teammitglieder zu rechnen. Wie viele Projekte versanden im Alltag, weil die Teammitglieder nicht das notwendige Engagement aufbringen, die gemeinsame Arbeit voranzutreiben? Bei gescheiterten Projekten lässt sich häufig lapidar feststellen, dass offensichtlich der gemeinsame Wille nicht groß genug war, um die aufgekommenen Schwierigkeiten und Hindernisse zu bewältigen. Nur wenn alle Mitglieder eines Teams ihr volles Engagement einbringen, ist überhaupt die Chance gegeben, dass ein Team Hochleistung entwickelt.

Motivationspotenzial auf Gruppenebene

Motivation ist immer ein individueller Sachverhalt. Demnach müssen Motivationsversuche immer an dem einzelnen Teammitglied ansetzen. Nur wenn jeder Einzelne im Team erkennt, dass sich Höchstleistung für ihn persönlich auszahlt, ist mit einer entsprechend selbstmotivierten Mitarbeit der Beteiligten zu rechnen. Wir werden im Folgenden ausführlicher darauf eingehen, warum in High-Performance-Teams jedes einzelne Mitglied zu Höchstleistung und maximalem Engagement bereit ist. Zunächst soll aber auf die Bedeutung der Motivation auf Gruppenebene eingegangen werden.

In der Umgangssprache ist von einer »motivierten Truppe«, einer »trägen Abteilung« oder einem »schlappen Haufen« die Rede. Kann eine Gruppe überhaupt einen eigenen Motivationszustand haben, wenn man annimmt, dass eigentlich immer nur die einzelnen Individuen eines Teams motiviert oder demotiviert sein können? Die Sozialpsychologie beantwortet diese Frage mit einem klaren Ja. Demnach gibt es Energien, die jenseits der Kraft des Einzelnen wirken. Es handelt sich um Phänomene und Dynamiken innerhalb und zwischen Gruppen, die von der Sozialpsychologie umfassend untersucht und empirisch nachgewiesen worden sind.

In unseren Augen ist es für den Zusammenhalt einer Gruppe und die Mobilisierung maximaler Energie notwendig, dass nicht nur auf individueller Ebene, sondern auch auf der Ebene des Kollektivs der angestrebte Zielzustand ein Nutzenversprechen beinhaltet. Das Erreichen des finalen Ziels muss nicht nur für den Einzelnen, sondern für die gesamte Gruppe Vorteile bieten. Die größte Energie wird mobilisiert, wenn das Überleben der eigenen Gruppe auf dem Spiel steht. Jedem Teammitglied muss klar sein, dass durch eigene Fehler, durch nicht hinreichendes Engagement, das Erreichen der Teamziele, im Extremfall die Existenz der Gruppe insgesamt gefährdet ist. Auf diese Weise entsteht ein Gruppendruck, der, sinnvoll kanalisiert, in positive Energien umgesetzt werden kann.

Zu den bekanntesten und beeindruckendsten Erkenntnissen der Sozialpsychologie, zu welchen Konsequenzen und unerwarteten Dynamiken Gruppendruck führen kann, zählen die Milgram-Experimente zur Gehorsamsbereitschaft gegenüber Autoritäten und das mittlerweile verfilmte Stanford-Gefängnis-Experiment von Philip Zimbardo. Milgram (1982) forderte Versuchspersonen in einer fingierten Experimentalanordnung auf, anderen Personen Stromstöße zu verpassen, wenn diese nicht erwartungskonform auf Anweisungen reagierten. Die Zielpersonen reagierten sichtbar auf die ihnen verabreichten Stromstöße, waren tatsächlich aber Schauspieler. Nahezu alle Versuchspersonen waren bereit, an diesem Experiment mitzuarbeiten, vielen von ihnen verabreichten sogar Stromstöße in einer Intensität, die zu bleibenden Schäden bei der Zielperson geführt hätten, wenn die Stromschläge tatsächlich verabreicht worden wären. Den Versuchspersonen war nicht bewusst, dass sie an einem fingierten Experiment teilnahmen, sie waren aber darüber aufgeklärt, welche Auswirkungen die unterschiedlichen Intensitäten der von ihnen verordneten Stromstöße auf die Zielperson haben würden. Nach der ersten Veröffentlichung der Ergebnisse der Milgram-Experimente in den 1960er Jahren entwickelte sich eine lebhafte Kontroverse über die Bereitschaft des Menschen, höher gestellte Autoritäten – in diesem Fall die Autorität des Wissenschaftlers – anzuerkennen und unter dem Deckmantel der entzogenen Eigenverantwortung extreme, auch unethische Verhaltensweisen zu zeigen.

Mit dem Wissen um diese zum Teil erschreckenden Ergebnisse der Milgram-Experimente lässt sich vermuten, dass viele Mitglieder eines Teams gewisse Autoritäten und Vorgaben nicht eigenständig kritisch hinterfragen und sich nicht gegen eine vorherrschende Gruppenmeinung auflehnen. Positiv ausgedrückt können die Vision und Mission eines Teams in den Status einer höheren Autorität gehoben werden. Die festgelegten Normen und Werte werden nicht in Frage gestellt, sondern entwickeln ihrerseits eine Strahlkraft, schaffen Gefolgschaft und tragen zur Mobilisierung äußerster Energie beim Einzelnen bei.

Ein zweites, viel beachtetes Experiment in der Geschichte der Sozialpsychologie ist das sogenannte Gefängnis-Experiment, das der Psychologe Philip Zimbardo 1971 in einem Keller der Stanford Universität durchführte. Zimbardo (2005) teilte 24 Studierende zufällig in zwei Gruppen ein. Die eine Gruppe sollte in einem nachgestellten Gefängnisszenario die Gefangenen spielen, die andere die Rolle der Wärter übernehmen. Im Verlauf des auf vierzehn Tage angelegten Experiments identifizierten sich die Studierenden immer lebhafter mit ihren Rollen und zeigten Anzeichen einer Vermischung von Rollenspiel und Realität. Die als Wachen eingeteilten Teilnehmer wurden zunehmend sadistischer, während die Gefangenen passiver und in Ansätzen depressiv wurden. Nach sechs Tagen wurde das Experiment abgebrochen. Nach der

Veröffentlichung der Ergebnisse wurde lebhaft diskutiert, welchen Einfluss das soziale Umfeld und die Dynamik einer Gruppensituation auf das Individuum ausüben können.

Ohne die moralische Dimension des Gefängnis-Experiments hier zu diskutieren, ist für sich genommen bereits bemerkenswert, dass die für alle sichtbar *per Zufall* zusammengestellten Gruppen einen so starken Zusammenhalt entwickelten, dass sich die einzelnen Teilnehmer nicht mehr als Studierende des gleichen Colleges, sondern als Mitglieder einer der beiden Gruppen betrachteten und entsprechend handelten. Dieses Phänomen der nahezu automatischen Gruppenbildung wird in der Sozialpsychologie im Zusammenhang mit dem In-Group-/Out-Group-Effekt diskutiert. Dieses Gruppenphänomen kann im unternehmerischen Alltag beispielsweise beobachtet werden, wenn sich eine Abteilung gegen eine andere Abteilung definiert und dadurch an innerem Zusammenhalt gewinnt. Selbst bei der Bildung von Beach-Volleyball-Teams am Strand, bei der sich unbekannte Personen zusammenfinden und völlig zufällig Gruppen bilden, ist eine unmittelbare Solidarisierung mit dem eigenen Team erkennbar.

Besonders stark wird der Teamzusammenhalt, wenn man sich in Abgrenzung zu anderen definiert. Manche gehen sogar davon aus, dass es eine Grundvoraussetzung für die Existenz eines Teams ist, einen gemeinsamen Feind zu haben und sich explizit von anderen abzugrenzen. Ein Erfolgsfaktor von stabilen Minderheiten oder Außenseiter-Teams ist es, dass man sich gut gegen andere in Position bringen kann. Durch die wiederkehrende Betonung der Andersartigkeit und der spezifischen Unterscheidungsmerkmale schafft man eine gemeinsame Basis und kann eine homogene Einheit bilden. Je größer der Druck von außen auf die Gruppe ist, desto stärker wird der innere Zusammenhalt. Dieses Phänomen ließ sich beispielsweise im Alinghi-Team zu Zeiten der Black-Heart-Campaign beobachten.

Die sogenannte Black-Heart-Campaign war von der neuseeländischen Presse gestartet worden und richtete sich gegen die Neuseeländer im **Alinghi-Team**, insbesondere Russel Coutts und Brad Butterworth. Die Verräter-Kampagne beinhaltete zahllose Beleidigungen gegen die abtrünnigen Mitglieder des Cup-Verteidigers Team New Zealand und den Chef des Schweizer Syndikats, Ernesto Bertarelli. Im Rückblick betrachtet beschreiben die Hauptbetroffenen aus dem Alinghi-Team die Wirkung der gegen sie gerichteten Kampagne als positiv. Offensichtlich hat der gemeinsame, äußere Feind zu einer Stärkung des Teamzusammenhalts geführt.

»Im Nachhinein bin ich überzeugt, dass die Black-Heart-Campaign eigentlich
das Gegenteil von dem ursprünglich Beabsichtigten erreicht hat. Wir sind dadurch
nur noch enger zusammengerückt. Mit jeder neuen Attacke wurde der
Zusammenhalt noch größer.«
Russell Coutts (Skipper Team Alinghi)

Von Prinzen und Drachentötern

Angesichts der offensichtlich realen Kräften, die auf Gruppenebene wirken,
erscheint es gerechtfertigt, auch die Motivation eines Teams auf Gruppenebene
zu diskutieren und nicht nur am Einzelnen anzusetzen. Das Vorliegen einer
Vision muss unseres Erachtens nach für eine Gruppe insgesamt erstrebenswert
sein. Nur unter dieser Bedingung kann eine positive Gruppendynamik entstehen, die ihrerseits Energie mobilisiert und zur Höchstleistung beiträgt. Aber
was kann das Nutzenversprechen einer Vision auf der Ebene des Kollektivs
sein? Im Wesentlichen bieten sich da zwei Optionen an.

Grob gesprochen haben sich Menschen in früher Vorzeit zu Gruppen zusam-
mengeschlossen, weil sie sich dadurch erhofften, bei der Suche nach Nahrung
und der Verteidigung des Territoriums erfolgreicher zu sein, als wenn sie dies
alleine versuchten. Die Mitgliedschaft in einem Team war in diesem Sinne
keine freiwillige und beliebig austauschbare Option des Lebens, sondern eine
für das eigene Überleben entscheidende Voraussetzung.

Der Vorteil einer Gruppe bei der Gefahrenabwehr liegt auf der Hand. Es
erscheint uns leicht nachvollziehbar, dass die Abwehr einer gemeinsamen
Gefahr den Zusammenhalt stärkt und Kräfte mobilisiert. Primatenforscher
berichten von Schimpansenhorden, die regelgerecht auf Kriegspfad gehen,
gemeinsam patrouillieren oder vereinigt gefährliche Feinde in die Flucht
schlagen. Frans de Waal (2005), einer der erfahrensten Kenner der engsten
Verwandten der Menschen, beschreibt, wie die Existenz eines gemeinsamen
Feindes dazu führt, dass die internen Spannungen in einer Schimpansenge-
meinschaft kanalisiert werden und der Zusammenhalt gestärkt wird.

Neben der Abwehr eines gemeinsamen Feindes kann aber auch die Aussicht,
gemeinsam einen Erfolg zu erringen, der für den Einzelnen unerreichbar
scheint, den Gruppenzusammenhalt stärken und zur Freisetzung von Energie
führen. Beispielsweise ist die Chance, bei der Jagd erfolgreich zu sein, für eine
Gruppe von Menschen größer als für einen Einzelnen. Manche Beutetiere sind
sogar ausschließlich im Team zu erlegen.

Salopp formuliert lassen sich die beiden Gründe, die zu einem hohen Teamzusammenhalt und das Aufbringen produktiver Energie führen, als »Töte-den-

Drachen« oder »Gewinne-die Prinzessin« (Bruch & Vogel, 2005) beschreiben. In dem einen Fall geht es um die Abwehr der gemeinsamen Gefahr, im anderen Fall um das Erreichen eines besonders erstrebenswerten Zustands. Beide Visionen sind in der Lage, eine positive Strahlkraft zu entwickeln und auf der Ebene des Kollektivs motivierend zu wirken. Eigentlich sind Drachentöter in der Geschichte stets einzelne Helden, und auch die Prinzessin kann im wahren Leben nur eine Person gewinnen. Die Metapher ist für Teammitglieder aber dennoch unmittelbar einleuchtend: Das Team wird als eine Entität aufgefasst, die wie eine Person handelt. Sowohl die Tötung des Drachens als auch das Gewinnen der Prinzessin sind Aussichten, die ein kollektives Nutzenversprechen beinhalten und damit den Zusammenschluss zu einem Team und das Aufbringen besonderer Energie rechtfertigen.

Im betrieblichen Alltag können die Metaphern des Drachentöters und des Prinzen, der sich um die schöne Prinzessin bemüht, gerade in Changeprozessen dienlich sein. Bruch und Vogel (2005) unterscheiden diese beiden Vorgehensweisen als Strategien, um in Unternehmen beziehungsweise einzelnen Abteilungen produktive Energie zu mobilisieren und die gemeinsamen Anstrengungen auf ein gemeinsames Ziel hin auszurichten. Sowohl die Abwehr einer dringlichen Gefahr als auch das Erreichen eines attraktiven Zielzustands können ein kollektives Nutzenversprechen sein, das Teams zu Höchstleistung anhält. Ein Führungsverhalten, das die Gefahren für ein Team betont, ist geeignet, um Teamzustände wie Komfort und Trägheit zu überwinden. Je glaubwürdiger das Bedrohungsszenario vermittelt werden kann, desto nachhaltiger die Führungswirkung. Wie das Forschungsteam um Professorin Bruch an der Universität St. Gallen empirisch nachweisen konnte, steht ein auf die Vermeidung von Gefahren abzielendes Führungsverhalten in einem positiven Zusammenhang zu der von einem Kollektiv wahrgenommenen Bedrohung und wirkt damit mittelbar auf die Mobilisierung von Energie. Ein inspirierendes Führungsverhalten im Sinne des Paradigmas der transformationalen Führung wirkt hingegen mindernd auf die in einer Abteilung wahrgenommene Bedrohung, verstärkt aber im Gegenzug Teamüberzeugungen wie das Erkennen der Sinnhaftigkeit der Teamaufgabe oder die Identifikation mit dem Zweck der gemeinsamen Arbeit. Beide Formen der Führung, also das auf das Gewinnen« der Prinzessin und das auf das Abwenden einer Bedrohung abzielende Führungsverhalten, sind brauchbar, um einen höheren Energiestatus in einem Team zu erreichen. Es empfiehlt sich für eine Führungskraft, beide Führungsstrategien zu kennen und anwenden zu können. Die folgenden Beispiele geben Anhaltspunkte, unter welchen Bedingungen welches Führungsverhalten erfolgversprechend ist.

In dem oben angeführten Beispiel von **ABB** war unter dem CEO Dormann der Kampf gegen die Insolvenz das vorherrschende Führungsparadigma, das ungeahnte Veränderungskräfte im Konzern mobilisiert hatte. Nach dem erfolgten Turnaround kehrte man unter dem neuen CEO Kindele zu einer visionären, inspirierenden Führungsstrategie zurück. Unter Kindele wurde das langfristige Ziel in Form einer positiv besetzten Vision und einer Missionsbeschreibung explizit gemacht.

Das **Sauber Formel 1 Team** hat sich von Beginn an als Außenseiter im Formel 1 Zirkus definiert. Im Mission Statement ist enthalten, dass man sich in der Rolle des Challengers sieht, der die finanzstarken, durch die großen Autokonzerne unterstützten Teams herausfordert. In unseren Gesprächen mit Mitgliedern des Sauber Formel 1 Teams wurde immer wieder auf die Analogie des asymmetrischen Kampfes David gegen Goliath zurückgegriffen. David agierte im Auftrag einer höheren Macht, bediente sich einer Technologie, die er beherrschte und nutzte das Überraschungs- und Innovationselement, um dem übermächtigen Gegner einen Schritt voraus zu sein. Angesichts der limitierten Ressourcen war das Anstreben des Weltmeistertitels, also das Beschreiben der Schönheit der Prinzessin, die es zu gewinnen gilt, für das Sauber-Team keine wirkliche Option. Für Sauber steckte viel mehr Motivationspotenzial in der gemeinsamen Abwehr eines übermächtigen Gegners. Sauber verfolgte in der Formel 1 stets die Rolle des ambitionierten, professionellen Außenseiters, der es mit Goliath aufnimmt und den Drachen tötet.

Das Team der **Deutschen Fußball-Nationalmannschaft** hat über Jahrzehnte hinweg die Rolle des Titelverteidigers gespielt. Entweder man war tatsächlich amtierender Welt- oder Europameister, oder es handelte sich um eine Phase der Abweichung von der Norm, was aber eigentlich mehr einem vorübergehenden Betriebsunfall geschuldet war. Mit der Erwartungshaltung der Öffentlichkeit, bei großen Turnieren erfolgreich zu sein, war die Enttäuschung im Misserfolgsfall umso größer. Die angestammte Rolle des Deutschen Fußballs war immer die des Platzhirsches, der von anderen erst einmal besiegt werden musste. Nach den Misserfolgsjahren in der Nachfolge des letzten großen Erfolgs der Nationalmannschaft bei der Europameisterschaft 1996 war das Selbstverständnis des Titelverteidigers jedoch nicht mehr aufrechtzuerhalten. Als das Führungsteam um Jürgen Klinsmann zwei Jahre vor der Weltmeisterschaft 2006 im eigenen Land das Ziel ausgab, Weltmeister werden zu wollen, gab es einem entsprechenden Aufschrei der Empörung in der Öffentlichkeit. Man sah die Deutschen eher in der Rolle des Außenseiters, die nicht aufgrund des Fußballerischen Könnens, sondern allenfalls durch den Heimvorteil eine geringe Hoffnung haben durften, bis zu den Zwischenrunden der Weltmeisterschaft mitzuhalten. Entgegen der Erwartungshaltung in der Öffentlichkeit gab sich das DFB-Team jedoch nicht die Rolle des Außenseiters, sondern die des Platzherrn, der durch den Heimvorteil eine realistische Chance auf den Gewinn der Weltmeisterschaft hat. Man zählte sich bewusst zum engeren Favoritenkreis, obwohl die Ergebnisse der Vorbereitungsspiele hierzu nur wenig Anlass boten. Es passt zur Mentalität des Führungsteams, dass es nicht um die Abwehr einer gemeinsamen Gefahr geht. In der Vergangenheit verteidigten die Deutschen ihren Status als Platzhirsch, als Team, dem der Titel eigentlich zusteht. Das DFB-Team in der Klinsmann-Ära hatte nichts zu verteidigen. Es ging mutig nach vorne: Man wollte die Prinzessin gewinnen. Im Fall der DFB-Auswahl hat das Team nicht die ihr eigentlich zustehende Rolle eines Außenseiters angenommen, der nahezu chancenlos gegen einen übermächtigen Drachen ankämpft. Vielmehr reihte man sich in die Riege der Prinzen ein, die um die Hand der Prinzessin anhalten und bereit sind, für den Gewinn der Prinzessin vollen Einsatz zu bringen. Man bildete den Brückenschlag zu den in der Vergangenheit erfolgreichen Vorgängerteams. Es ging darum, Selbstvertrauen daraus zu ziehen, dass man Vertreter eines traditionsreichen Fußball-Verbandes war. Mit anderen Worten sah man sich als Prinz aus gutem Hause, der sich realistische Hoffnungen auf das Gewinnen der Königstochter machen durfte.

> »Meine Message war einfach, sie sollten Selbstvertrauen haben, weil sie aus Deutschland kamen. Einem Land, das schon mehrmals Welt- und Europameister geworden ist, einem Land, das bedeutende Spieler mit internationalem Ruf hervorgebracht hat, einem Land, das bekannt dafür ist, dass es gerade bei internationalen Turnieren beinahe unbesiegbar ist.«
> Jürgen Klinsmann

Das **Alinghi-Team** hatte sich erst 2001 gebildet, bis zum Jahr 2003 wollte man ein ernsthafter Herausforderer des Team New Zealand, des Verteidigers des America's Cups sein. Durch die Statuten des America's Cups war Alinghi wie jedem anderen Segelsyndikat von Anfang an die Rolle des Herausforderers zugewiesen. Man sah sich, gemessen am Budget der Kampagne, an der Position vier oder fünf. Die Gegner wussten große Konzerne hinter sich, allen voran das BMW Oracle Team, das vom Oracle-Chef Larry Ellison unlimitierte Finanzressourcen zugesichert bekommen hatte. Selbst nach dem Gewinn des Louis Vuitton Cups blieb man Herausforderer. Es galt, den bisherigen Platzhirsch in den finalen Rennen um den AC vom Podest zu drängen. Das Alinghi-

Team war das erste Team in der über 150-jährigen Geschichte des America's Cups überhaupt, dem es gelungen ist, gleich bei der ersten Teilnahme den Gesamtsieg zu erringen. Wie die Chronologie der Sieger zeigt, ist der Titelverteidiger beim America's Cup immer im Vorteil. Er darf den Austragungsort und bestimmte Austragungsbedingungen festlegen. Hierdurch gilt der America's Cup als die am schwierigsten zu erobernde Sporttrophäe der Welt. Gerade zu Beginn der Kampagne waren die Erfolgsaussichten des Alinghi-Teams nur bedingt gegeben. Erst mit den überzeugenden Siegen im Herausforderer-Wettbewerb, dem Louis Vuitton Cup, erschien die Prinzessin zunehmend greifbarer. Zu Beginn der Kampagne mobilisierte das Alinghi-Team die eigene Kraft durch die Positionierung als Drachentöter. Es galt, sich gegen finanzstärkere und eingespieltere Syndikate zu behaupten, die alle bereits mitten in der Vorbereitung steckten, als sich das Alinghi-Team gerade erst bildete. Im Verlauf der 2003er Kampagne wuchs dann das Selbstvertrauen. Man schaltete Drachen für Drachen aus und plötzlich war das Gewinnen der Prinzessin nicht mehr so utopisch. Jetzt erst konnte die positive Vision des Teams, das Gewinnen des America's Cups, ihre Strahlkraft entwickeln. In der Kampagne 2007, in der Alinghi den America's Cup vor der Küste Valencias in Spanien erfolgreich verteidigen konnte, war man selbst in der Rolle des Titelverteidigers. Alle anderen wollten Alinghi den Cup streitig machen. Bezeichnenderweise hatte das Alinghi-Team die Titelverteidigung nicht unter das Motto der gemeinsamen Gefahrenabwehr gestellt. Jedem war zwar bewusst, dass man viel zu verlieren hatte, man gab aber aus, den Cup erneut gewinnen zu wollen. So wurde die Aufmerksamkeit des Teams auf die Schönheit der Prinzessin gelenkt, die es zu gewinnen galt, und nicht auf die Stärken der Drachen, die es gemeinsam abzuwehren galt. Man bezog sein Selbstbewusstsein aus der eigenen Stärke, nicht aus der Schwäche der Gegner. Diese Philosophie ist wesentlich optimistischer, zukunftsorientierter und setzt positive Wachstumsenergien frei.

In der Summe der Beispiele zeigt sich, dass sich die Metapher vom Drachentöter oder vom Prinzen, der um die schöne Prinzessin konkurriert, in Hochleistungsteams wiederfindet. Beide Strategien sind geeignet, um Energie zu mobilisieren und dem gemeinsamen Streben auf kollektiver Ebene einen Sinn zu geben. Die Wahl der beiden Führungsstrategien zur Mobilisierung von Energien über ein entsprechendes kollektives Nutzenversprechen ist abhängig von der Ist-Situation. Die angeführten Beispiele zeigen, dass eine sequentielle Kombination aus beiden Strategien in Abhängigkeit des Entwicklungsstands und der Erfolgshistorie eines Kollektivs möglich und zielführend ist.

Die Bedeutung eines individuellen Nutzenversprechens

Menschen schließen sich in einer freiheitlich-pluralistischen Gesellschaft freiwillig zu Gruppen zusammen beziehungsweise werden aus freien Stücken Mitglied in denjenigen Gruppen, von denen sie sich durch eine Mitgliedschaft einen persönlichen Vorteil versprechen. Unter der Annahme, dass Gruppenbildungen freiwillig und aus eigenem Interesse heraus erfolgen, hängt die Attraktivität einer Gruppe von dem Nutzenversprechen ab, das sie ihren potenziellen Mitgliedern geben kann. Teil eines Segel-Syndikats zu sein, das gute Aussichten auf den Triumph bei dem Wettstreit um die am schwierigsten zu gewinnende Sporttrophäe der Welt hat, mag beispielsweise für ambitionierte Segler eine ausreichend attraktive Option sein, um sich einem bestimmten Team anzuschließen. Das einzelne Teammitglied muss erkennen, dass die eigenen Interessen mit den Plänen des Gesamtteams in Einklang zu bringen sind. Die erfolgreiche Erfüllung der Teamaufgabe muss dem Einzelnen attraktiv erscheinen und einen individuellen Nutzenvorteil versprechen.

Die Grundvoraussetzung für den Zusammenschluss von Menschen unter der Annahme, dass die Menschen den Zusammenschluss freiwillig vornehmen, ist – wie beschrieben – die Existenz einer nur gemeinsam oder besser gemeinsam zu erfüllenden Aufgabe. Die heutige Gesellschaft zeichnet sich durch die Existenz zahlloser Wahlalternativen zur Gestaltung des eigenen Lebens aus. Der Soziologe Peter Gross (1994) spricht in diesem Zusammenhang von der Multioptionsgesellschaft. Angesichts von Wahloptionen wird eine Alternative nur dann gewählt, wenn sie einem Individuum attraktiver erscheint als konkurrierende Szenarien. Eine freiwillige Mitgliedschaft in einer gesellschaftlichen Gruppe beziehungsweise in einem Unternehmen ist also immer Resultat einer Abwägung zwischen den Optionen mitmachen, nicht-mitmachen oder in einer anderen Gruppe mitmachen. Die Entscheidung für den Anschluss an ein Unternehmen erfolgt nach dieser Logik auf der Basis einer kühlen Kalkulation bezüglich der zu investierenden Kraft, Energie und Lebenszeit auf der einen Seite und dem individuellen Nutzenversprechen auf der anderen Seite.

Das individuelle Nutzenversprechen für das einzelne Teammitglied ist umso höher, je attraktiver die erfolgreiche Erfüllung der Teamaufgabe ist. Allerdings wird der in Aussicht stehende Teamerfolg gewichtet mit der abgeschätzten Eintretenswahrscheinlichkeit des Teamerfolgs. Teams mit ansprechenden, aber unrealistischen Zielen sind demnach weniger attraktiv als Teams mit den identischen Zielen, denen aber eine angemessene Erfolgswahrscheinlichkeit eingeräumt wird.

Neben dem Teilhaben an einem attraktiv erscheinenden Teamerfolg selbst, muss das Nutzenversprechen einer Teammitgliedschaft zusätzliche, höchst individuelle Vorteile beinhalten. Die Motive des Einzelnen für die Mitgliedschaft in einem bestimmten Team können sehr unterschiedlich gelagert sein. Sofern sie mit den Teamzielen in Einklang gebracht werden können, wirkt die Befriedigung der individuellen Bedürfnisse motivierend auf den Einzelnen; die Bereitschaft, die persönliche Höchstleistung abzurufen, steigt.

Im Zusammenhang mit Hochleistungsteams unterscheiden wir die folgenden Motive, die Teammitglieder auf der individuellen Ebene zu einer Mitarbeit in einem Unternehmen bewegen und sie zu Höchstleistung und außergewöhnlichem Engagement antreiben.

- **Image:** Die alleinige Mitgliedschaft in einem renommierten Unternehmen verspricht Statusvorteile für den Einzelnen.
- **Lernen:** Die Mitarbeit in einem Hochleistungsteam verspricht individuelle Lernfortschritte und persönliche Reifung. Der Einzelne profitiert von den besten und erfahrensten Experten in dem jeweiligen Fachgebiet.
- **Anerkennung:** Die eigene Etablierung in einem Top-Unternehmen verdient persönliche Anerkennung. Die Feedbackkultur in einem Hochleistungsteam verspricht zudem Lob und Anerkennung für herausragende Einzelbeiträge. Die Feedbackgeber sind anerkannte Experten im eigenen Fachgebiet und haben damit eine hohe Relevanz für den Feedbacknehmer.
- **Aufmerksamkeit:** Hochleistungsteams stehen unter besonderer Beobachtung. Ein strategisch relevantes Projekt erhält beispielsweise eine besondere Sichtbarkeit gegenüber dem Vorstand.
- **Marktwert:** Die Erfahrung der Mitarbeit in einem Top-Unternehmen steigert den persönlichen Marktwert für Alternativ- oder Folgeaufgaben.
- **Gutes Gefühl:** Das Empfinden, in einer Winning Company zu sein, ist angenehm. Niemand möchte gerne Teil einer Verlierergruppe sein.
- **Ressourcen:** Als Mitglied eines High-Performance-Teams besteht häufig vereinfachter Zugang zu personellen Ressourcen wie zum Beispiel Experten für spezielle Teilbereiche und materielle Ressourcen.
- **Erfolgsaussichten:** Maßgeblicher Treiber für eine Mitgliedschaft in einem Team ist die Wahrnehmung, dass die Erfolgsaussichten des ausgewählten Teams höher liegen als bei den alternativen Teams.

In High-Performance-Teams sind drei Grundvoraussetzungen für Höchstleistung erfüllt. Es herrscht Klarheit über die Teamaufgabe, die Verfolgung und potenzielle Erreichung der Teamaufgabe verspricht einen kollektiven Nutzenvorteil und es lohnt sich für den Einzelnen, die individuelle Höchstleistung abzurufen und sich maximal einzubringen.

Erfolgsfaktor 1: Eine nutzenstiftende Existenzberechtigung des Teams

Die Existenzberechtigung eines Teams ist das Vorliegen einer gemeinsamen Aufgabe. Die Aufgabe kann präzisiert werden durch das Definieren einer Vision, einer Mission und der operativen Feinziele. Um Höchstleistung auf Teamebene zu ermöglichen, muss die Bewältigung der gemeinsamen Aufgabe für alle attraktiv und erstrebenswert erscheinen und auf der kollektiven und der individuellen Ebene ein glaubwürdiges Nutzenversprechen beinhalten.

(1.) Klären Sie die Aufgabe und damit die Existenzberechtigung Ihres Teams eindeutig!

(2.) Definieren Sie die Vision, die Mission und die Ziele Ihres Teams und achten Sie dabei sowohl auf Glaubwürdigkeit als auch auf positive Strahlkraft!

(3.) Kommunizieren Sie die Vision, Mission und Ziele Ihres Teams über diverse Kanäle und wiederholend!

(4.) Entscheiden Sie sich für eine Führungsstrategie und malen Sie den bedrohlichen Drachen oder die schöne Prinzessin anschaulich und greifbar aus!

(5.) Überprüfen Sie, ob die von Ihrem Team verfolgte Aufgabe Vorteile für die Gruppe und die einzelnen Mitglieder verspricht, und arbeiten Sie die Nutzenaspekte nachvollziehbar heraus!

Erfolgsfaktor 2
Wer darf mitmachen? –
Kompromisslose Personalauswahl

»Prognosen sind schwierig. Besonders wenn sie die Zukunft betreffen.«
Winston Churchill

Bei der Auswahl von Mitgliedern für Hochleistungsteams werden Prognosen abgegeben. Der Erfolgsbeitrag eines Teammitglieds zum Gesamterfolg wird vorhergesagt. Wie jede Prognose unterliegt auch die Personalauswahl einem potenziellen Vorhersagefehler. Ein falsches Teammitglied kann die Leistung eines Teams insgesamt deutlich reduzieren, nicht nur, weil dieses Mitglied nicht den optimalen Ergebnisbeitrag liefert, sondern auch, weil die Stimmung im Team gefährdet wird, zu viel Energie auf Problemfälle verwendet werden muss und die Motivation der übrigen Teammitglieder reduziert wird. Das Ziel bei der Auswahl von Mitgliedern für Hochleistungsteams muss es sein, den Fehler bei der Vorhersage des Leistungsbeitrags des potenziellen Teammitglieds zu minimieren.

Alpha- und Beta-Fehler bei der Personalauswahl

Unter genauer Betrachtung kann bei der Personalauswahl nicht nur ein, sondern können grundsätzlich zwei Fehler begangen werden. Es können Personen eingestellt werden, welche die Erwartungen nicht erfüllen. Dieses Problem wird in der Auswahldiagnostik als Alpha-Fehler diskutiert. Es können aber auch Personen abgelehnt werden, welche das Team erfolgreich vorangebracht und die Erwartungen erfüllt hätten, der sogenannte Beta-Fehler. Das Unangenehme dieser beiden Fehler besteht darin, dass sie nicht zeitgleich minimiert werden können. Wird die Personalselektion sehr streng gehandhabt, der Auswahltest also im inferenzstatistischen Sinne konservativ gestaltet, reduziert sich die Wahrscheinlichkeit, ein nicht passendes Teammitglied auszuwählen. Der Alpha-Fehler nähert sich Null. Zeitgleich erhöht sich aber bei strengem Selektionsverhalten die Wahrscheinlichkeit, eine potenziell erfolgreiche Person fälschlicherweise abzulehnen. Der Beta-Fehler wird demnach groß. Umgekehrt gilt der Zusammenhang analog. Die Abbildung 5 veranschaulicht die beiden Fehler der Personalauswahl und zeigt die gegenseitige Abhängigkeit.

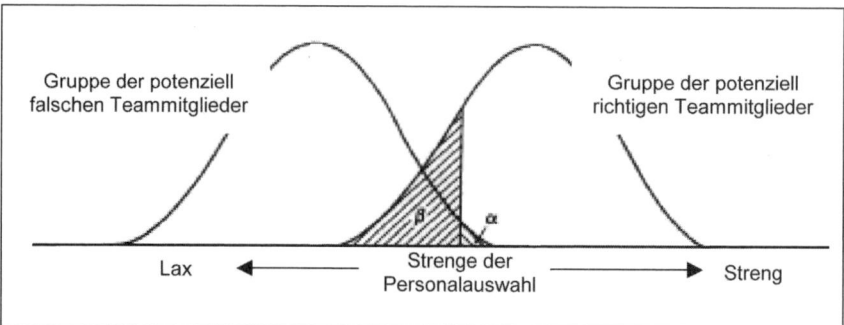

Abbildung 5: Zusammenhang zwischen Alpha- und Beta-Fehler bei der Personalauswahl

Der vertikale Balken markiert in der Grafik den Grad der Strenge bei der Personalselektion. Verschiebt sich der Balken nach rechts, so symbolisiert dies einen strengeren Maßstab bei der Personalauswahl und umgekehrt. Im Bild ist ein recht strenger Maßstab dargestellt, was einem kleinen Alpha-Fehler im Verhältnis zum Beta-Fehler entspricht. Dieses Verhältnis zwischen Alpha- und Betafehler würde einer kleinen Wahrscheinlichkeit entsprechen, fälschlicherweise eine Person aus der linken Population, also der Gruppe der potenziell falschen Teammitglieder, zu selektieren bei einer zeitgleich größeren Wahrscheinlichkeit, fälschlicherweise eine Person aus der rechten Population, also der potenziell erfolgreichen Teammitglieder, abzulehnen. Würden die Selektionskriterien bei der Personalauswahl verschärft, würde der Balken, der den Cut-off markiert, weiter rechts anzusetzen sein. Dies würde dann bedeuten, dass nahezu niemand mehr aus der linken, falschen Population ausgewählt würde, dafür aber auch eine größere Anzahl an potenziell erfolgreichen Teammitgliedern abgelehnt würde.

Welcher der beiden Vorhersagefehler der Personalauswahl ist schlimmer für Hochleistungsteams? Die fälschliche Annahme eines nicht hochleistenden Teammitglieds oder die fälschliche Ablehnung eines potenziell erfolgreichen Teammitglieds?

Auf den ersten Blick betrachtet ist es für ein Team, das im Wettbewerb mit anderen Hochleistungsteams steht, fatal, nicht die besten Leute an Bord zu haben. Die Ablehnung eines Top-Players bedeutet in kompetitiven Märkten, dass dieser in der Folge zum Erfolg eines direkten Wettbewerbers beiträgt. Sportvereine, die schnellen Erfolg erzwingen wollen, rekrutieren dementsprechend die jeweils besten Einzelspieler von der Konkurrenz. In der Hoffnung, dass eine Ansammlung der besten Einzelpersonen zwangsläufig das beste

Teamergebnis liefern muss, wird versucht sicherzustellen, dass dem Wettbewerb nur noch mittelmäßige Spieler zur Verfügung stehen. In diesem Verständnis wird die Personalauswahl darauf abgestimmt, keine Talente oder Leistungsträger abzulehnen, die der Konkurrenz später zum Erfolg verhelfen könnten. Es wird versucht, den Beta-Fehler der Personalauswahl zu minimieren.

Unsere Untersuchungen mit Hochleistungsteams haben hingegen gezeigt, dass die Ablehnung eines einzelnen Experten oder Top-Fachmanns zwar ärgerlich, aber nicht entscheidend ist. Schlimmer ist es, eine falsche Person ausgewählt zu haben. In diesem Verständnis muss die Personalselektion in Hochleistungsteams so gestaltet werden, dass kein Mitglied des Teams die Erwartungen nicht erfüllt. Es wird versucht, den Alpha-Fehler zu minimieren.

Fachliche Eignung und menschliche Passung

Warum muss es in Hochleistungsteams immer so sein, dass der Alpha-Fehler bei der Personalauswahl möglichst klein gehalten wird, die Gefahr einer fälschlichen Einstellung also minimiert wird? Zur Beantwortung dieser Frage muss zunächst geklärt werden, was eine fälschliche Einstellung ist. Es liegt auf der Hand, dass eine Person, welche die fachlichen Anforderungen der Tätigkeit nicht erfüllt und dauerhaft die erwarteten Ergebnisse nicht liefert, als ein Fehleinkauf, eine falsche Personalentscheidung gelten muss. Es ist aber auch wichtig, dass das neue Teammitglied menschlich zu den anderen passt. Und jetzt kommt der entscheidende Unterschied von Hochleistungsteams zu Arbeitsgruppen, die nur durchschnittliche Leistung erbringen: Die menschliche oder kulturelle Passung ist genauso wichtig wie die fachliche Expertise. Sobald eines der beiden Kriterien nicht mindestens eine Minimalgrenze erreicht, bedeutet das die Ablehnung eines potenziellen Kandidaten. Und zwar ohne Ausnahme. Wir haben von den Hochleistungsteams gelernt: Keine Kompromisse bei der Personalauswahl.

Die Erkenntnis, dass bei Neueinstellungen neben einer fachlichen auch eine menschliche Passung da sein muss, ist nicht neu. Das Unterscheidungsmerkmal ist vielmehr die Konsequenz in der Umsetzung dieses Leitgedankens. Hochleistungsteams können es sich nicht leisten, Teammitglieder mitzuziehen, die in einem der beiden Kriterien hinter den Erwartungen zurückbleiben. Dementsprechend kompromisslos gehen sie bei der Selektion ihres Personals vor.

Das **Team Alinghi** hat sich beispielsweise nach seiner erfolgreichen Kampagne 2003 von seinem damaligen Erfolgsgaranten Russell Coutts getrennt. Für die Titelverteidigungskampagne 2007 rekrutierte Alinghi einen Ersatz für Coutts. Die Gründe dafür waren vielfältig, lagen im Wesentlichen aber in einer mangelnden Passung von Russel Coutts und dem übrigen Team in Fragen der strategischen Ausrichtung und der gemeinsamen Teamaktivitäten in der Vorbereitung der Titelverteidigung.

Das **Sauber Formel 1 Team** hat sich bei der Auswahl seiner Fahrer nicht immer von Fragen der zwischenmenschlichen Passung zwischen Kandidat und Team leiten lassen. Ein positives Beispiel allerdings war die Rekrutierung von Johnny Herbert. In seinem Fall waren die beiden Aspekte der fachlichen *und* der persönlichen Eignung als gleichberechtigte Auswahlkriterien herangezogen worden. Nach den schwierigen ersten beiden Jahren von Sauber in der Formel 1 erwies sich die Entscheidung für Johnny Herbert als Nachfolger von Karl Wendlinger als wahrer Glücksgriff für das Team. In der gerade abgelaufenen Saison war er Vierter in der Fahrerwertung geworden und bei seinem bisherigen Arbeitgeber Benetton unzufrieden mit dessen Konzentration auf seinen Teamkollegen Michael Schumacher. Bei der Auswahl für die freie Stelle hatte man eine ganze Reihe technisch gleichwertiger Fahrer als Bewerber. Ausschlaggebend war letztendlich, ob die Chemie zwischen Team und Bewerber stimmte, womit die Wahl eindeutig auf Johnny Herbert fiel.

Auch das **DFB-Team** hat im Vorfeld die notwendige Aufmerksamkeit auf die Personalauswahl gelegt und einige zum Teil heftig kritisierte Entscheidungen mit der notwendigen Konsequenz verfolgt. Jürgen Klinsmann hat bereits bei seiner Nominierung als Bundestrainer deutlich gemacht, dass er bei der Personalrekrutierung keine Kompromisse akzeptieren würde.

> »Ich wollte ein hochprofessionelles Umfeld schaffen, das in jedem Bereich mit Topleuten besetzt ist. Bei diesen Forderungen war ich kompromisslos und ich sagte Gerhard Mayer-Vorfelder und Horst Schmidt: ›Wenn ihr mich haben wollt, dann machen wir das so oder gar nicht.‹«
> Jürgen Klinsmann

Symptomatisch für die Konsequenz, mit der Klinsmann sein Team zusammenstellte, war die Einstellung von Jogi Löw als Assistenztrainer. Entscheidend für die Auswahl waren sowohl die fachliche Expertise als auch die Passung der persönlichen Einstellungen. Nach der Nominierung des Teammanagers Oliver Bierhoff machte sich Klinsmann daran, seinen Assistenztrainer, und damit den engsten sportlichen Vertrauten für die WM-Mission, zu selektieren. Anstatt jedoch den von Franz Beckenbauer und dem Verband favorisierten Kandidaten mit langjähriger Verbandserfahrung zu wählen, hatte Klinsmann für diese entscheidende Personalie von Anfang an Jogi Löw im Kopf. Klinsmann hatte Löw im Jahre 2000 im Rahmen eines Trainerlehrgangs kennen und schätzen gelernt. Schon damals war dem Wahl-Kalifornier klar, dass, falls er einmal ein Traineramt übernehmen würde, Jogi Löw aufgrund seiner Persönlichkeit und seiner komplementären Fähigkeiten der ideale Co-Trainer wäre. Während Klinsmann eine Mannschaft perfekt motivieren kann, hat Löw seine größten Fähigkeiten im strategisch-taktischen Bereich. So kam es, dass sich Klinsmann mit Löw am 29. Juli 2004 am Comer See traf, um über eine mögliche Zusammenarbeit zu sprechen. In einem dreistündigen Gespräch bemerkten die beiden einmal mehr, dass sie ähnliche Werte und Vorstellungen vom modernen Fußball hatten und besiegelten die weitere Zusammenarbeit mit einem Handschlag.

Ratio und Emotio bei der Personalauswahl

Nicht immer lassen sich Personalauswahlentscheidungen rational begründen. Es wird zwar gefordert, so weitreichende Investitionsentscheidungen wie Personalauswahlentscheidungen mit vernünftigen Kriterien zu begründen, das darf aber nicht dazu führen, dass die »Bauchhöhlendiagnostik« vollständig ausgeschaltet wird. Ein komisches Bauchgefühl im Auswahlprozess ist ein sicherer Indikator dafür, dass keine vollständige Passung des Kandidaten für das Team gegeben ist.

In der Bewerbungsphase kann man davon ausgehen, dass der potenzielle Mitarbeiter ein Interesse daran hat, sich von der besten Seite zu präsentieren. Es handelt sich um eine Verkaufssituation, in welcher der Bewerber seine eigenen Vorzüge zum Nutzen des potenziellen Arbeitgebers herausarbeiten muss. Falls bereits in dieser Phase der Zusammenarbeit Probleme spürbar werden, sollten mindestens die Alarmlampen aufleuchten. In diesen Fällen ist eine zusätzliche Analysephase angebracht.

Die Leitfrage für eine vertiefende Analyse des Bewerbers sollte in den kritischen Fällen sein: Warum löst dieser Kandidat bei mir Störgefühle hervor? In der Regel entstehen diese Störgefühle durch verbale und non-verbale Signale, die der Bewerber während der Kontaktphasen aussendet. Das können beispielsweise eine selbstgefällige Körperhaltung, eine belehrend wirkende Wortwahl, eine aggressive Reaktion auf vertiefende Rückfragen, abfällige Bemerkungen über ehemalige Kollegen und so weiter sein. In den seltensten Fällen handelt es sich bei den Störgefühlen um fachliche Defizite, die der Kandidat offenbart. Die fachliche Eignung eines Kandidaten sollte idealerweise bereits im Vorfeld von persönlichen Gesprächen, zum Beispiel anhand von schriftlichen Unterlagen oder durch ein Telefoninterview, abgeklärt sein. Im persönlichen Gespräch geht es dann ausschließlich um die sogenannten Soft-Facts. Und hier gilt: Keine Kompromisse bei der Personalauswahl, wenn auf der zwischenmenschlichen Ebene Störgefühle aufkommen und sich eine mangelnde Passung des potenziellen Mitglieds mit dem bestehenden Team abzeichnet.

Mögliche Störgefühle sollten aber nicht unreflektiert zur Ablehnung eines Kandidaten führen. Eine vorschnelle Ablehnung eines potenziell erfolgreichen Kandidaten erhöht den eingangs dieses Kapitels beschriebenen Beta-Fehler der Personalauswahl. Gerade gute, selbstbewusste Spezialisten, die um ihren Marktwert wissen, pflegen häufig etwas spleenige Eigenarten. Hochleistungsteams zeichnen sich auch dadurch aus, dass sie mitunter querdenkende Experten erfolgreich integrieren. Das Alinghi-Team schaffte es, quasi auf dem Reißbrett ein Team aus gestandenen Persönlichkeiten zusammenzustellen. Das Alinghi-Team war 2003 das Segelteam mit dem höchsten Altersdurchschnitt, das in der über 150-jährigen Cup-Geschichte die Trophäe erobern konnte.

Eigensinnige Experten – Ein negatives Fallbeispiel aus der Formel 1

Ein Beispiel für eine nicht erfolgreiche Integration eines eigensinnigen Experten liefert das **Sauber-Formel 1 Team**, das im Jahr 1998 mit Jean Alesi erstmalig einen fertigen Star-Fahrer in das Team geholt hatte. Die Zusammenarbeit endete nach nur zwei Saisons mit dem sportlichen Tiefpunkt des Teams.

Johnny Herbert, seit 1995 unter Vertrag, war für die Schweizer ein absoluter Glücksgriff. Im August ließ er das Team mit seinem dritten Platz beim Großen Preis von Ungarn und einem vierten Rang beim Großen Preis in Belgien jubeln. Herbert war zudem nicht nur als ausgezeichneter Fahrer, sondern auch als Kollege und Freund von allen Teammitgliedern sehr geschätzt.

> »In einigen Jahren werde ich auf meine Rennkarriere zurückschauen – und dann werde ich ehrlich über Sauber sagen dürfen: Ich erlebte mit den Schweizern drei großartige Formel-1-Jahre in einem hochprofessionellen Team von glücklichen Mitarbeitern. Am liebsten erinnere ich mich an die Saison 1997. Wir hatten sehr viel Arbeit in den C16 gesteckt, aber gleichzeitig hatten wir so viel Spaß zusammen und als Krönung einige phantastische Ergebnisse obendrein.«
> Johnny Herbert (Fahrer Sauber-Team 1996–1998)

Allerdings vermisste man den zu Williams abgewanderten Heinz-Harald Frentzen als ebenbürtigen Cockpit-Partner für Herbert. Nicola Larini, zu Beginn der Saison verpflichtet, konnte den Erwartungen sowohl im Hinblick auf fahrerisches Können als auch auf technisches Verständnis zu keiner Zeit gerecht werden. Auch die zwei zum Beheben dieses Mangels verpflichteten Ersatzfahrer brachten schwache Leistungen. Erneut war man auf die Performance eines einzigen Fahrers angewiesen, der das Team im Alleingang nicht weiter als auf den 7. Platz in der Konstrukteurswertung bringen konnte.

Zu Beginn der Saison 1998 war allen klar, dass man das große Potenzial auf der Rennstrecke nicht voll ausgeschöpft hatte. Die finanziellen und technischen Möglichkeiten sind zwar nötige Voraussetzungen für den Erfolg, aber eben nicht hinreichend, wenn nicht beide Fahrer sie umzusetzen wissen. Die Position des zweiten Fahrers neben Johnny Herbert musste also unbedingt neu besetzt werden, um nicht noch einmal von der Leistung und Tagesform eines einzigen Fahrers abhängig zu sein. Die Suche, deren treibende Logik nach den Erkenntnissen aus dem Vorjahr das fahrerische Können und Erfahrung waren, endete bei Jean Alesi. Herbert und Alesi bildeten hinsichtlich der absolvierten Rennen das erfahrenste Pilotenteam im gesamten Formel-1-Starterfeld, was eigentlich auf eine äußerst erfolgreiche Saison hoffen ließ. Doch diesmal waren es zwischenmenschliche Schwierigkeiten, die dem Team zu schaffen machen sollten.

Mit Alesi hatte Sauber zum ersten Mal einen Star in seinen Reihen, was einen kräftigen Anstieg des medialen Interesses nach sich zog und dem Team neben Popularität auch neue Chancen auf weitere Sponsorengelder verschaffte. Mit gelegentlichen Spitzenergebnissen im Training und einigen fulminanten Rennstarts zog Alesi die Aufmerksamkeit im Schweizer Rennstall auf sich. Teaminterner Höhepunkt war sein dritter Platz in Belgien, der vierte Podestplatz in Saubers Formel-1-Geschichte überhaupt. Beim Großen Preis von Österreich startete er außerdem als erster Sauber-Fahrer aus der ersten Startreihe, schied jedoch aufgrund einer Kollision mit Giancarlo Fisichella im Rennen aus.

Somit war klar, wer im neuen Fahrerduo die »Primadonna« sein würde. Die Dominanz des Franzosen über seinen Cockpit-Kollegen zeigte sich beispielsweise ganz deutlich, als Johnny Herbert in einem Training seine bis dahin schnellste Runde abbrechen musste, um Alesi nicht zu behindern und als Folge in der neunten Startreihe landete. Ein weiterer Zwischenfall ereignete sich, als Herbert beim Grand Prix von Großbritannien an fünfter Stelle liegend Alesi überholen lassen musste, obwohl beide Fahrer langsamer waren als der vor Herbert liegende Eddie Irvine und das Manöver somit keinerlei renntechnische Bedeutung hatte. Für den Briten, der sich für seinen Heim-Grand-Prix besonders viel vorgenommen hatte, war das eine klare Demütigung.

Solche Vorfälle waren symptomatisch für das Verhältnis der beiden Fahrer. Immer wieder brachte Alesi im Bewusstsein um seine Qualitäten und als Nummer eins im Sauber-Team den bis zur Verpflichtung des Franzosen unumstrittenen und allseits beliebten Herbert in Bedrängnis. Herbert litt nicht nur emotional unter der Präsenz Alesis – auch seine sportliche Leistungsfähigkeit wurde durch die internen Rivalitäten stark beeinträchtigt: In der gesamten Saison 1998 fuhr er nur einmal in die Punktränge. Die internen Querelen kamen Red Bull Sauber Petronas teuer zu stehen. Mit lediglich zehn WM-Punkten lieferten die beiden Top-Fahrer dem Team das schlechteste Gesamtergebnis seit 1993.

Dieses Resultat brachte Johnny Herberts Stern bei Sauber endgültig zum Sinken: Im Sommer 1998 schlug ihm Peter Sauber den Wunsch nach einem neuen Zweijahres-Vertrag ab. Stattdessen bot dieser ihm eine Weiterverpflichtung für nur eine Saison an. Diese Entscheidung sah Herbert als Beweis mangelnden Vertrauens. Es kam zur Trennung und der Brite ging zu Stewart.

Nach dem sportlich mageren Jahr 1998 und seinen internen Problemen, sollte die sich anschließende Saison den sportlichen Tiefpunkt bringen. Als Ersatz für den missmutig abgewanderten, aber vom Team allseits geschätzten Johnny Herbert kam Pedro Diniz vom Rennstall Arrows. Im Gegensatz zur unglücklichen Vorjahrespaarung war es um das Verhältnis zwischen Alesi und Diniz gut bestellt – die beiden mochten sich.

Doch die Fahrer waren zu sehr auf sich selbst fixiert, zeigten wenig Interesse am Team und im speziellen an der Zusammenarbeit mit den Renningenieuren und Mechanikern, um Entscheidendes zur Verbesserung des C18 beizutragen. Dabei gehören die Renningenieure und die Mechaniker als Schaltzentrum zwischen Fahrer und Fahrzeug sowie als Ansprechpartner der Elektroniker und des technischen Direktors zu den wichtigsten Personen im Team. Die mangelnde Zusammenarbeit in diesem Bereich konnte somit nur negative Folgen zeitigen:

»Es ist so, dass die Renningenieure die ganze Vorbereitung für die Abstimmung machen; die wird auch durchgesprochen mit den Fahrern und mir. Der Fahrer hat die Aufgabe zu sagen, wie die Fahrzeugbalance und -abstimmung ist, wie der Wagen sich verhält. Der Renningenieur interpretiert diese Aussagen und entscheidet dann zusammen mit den Elektronikern, was gemacht und verstellt wird. Das A und O ist die Zusammenarbeit zwischen Fahrern und Renningenieuren.«
Willy Rampf (Technischer Direktor im Sauber Team)

Finanziell gesehen spülte die Verpflichtung von Diniz willkommene Millionen an Sponsorengeldern in die Kassen des Sauber-Teams, da Diniz Vater dem Schweizer Rennstall die Entscheidung für seinen Sohn etwas leichter machen wollte. Eine Kombination von vermeintlicher Innovationsunlust, Selbstzufriedenheit und gelegentlichen Staralüren unter den beiden Fahrern mag zum sportlichen Tiefpunkt in der Formel 1 Geschichte Saubers mit beigetragen haben. Es gab zahlreiche Pannen und Ausfälle: Alesi und Diniz legten in 16 Grands Prix insgesamt nur 5.960 km von 9.720 möglichen zurück, womit Sauber auf die geringste Gesamtdistanz aller elf Rennställe kam. Hinzu kamen auffällig viele Fahrfehler. Diniz schied achtmal selbstverschuldet aus. Alesi beging weniger, zum Teil jedoch ebenso gravierende Fehler: beim Großen Preis von Österreich ging ihm beispielsweise trotz Warnung der Boxencrew das Benzin aus. Schlussendlich landeten nur fünf WM-Punkte auf dem Konto von Red Bull Sauber Petronas – so wenig wie noch nie.

Die Situation gipfelte darin, dass Alesi das Team angesichts der unterdurchschnittlichen Performance fast pausenlos beschimpfte, was die interne Stimmung belastete und die bereits vorhandenen Probleme zusätzlich verstärkte. Unmittelbar nach dem Rennen in Ungarn erklärte der offensichtlich entnervte Franzose offiziell, dass er nicht mehr für Sauber fahren werde. Peter Sauber hatte ihm inoffiziell schon vorher mitgeteilt, dass er im nächsten Jahr nicht mehr mit ihm zusammenarbeiten werde.

Aufbau eines neuen Teams

Wenn man die Gelegenheit bekommt, ein Team neu aufzubauen, besteht von Anfang an die Chance, sowohl auf die fachliche Eignung als auch die menschliche Passung der zukünftigen Teammitglieder Wert zu legen und damit ein Team von Experten zusammenzustellen, bei dem keine Energie durch zwischenmenschliche Spannungen und interne Querelen verschwendet wird. Die Herausforderung beim Neuaufbau eines Teams liegt darin, die Wunschkandidaten für ein Mitwirken im Team zu gewinnen. Maßgeblich für die Anziehungskraft eines Teams sind die im vorangegangenen Kapitel diskutierte Attraktivität einer Teamvision und die damit verbundenen Nutzenversprechen auf der kollektiven beziehungsweise persönlichen Ebene. Ein Mitwirken in einem Team muss einen persönlichen Vorteil versprechen, insbesondere unter der Annahme, dass gerade die guten Kandidaten häufig mehrere Angebote vorliegen haben. Sind aber erst einmal die wichtigsten Schlüsselpositionen erfolgreich mit den Wunschkandidaten besetzt, entwickelt sich schnell eine Dynamik ähnlich eines Dominoeffekts. Über persönliche Empfehlungen lassen sich dann die weiteren Vakanzen decken.

Das Rekrutieren über Empfehlung ist eine in der Wirtschaft bewährte Methode. Viele Unternehmen arbeiten mit Programmen zur Werbung von Mitarbeitern durch Mitarbeiter. Dabei werden für eine erfolgreiche Vermittlung eines Mitarbeiters mitunter üppige Prämien gezahlt. Im Vergleich zu sonstigen Rekrutierungskosten, beispielsweise durch den Einsatz von Personalberatern, ist das Arbeiten mit persönlichen Empfehlungen immer noch eine kostengünstige Variante. Es kann durch Empfehlung sichergestellt werden, dass nur Teammitglieder rekrutiert werden, die eine hohe persönliche Passung aufweisen. Schließlich können die Mitglieder eines Teams sehr gut abschätzen, welche kulturellen Bedingungen in dem eigenen Team vorherrschen und welche der fachlich in Frage kommenden Kandidaten auch eine dementsprechende menschliche Passung mitbringen. Schließlich hat niemand ein Interesse daran, eine Person, die man persönlich nicht mag, für das eigene Arbeitsteam zu gewinnen.

Um die Prognose des späteren Erfolgs eines Kandidaten zu verbessern, bieten sich unterschiedliche Methoden der Personalauswahl an. Letztendlich geht es immer darum, sich ein belastbares Bild über ein potenzielles Teammitglied zu verschaffen unter der Leitfrage, wie sich diese Person wohl in der späteren Arbeitsumgebung verhalten wird. Grob gesprochen bieten sich drei Arten von Informationsquellen, sich ein differenziertes Bild über einen Kandidaten zu verschaffen, an. In der Abbildung 6 sind diese drei Informationsquellen abgekürzt dargestellt mit »sich erzählen lassen«, »andere fragen« und »sich zeigen lassen«.

Das Prinzip der Personalauswahl, über Empfehlungen zu arbeiten, lässt sich eingruppieren unter der Überschrift »andere fragen«. Personen, deren Urteil man vertraut, werden um eine persönliche Empfehlung gebeten. Schulnoten, Arbeitszeugnisse, Empfehlungsschreiben und eingeholte Referenzen sind weitere Informationsquellen, die nach dem Prinzip »andere fragen« funktionieren.

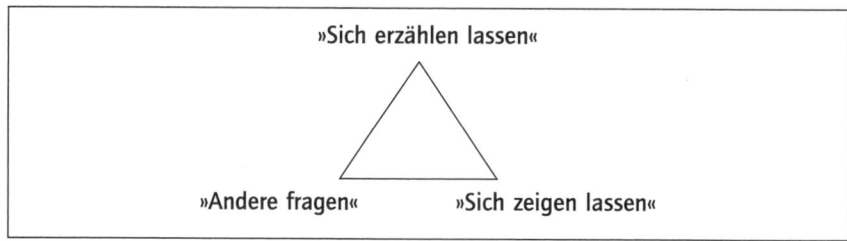

Abbildung 6: Drei Arten von Informationsquellen über potenzielle Teammitglieder

Unter dem Prinzip »sich erzählen lassen« werden Selbstauskünfte des potenziellen Teammitglieds gefasst. In der Regel werden im Rahmen eines Personalauswahlprozesses Interviews mit den Kandidaten durchgeführt, in denen sie um biografische Informationen gebeten werden oder Fragen zu ihren Motiven und Konzepten beantworten sollen. Kaum eine Personalauswahlentscheidung erfolgt ohne vorheriges persönliches Gespräch. Allerdings muss beachtet werden, dass der Eindruck eines Interviews täuschen kann und unstrukturierte Interviews alles andere als valide Vorhersageinstrumente darstellen. Die Durchführung eines zweiten, dritten oder vierten Gesprächs erhöht nicht die Vorhersagegüte von Interviews, da es sich immer um die gleiche Art von Informationsquelle handelt. Es wird beim Interview immer nur das Selbstbild des potenziellen Teammitglieds und dessen Sicht auf die Welt erhoben. Das Interview hat Grenzen unter anderem bei der Feststellung der faktischen Wahrheit von Gesagtem. Zudem muss berücksichtigt werden, dass der Bewerber ein Interesse an der Darstellung der eigenen Highlights und persönlichen Erfolge hat, während sich der Rekrutierer ein möglichst repräsentatives Bild von dem potenziellen Kollegen verschaffen möchte.

Zu einer deutlichen Verbesserung der Personalauswahl gegenüber dem eindimensionalen Durchführen von Auswahlinterviews führt eine Integration der unterschiedlichen Informationsquellen. Von besonderer Bedeutung ist hierbei das Prinzip des »sich zeigen lassens«. Hierunter werden alle Formen der Arbeitsprobe zusammengefasst. Sofern die Möglichkeit besteht, ein potenzielles Teammitglied in seiner Zielumgebung bei der Ausübung der Tätigkeit, die das Teammitglied später auch übernehmen soll, zu beobachten, lässt sich mit guter Qualität vorhersagen, ob der Kandidat der richtige wäre. Insbesondere, wenn die zukünftigen Teammitglieder bei der Personalauswahl mitdiskutieren dürfen und auf diese Weise bereits im Auswahlprozess auf die zwischenmenschliche Passung der Beteiligten Rücksicht genommen wird. Eine treffsichere Personalauswahl ergibt sich, wenn alle Informationsquellen genutzt werden und zusammengenommen ein positives Bild des Kandidaten entsteht, beispielsweise wenn der Kontakt zum Kandidat über eine vertrauenswürdige Empfehlung zustande gekommen ist, sich ein persönliches Gespräch positiv gestaltet hat und die daraufhin anberaumte Arbeitsprobe von allen Beteiligten als Erfolg gewertet wurde. In der Verknüpfung der unterschiedlichen Informationsarten ergibt sich ein valideres Bild als durch die Wiederholung von Interviews.

Selektion der Team-Mitglieder bei Alinghi

Das Team Alinghi stand zu Beginn der Kampagne unter erheblichem Zeitdruck. Die wichtigsten gegnerischen Syndikate waren bereits in der Vorbereitungsphase, während sich bei Alinghi gerade das Kernteam bildete. Dennoch wurden keine Kompromisse bei der Personalauswahl eingegangen. Syndikatschef Ernesto Bertarelli hatte bereits zwei Austragungen abgewartet, ehe er sich auf das Abenteuer America's Cup einließ. Er wollte unbedingt mit Russel Coutts arbeiten, der zu der Zeit aber beim Team New Zealand unabkömmlich war. Erst als er Coutts und mit ihm den weltweit besten Taktiker Brad Butterworth gewinnen konnte, ging Bertarelli mit Alinghi an den Start.

Bertarelli und Coutts, später dann Schümann, waren sich darüber im Klaren, dass sie nur die weltweit besten Kräfte auf der jeweiligen Zielposition haben wollten. Zu Beginn saßen Coutts und Bertarelli am Genfer See und machten eine Liste der wichtigsten zu besetzenden Positionen. Im zweiten Schritt überlegte man sich für jede dieser Vakanzen die Namen der drei Personen, die im Weltsegel-Sport den besten Ruf für diese Position besaßen. In einem dritten Schritt klassifizierte man dann diese drei Kandidaten anhand von zwei Kriterien. Das eine Kriterium war die Fachlichkeit, also die Expertise des potenziellen Teammitglieds in der auszuübenden Disziplin. Das andere Kriterium war die Persönlichkeit des Kandidaten und die Passung zu der von Bertarelli und Coutts geplanten Teamkultur. Anhand der beiden Kriterien Fachlichkeit und Persönlichkeit wurden die drei potenziellen Kandidaten für die jeweilige Zielposition unabhängig von den beiden in eine Präferenzrangfolge gebracht. Einvernehmlich entschied man sich dann für die geeigneten Kandidaten und bemühte sich darum, diese für die Alinghi-Idee zu gewinnen. Durch die hohe Gewichtung, welche Bertarelli und Coutts von Beginn der Kampagne an auf die zwischenmenschliche Passung der zukünftigen Teammitglieder legten, bildete sich ein Kernteam, das sich durch ein gemeinsames Werte-Verständnis auszeichnete.

Obwohl sich schon zahlreiche erfahrene Weltklasse-Segler den anderen Teams angeschlossen hatten, überstürzte man bei der Selektion der weiteren Teammitglieder nichts. Vielmehr wählte man einen demokratischen Prozess, bei dem alle bereits vorhandenen Teammitglieder jeweils über einen hinzukommenden Kandidaten abstimmen mussten. Bei ernsthaften Bedenken auch nur eines Teammitglieds wurde der Kandidat abgelehnt. Die Auswahl der zukünftigen Kollegen erfolgte dabei erneut nach dem von Coutts und Bertarelli angewendeten Modell der unabhängigen Meinungsbildung. Alle Teammitglieder mussten die jeweiligen Kandidaten anhand der beiden Kriterien

Fachlichkeit und Persönlichkeit in eine Rangfolge bringen und sich letztendlich einvernehmlich für einen Kandidaten aussprechen. Auf diese Weise trafen neu hinzukommende Teammitglieder auf eine offene Atmosphäre, in der ihnen das wohlwollende Commitment der vorhandenen Teammitglieder entgegengebracht wurde, da sich diese ja zuvor einheitlich für diesen neuen Kollegen ausgesprochen hatten.

Unter dem Auswahlkriterium der Fachlichkeit verstanden die Gründungsmitglieder des Alinghi-Teams absolute Weltklasse in dem jeweiligen Spezialgebiet. Allerdings war die fachliche Expertise nur die Voraussetzung dafür, in die engere Auswahl zu kommen. Man wollte keine engstirnigen Experten, die nur ihren eigenen Arbeitsplatz sahen. Es sollten Kollegen rekrutiert werden, die ein ganzheitliches Denken mitbrachten und sich für die Schnittstellen ihrer Arbeit interessierten.

Das Auswahlkriterium der Persönlichkeit umfasste sehr unterschiedliche Aspekte. Hierzu zählte beispielsweise persönliche Reife. Niemand aus dem erfahrenen Kernteam verspürte die Lust, sich mit Kindereien und trivialen Führungsproblemen herumzuschlagen. Man wollte auch niemanden, der sich selbst zu wichtig, vielleicht sogar wichtiger als das Team nahm. So trennte man sich beispielsweise nach kürzester Zeit wieder von einem fachlich sehr guten Segler, der am Pier und in den Hafenkneipen selbstverliebt von seinen eigenen Leistungen sprach und sich mit Erfolgen schmückte, die das Team gemeinsam erzielt hatte. Ein weiterer wichtiger Aspekt bei der Personalauswahl war die Unkompliziertheit im Umgang. Man wollte so wenig Bürokratie wie eben möglich, da wäre ein übereifriger Erbsenzähler fehl am Platze gewesen. Zudem sollten die Mitglieder offen sein für die Vielfalt und Internationalität des Teams, über eine positive und konstruktive Grundeinstellung verfügen und einen Sinn für Humor mitbringen.

Bei der Zusammenstellung eines neuen Teams muss das Kernteam die gleichen Wertvorstellungen mitbringen und diese als Kriterien bei der Personalauswahl zu Grunde legen. Es besteht die Chance, nicht nur fachlich, sondern menschlich die geeigneten Teammitglieder zu rekrutieren. Bei der Personalauswahl macht es Sinn, die vorhandenen Teammitglieder in den Auswahlprozess einzubeziehen, da damit grundsätzliche zwischenmenschliche Probleme weitgehend ausgeschlossen werden können. High-Performance-Teams können es sich nicht leisten, Energie mit vorhersehbaren internen Querelen zu verschwenden. Es wird lieber auf ein fachlich gutes Teammitglied verzichtet, als das Team durch dauerhafte zwischenmenschliche Spannungen zu schwächen.

Nominierung des WM-Kaders beim DFB

Nach dem vorzeitigen Ausscheiden der Deutschen Fußball-Nationalmannschaft bei der Europameisterschaft 2004 war der Ruf nach einem »klaren Schnitt« und neuem Spielerpersonal in der Öffentlichkeit laut zu vernehmen. Es schwang jedoch auch Skepsis mit, ob es einem Trainer innerhalb von weniger als zwei Jahren gelingen kann, aus einem auf europäischer Ebene gescheiterten Team einen ernst zu nehmenden Kandidaten für die Weltmeisterschaft zu formen. Zumal sich auch nur wenige deutsche Talente in der Fußball-Bundesliga aufdrängten. Tatsächlich kann die Spielerauswahl unter Klinsmann als Neuaufbau eines Teams gelten. Plötzlich gab es keine Tabus mehr, auch langjährig verdiente Spieler mussten um ihren Platz im Kader bangen.

> »Wir haben versucht, der Mannschaft ein neues Gesicht zu geben,
> einen Generationswechsel zu vollziehen und auf jeder Position
> einen Konkurrenzkampf zu entfachen.«
> Jürgen Klinsmann

Klinsmann und sein Führungsteam hatten in der insgesamt zweijährigen Vorbereitung auf die Weltmeisterschaft so viel experimentiert und getestet wie kein Trainerteam vor ihnen. In 27 Spielen hatten sie 39 Akteure, davon 12 Neulinge, eingesetzt. Aus der Vielzahl der getesteten Spieler musste das Trainerteam eine Selektion treffen und bis zum Stichtag, den 15. Mai 2006, maximal 23 Spieler an die FIFA melden. Im Vorfeld zu diesem Termin wurde viel diskutiert und spekuliert, welche Kriterien das Trainerteam bei der Auswahl der Spieler anlegen würde und wer aus dem erweiterten Kader den Sprung in die WM-Mannschaft schaffen würde. Analog zum Alinghi-Team spielten auch bei Klinsmann die persönliche Passung, die Wertvorstellungen der Spieler und deren Persönlichkeit eine gleich bedeutende Rolle bei der Personalauswahl wie die fachliche Eignung.

Klinsmann und Löw machten sich die Entscheidung nicht leicht und diskutierten bis zur letzten Minute mögliche Personalvarianten, um auch den kleinstmöglichen Vorteil aus der aktuellen Verfassung ihrer Kandidaten zu ziehen. Bei der Entscheidung spielten eine Menge Kriterien eine Rolle: Neben der körperlichen Fitness und mentalen Stärke, den technischen Fähigkeiten, der Verletzungsanfälligkeit und der Komplementarität des Kaders waren vor allem die Werte und Charaktere der Spieler ausschlaggebend. Von Beginn an legte das Führungsteam großen Wert darauf, dass die Nationalspieler nicht nur als Fußballer, sondern auch als Menschen überzeugten.

>»Wir suchten Spieler, die unsere Philosophie mit frischem Leben füllen konnten,
>Profis, welche zurück zu einer gewissen Dankbarkeit, Bescheidenheit und
>Demut finden, die neben dem fußballerischen Können auch Disziplin, Ehrlichkeit,
>Offenheit und respektvollen Umgang untereinander und nach außen mitbringen.«
>Joachim Löw (Co-Trainer der Deutschen Fußball-Nationalmannschaft 2004–2006
>und seitdem Bundestrainer)

Die offizielle Bekanntgabe des Kaders führte bei Medien und Experten zu Diskussionen wie schon seit vielen Jahren nicht mehr bei einer WM-Nominierung. Die Nichtberücksichtigung von als gesetzt angesehenen Spielern sorgte ebenso für Verunsicherung wie die Nominierung der dafür überraschend ins Team berufenen Spieler. Für Medien und Experten blieb in diesen Tagen die Erkenntnis, dass Klinsmann & Co. ihren eigenen, mutigen und risikoreichen Weg konsequent und unbeirrt weiter verfolgten.

Im Nachhinein lässt sich bestätigen, dass Jürgen Klinsmann und sein Führungsteam bei der Auswahl der Spieler für das Weltmeisterschaftsturnier richtig gelegen haben. Es lässt sich im Nachhinein allerdings nicht sagen, ob die abgelehnten Kandidaten nicht auch erfolgreich gewesen wären. Das Klinsmann-Team hat einen großen Beta-Fehler in Kauf genommen, um den Alpha-Fehler so minimal wie möglich zu halten. Es wurden zahlreiche potenziell erfolgreiche Teammitglieder abgelehnt, nur um sicherzugehen, dass niemand fälschlicherweise ins Team genommen wurde. Der fachlichen Eignung kam die gleiche Bedeutung zu wie der menschlichen Passung.

Denken wir noch einmal zurück an das Vorrundenspiel Deutschland gegen Polen, in dem Oliver Neuville in der Nachspielzeit das entscheidende 1:0 für die deutsche Nationalmannschaft glückte. Natürlich ist es Glück, wenn der Einwechselspieler Neuville, der überraschend für die Weltmeisterschaft nominiert worden war, auf Zuspiel des anderen Einwechselspielers Odonkor, der noch überraschender nominiert worden war, den vorentscheidenden Treffer zur Qualifikation für das Achtelfinale erzielt. Man kann auch nicht sicher behaupten, dass andere Spieler nicht ebensoviel Glück gehabt hätten. Aber dass diese beiden Spieler von Klinsmann in den WM-Kader berufen worden waren, war kein Zufall, sondern Produkt reiflicher Überlegungen. Der letztendliche Erfolg ist nur bedingt planbar, da er auch von externen Einflüssen abhängt, die Leistung eines Teams hingegen schon. Klinsmann hatte durch eine konsequente und professionelle Personalauswahl die personellen Grundlagen dafür geschaffen, dass das Team zumindest die Chance hatte, innerhalb von 90 Minuten keinen Gegentreffer zu kassieren und selbst einen Treffer zu markieren.

Veränderung eines bestehenden Teams

Im betrieblichen Alltag gibt es selten die Gelegenheit, ein eigenes Team von Null an aufzubauen. Es ist üblicher, als Leiter in eine bestehende Abteilung zu kommen oder ein Projektteam zu übernehmen, das aufgrund sachlicher Zwänge mit einem vorgegebenen Personenstamm auskommen muss. Der idealtypische Weg eines Alinghi-Teams, das anhand der Kriterien der Fachlichkeit und einer passenden Persönlichkeit weltweit und mit einem angemessenen Budget Personal rekrutieren konnte, steht demjenigen, der auf eine bestehende Personal- und Organisationsstruktur trifft, nicht offen. Aber auch bei bestehenden Teams gilt: Keine Kompromisse bei der Personalauswahl. Es gibt Situationen, in denen die Trennung von einem Teammitglied entgegen aller Widerstände durchgebracht werden muss. Über Ersatzeinstellungen oder im Zuge von Teamerweiterungen können dann positive Signale der Veränderung gesetzt werden. Manchmal reicht es bereits aus, einzelne Schlüsselpositionen neu zu besetzen, um in einem Team neue Energie zu mobilisieren und mit den vorhandenen Teammitgliedern eine positive Dynamik zu entfachen.

In der betriebswirtschaftlichen Changetheorie stehen zwei Lehrmeinungen eigentlich unüberbrückbar gegenüber, die sogenannte E-Theorie und die O-Theorie (Beer & Nohia, 2000). Die E-Theorie fokussiert auf die Steigerung des ökonomischen Werts (economic value) einer Organisation, während die O-Theorie darauf abzielt, die Fähigkeiten einer Organisation zum Change (organizational capability) zu verbessern. Die beiden Ansätze gehen von gegensätzlichen Annahmen aus, beispielsweise zu der Frage, ob ein Top-Down-Ansatz unter Einsatz von externen Experten (E-Theorie) erfolgversprechender ist als ein integrativer Einsatz unter Einbezug weiter Teile der Belegschaft (O-Theorie). Jürgen Dormann setzte in seiner Zeit als Interims-Leader bei **ABB** auf die Kombination eines Top-Down-Ansatzes mit gezielten Elementen eines integrativen Vorgehens.

Zum Zeitpunkt der Übernahme der operativen Verantwortung bei ABB durch Jürgen Dormann war der Traditionskonzern in einer bedrohlichen Lage. Mit einer Eigenkapitaldecke von nur noch 6,2%, einer Nettoverschuldung von US$ 5 Milliarden, nicht mehr gesicherten Bankkrediten, schwebenden Schadensersatzforderungen aufgrund von Asbestproblemen in den USA und dazu unverschämt hohen Pensionszahlungen an die früheren CEOs Barnevik und Lindahl verloren nicht nur die Investoren, sondern auch die eigenen Mitarbeiter das Vertrauen in ABB.

> »Jürgen Dormann war genau der CEO, den wir in dieser schwierigen
> Situation brauchten. Er konnte als erster externer CEO in der Geschichte
> der ABB die bestehenden Seilschaften zerschlagen und damit den
> Grundstein für einen radikalen Neuanfang legen.«
> Hans-Ulrich Maerki (Verwaltungsratsmitglied ABB)

Als CEO erkannte Dormann schnell, dass das Executive Committee (EC) mit
elf Personen zu groß war und die Vorstandsmitglieder nicht miteinander, sondern überwiegend nebeneinander her arbeiteten. Um zu entscheiden, wie
das neue Committee aussehen sollte, diskutierte er mit allen EC Mitgliedern
intensiv über die künftige Unternehmensstruktur der ABB. Dabei legte er Wert
darauf, dass nicht über Personen, sondern über Inhalte gesprochen wurde.
Erst nachdem man sich auf ein Geschäftsmodell geeinigt hatte, wurde über
Köpfe und Personalia gesprochen.

> »In den Gesprächen und Meetings mit dem Executive Committee bekam
> ich ein Gefühl dafür, wer ein tiefes Verständnis von seinem Business hat,
> wer wusste, von was er sprach, wer einen soliden Track Record hat und
> wer motiviert und couragiert die Herausforderungen der nächsten Monate
> angehen wird. Es gab einige Personen, die einfach nur in ihrer Position
> überleben wollten, sich quer stellten und sich hinter ihren PowerPoint-
> Präsentationen versteckten. In solchen Situationen muss man auch einmal
> kristallklare Härte zeigen und sich von Mitarbeitern trennen. Dies hat
> Signalwirkung auf die übrigen Teammitglieder und stärkt die Kultur.«
> Jürgen Dormann

Am Ende des Prozesses stellte Dormann ein fünfköpfiges Executive Team
zusammen, von dem lediglich zwei Personen aus der alten ABB stammten.
Neben ihm und den Leitern der neuen Hauptdivisionen Automation und
Power Technologies gehörten zu diesem auch der CFO Peter Voser sowie der
Personalchef Gary Steel, welche beide langjährige Top-Management Erfahrungen bei Shell hatten. Dabei war Dormann der Teammix zwischen den
Divisionsmanagern, die mit einer Betriebszugehörigkeit von zwanzig Jahren
das Business von der Pike auf kannten, und den beiden externen Managern,
welche frisches Blut, neue Energie und zusätzliche Expertise in die Organisation brachten, wichtig. Mit Gary Steel war auch erstmals in der Geschichte der
ABB der Bereich Human Resources in der Geschäftsleitung vertreten.

Die Elemente der E-Theorie des Interims-Leaders Dormann sind zuerst in der
Top-Down-Entscheidung zur konsequenten Verkleinerung und Neubesetzung
des wichtigsten operativen Gremiums des Konzerns, dem Executive Committee, zu sehen. In seiner Zeit als Verwaltungsratschef hatte Dormann bereits
das Aufsichtsgremium mit ähnlicher Konsequenz personell verändert. Eben-

falls Elemente der E-Theorie sind die Hinzuziehung von externen Know-how-Trägern, das Zerschlagen von bestehenden Seilschaften und die Entscheidung von oben über die Grundlinien der neuen Corporate Structure.

Aber Dormann achtete auch von Beginn seines Turnaround-Managements an auf die Menschen in der Organisation. Er stärkte mit der Kernausrichtung des Konzerns auf Technologieführerschaft die historischen Wurzeln, nachdem man sich in den Jahren zuvor als Knowledge- und Dienstleistungscompany begriffen hatte und stellte auf diese Weise die Möglichkeit der Identifikation der Mitarbeiter mit ihrem Unternehmen wieder her. Er handelte menschlich integer und glaubwürdig und setzte mit der Aufnahme des Bereichs Human Resources in das Executive Committee ein deutliches Signal an die Mitarbeiter.

Unstrittig ist in der Changetheorie, dass ein einzelner CEO zwar in der Lage sein kann, einen Changeprozess zu initiieren, es für den Erfolg eines Top-Down-Ansatzes jedoch eines Teams aus den wichtigsten Seniormanagern einer Organisation bedarf (z.B. Dunphy, 2000). Das Executive Team muss mit einer Stimme sprechen und eine gemeinsame Vorstellung von dem langfristig anzustrebenden Zustand der Organisation haben. Die Vision muss von dem Top-Team definiert und dann an Kompetenzträger in der Organisation kommuniziert werden, damit diese die operativ richtigen Entscheidungen für den Change treffen können. Durch diese Mischung aus Top-Down-Ansatz und Integration einiger weniger zusätzlicher Schlüsselpersonen der Organisation kann die strikte Trennung zwischen E- und O-Theorie aufgeweicht werden. Innerhalb des Führungsteams ist es wichtig, klare Zuständigkeiten und eindeutige Verantwortlichkeiten zu schaffen und sich gegenseitig Freiräume zu lassen, damit jedes Mitglied des Führungsteams eigenständig wirken kann. Auf diese Weise kann die Organisation zeitgleich an sehr unterschiedlichen Stellen im Sinne des gemeinsamen Anspruchs verändert werden.

Aus theoretischer Sicht ist die Veränderung, die Jürgen Klinsmann mit seinem Führungsteam innerhalb von weniger als zwei Jahren bei der Großorganisation des **Deutschen Fußball-Bunds** initiiert und durchgesetzt hat, ein Lehrbuchbeispiel. Verglichen mit den Empfehlungen des Harvard-Professors und Change-Gurus John Kotter (1996, 2006) finden sich entscheidende Erfolgsfaktoren für das Verändern einer Organisation im Fallbeispiel von Jürgen Klinsmann wieder. Mit einem klug zusammengestellten Führungsteam aus Intuition und Begeisterungsfähigkeit (Klinsmann), Strategie und Fachkompetenz (Löw) und managerialen Machereigenschaften (Bierhoff) gelang es dem Führungstrio, einen über Jahrzehnte gewachsenen, trägen Koloss wie den DFB grundlegend zu verändern.

»Man muss sich den DFB vor Klinsmann vorstellen wie ein verwunschenes, zugewachsenes Schloss, erst durch ihn wurde das Schloss wieder freigelegt und für neue Einflüsse geöffnet.«
Uli Voigt (DFB Pressechef seit 2004)

Einer der entscheidenden Treiber des Reformprojekts war die kompromisslose Haltung Klinsmanns zu zentralen personellen Entscheidungen. Er scheute sich nicht vor Auseinandersetzungen mit den bisherigen Platzhirschen beim DFB oder der Öffentlichkeit bei der Installation neuer Experten und dem Austausch von Schlüsselpositionen. Er knüpfte mehrfach sein eigenes Schicksal an wichtige Personalentscheidungen und modernisierte quasi im Vorbeigehen die verkrusteten Strukturen des DFB.

Das Ausmaß der Reformen, welche Klinsmann, Bierhoff und Löw beim DFB auslösten, wurde erst mehrere Monate nach deren Amtsantritt sichtbar, als der Stab an neuen Helfern, Betreuern und Ratgebern kontinuierlich ausgeweitet wurde. Gedanken machten sich Klinsmann & Co. aber nicht nur zu der Art der notwendigen Reformen, sondern auch zu deren idealem Einführungszeitpunkt. Gerhard Mayer-Vorfelder hatte dem Bundestrainer geraten, »alle Grausamkeiten gleich zu Beginn« seiner Amtszeit zu begehen. Klinsmann war aber nach Beratung mit seinen Führungskollegen der Meinung, dass eine gleichzeitige Einführung nicht nur kritische Medienberichte, sondern vor allem auch eine Überforderung der Spieler bewirkt hätte. So entschied man sich für einen kontinuierlichen Weg, einen schrittweisen Reformprozess mit klaren Prioritäten.

Die erste und vordringlichste Aufgabe sah man in der Verbesserung der körperlichen Fitness der deutschen Spieler. Zu diesem Zweck wurde mit Marc Verstegen eine Spitzenkraft aus den USA rekrutiert. Die Debatte und der Widerstand allein gegen diese Maßnahme wollten sich über Monate hinweg nicht legen. Erst später, als es wieder etwas ruhiger um die Nationalmannschaft wurde und sich mit den Siegen in einigen Freundschaftsspielen erste sportliche Erfolge einstellten, hielt das Führungstrio die Zeit für gekommen, den neuen Sportpsychologen Dr. Hans-Dieter Hermann ins Team einzubinden. Man entschied sich, Hermann erst auf der Asienreise im Dezember 2004, also weitab vom deutschen Alltag, in den Betreuerstab zu integrieren. Kurz nach der Verpflichtung des Sportpsychologen wurde das Expertenteam mit dem Schweizer Urs Siegenthaler komplettiert. Joachim Löw hatte diesen als Trainerausbilder in der Schweiz kennengelernt und ihn schon seit mehreren Monaten als Spiel- und Spieleranalytiker für die deutsche Nationalmannschaft im Visier. Doch auch diese Personalie wurde in der Öffentlichkeit nicht ohne Kritik aufgenommen. Wieso sollte ausgerechnet ein Schweizer, dessen Land vielleicht für Skifahrer, aber nicht für Fußball bekannt ist, die Deutsche Nationalmannschaft in Sachen

Taktik beraten können? Ungeachtet dieser Kritik wurde Siegenthaler eingestellt und erstmals während des Confederations Cup im Juni 2005 mit den Spielern in Verbindung gebracht. Mit dem Schweizer fand das Team einen unabhängigen und originellen Geist, wie ihn die Nationalmannschaft seit Jahren nicht besessen hatte.

Neben diesen personellen Veränderungen nahm das Führungstrio in der Zeit von der Amtsübernahme im Juli 2004 bis zum Confederations Cup im Juni 2005 eine Reihe weiterer größerer und kleinerer Reformen vor. So achteten Klinsmann und Löw von Beginn an auf eine konsequente Verjüngung der Mannschaft, erhoben den konstruktiven Wettbewerb auf allen Positionen zum Primat und nahmen in diesem Zusammenhang auch Oliver Kahn seinen Stammplatz weg. Der Torwarttrainer der Nationalmannschaft, Sepp Maier, kritisierte die Entscheidung Klinsmanns öffentlich als bewusste Demontage Kahns. Der Konflikt zwischen Klinsmann und Maier ging soweit, dass sich Klinsmann gezwungen sah, Sepp Maier als Torwarttrainer zu entlassen und ihn durch Andreas Köpke zu ersetzen.

Klinsmann scheute sich auch nicht davor zurück, selbst den DFB-Präsidenten aus dem Kreis des engeren Teams auszuschließen. Das gemeinsame Mittagessen mit den Spielern, das Gerhard Mayer-Vorfelder so schätzte, fand ohne ihn statt, und selbst engste Mitarbeiter wie die Medienchefs, der Zeugwart oder die Physiotherapeuten blieben vor der Tür. Klinsmann wollte um die Mannschaft und die Trainer einen inneren Kreis des Vertrauens bilden.

Doch damit nicht genug der Veränderungen. Das Führungstrio berief mit Georg Behlau einen Chef des Nationalmannschaftsbüros, welcher als rechte Hand von Oliver Bierhoff alle Angelegenheiten rund um das Team koordinierte. Eine weitere wichtige Personalie war die Berufung von Uli Voigt als TV-Experten. Der frühere SAT.1- und RTL-Reporter sorgte ab 2005 gemeinsam mit Harald Stenger für eine professionelle Medienarbeit.

Bei der Gestaltung dieses Umfeldes, dem so genannten »Team hinter dem Team«, schreckte man auch vor unpopulären Maßnahmen nicht zurück. Neben Sepp Maier musste auch der bisherige Manager des Nationalmannschaftsbüros gehen. Auch andere Mitarbeiter des DFB und der Nationalmannschaft machten sich Sorgen um ihren Job. Schon bald machte in der DFB-Zentrale das Wort von der Schreckensherrschaft die Runde. Klinsmann jedoch blieb unbeeindruckt, ihm ging es vielmehr darum, die alten Strukturen und Seilschaften aufzubrechen, um Raum und Möglichkeiten für seine Philosophie des Wagemutes und der Veränderung zu schaffen.

»Es gibt nichts, was mich unter Druck setzen könnte.
Beim DFB bin ich keinem etwas schuldig. Es geht mir rein um die Sache.
Da gibt es keine Kumpaneien, ich muss keine Rücksicht nehmen.«
Jürgen Klinsmann

»Jürgen lässt sich nicht verbiegen. Bei all den Reformen, welche für den
DFB einer Revolution gleich kamen, ist er weder gegenüber den Medien
noch vor dem DFB-Präsidium eingeknickt. Er ist konsequent seinen Weg
gegangen, das hat ihm gegenüber Spielern wie Betreuern
großen Respekt verschafft.«
Georg Behlau (DFB-Büroleiter seit 2005)

Maßgebliche Faktoren für den Erfolg der Klinsmann-Unternehmung war ein hochkarätiges Führungsteam, das den Mut und das Durchhaltevermögen zeigte, radikale Veränderungen in allen Bereichen durchzuführen. Unbeirrt von der harschen öffentlichen Kritik und dem Widerstand von Seiten der Fachleute und Kollegen hielt das Führungsteam um Klinsmann am Reformprojekt Deutsche Nationalmannschaft fest. Durch einen schonungslosen Personalwechsel, die Einführung von klaren Verantwortlichkeiten und Operational Excellence in allen administrativen Prozessen baute man die träge Organisation DFB zu einem modernen, flexiblen Unternehmen um, welches den Spielern das perfekte Rückgrat bot. Durch die klare Trennung zwischen dem administrativen und dem sportlichen Bereich konnte sich das Führungsteam voll auf die Entwicklung der Mannschaft konzentrieren. Hierbei waren unter anderem die Beiziehung eines internationalen Experten-Netzwerks, die Einführung neuer Trainingsmethoden und die gezielte Verjüngung der Spielerstruktur die Stellhebel, die man betätigte, um die neue Spielphilosophie »mit Tempo und Risiko nach vorn« konsequent umzusetzen.

Einer der wichtigsten Erfolgsfaktoren bei der Veränderung der bestehenden Strukturen war allerdings Klinsmanns Unabhängigkeit. Er ließ seine Familie bewusst in Kalifornien und fuhr auch zwischen den Präsenzterminen in Deutschland immer wieder in seine Wahlheimat zurück. Dies sicherte ihm die notwendige Distanz und Unabhängigkeit, die ihn stark machten und die es ihm ermöglichten, eine eigene klare Linie auch gegen Widerstände zu verfolgen. Vermutlich war Klinsmann in einer finanziell komfortableren Situation als die meisten angestellten Manager, was es ihm erleichterte, seine Unabhängigkeit zu wahren und nach der Weltmeisterschaftskampagne 2006 dem DFB wieder den Rücken zu kehren. Um echte Willenskraft zu entwickeln, ist es allerdings eine notwendige Voraussetzung, dass der Weg, den man beschreitet, bewusst gewählt wird. Nur wenn im Vorfeld einer Handlung Alternativen erkannt werden und eine der Handlungsoptionen bewusst gewählt wird, kann sich überhaupt Willenskraft entwickeln. Willenskraft ist notwendig, um über einen längeren Zeitraum hinweg und gegen Widerstände ein eigenes Ziel durchzubringen. Wir werden in dem fünften Kapitel ausführlicher auf die Bedeutung von Willenskraft für das Entwickeln von echter Wirksamkeit als Manager eingehen.

Anhand des DFB-Fallbeispiels wird deutlich, wie ein Manager seine strukturellen Veränderungsbemühungen mit personellen Entscheidungen verknüpft. Für Klinsmann scheint es auf der Hand zu liegen, dass es nur über den – zum Teil demonstrativen – Austausch von Schlüsselpersonen möglich sein kann, eine Großorganisation wie den DFB in kurzer Zeit zu verändern. Werden in bestehenden Teams Personen ausgetauscht, ist immer mit Widerständen, Beharrungskräften und schwierigen Auseinandersetzungen zu rechnen. Mit der notwendigen Willenskraft können die Hindernisse jedoch bewältigt werden, Jürgen Klinsmann hat es vorgemacht.

Erfolgsfaktor 2: Eine kompromisslose Personalauswahl

Für Hochleistungsteams ist es schlimmer, eine Person fälschlicherweise einzustellen als potenziell erfolgreiche Höchstleister abzulehnen. Dementsprechend streng wird die Personalauswahl gestaltet. Bei der Personalauswahl kommt dem Kriterium der fachlichen Eignung die gleiche Bedeutung zu wie dem Kriterium der menschlichen Passung. Werden Teams neu aufgebaut, kann von Beginn an auf die Übereinstimmung der Wertvorstellungen der Teammitglieder geachtet werden. Bei der Übernahme eines bestehenden Teams müssen Schlüsselpersonen, welche die grundlegenden Wertvorstellungen und strategischen Überzeugungen nicht teilen, auch gegen mögliche Widerstände ausgetauscht werden.

(6.) Suchen Sie nach den Besten! Wer nach Mittelmaß sucht, bekommt Mittelmaß.

(7.) Gehen Sie keine Kompromisse bei der Personalauswahl ein!

(8.) Nehmen sie die Auswahlkriterien der fachlichen Eignung und der menschlichen Passung gleich wichtig!

(9.) Arbeiten Sie mit Empfehlungen und binden Sie Ihr Team bei der Auswahl neuer Mitglieder mit ein!

(10.) Lassen Sie sich im Auswahlprozess nicht nur erzählen, sondern auch zeigen!

(11.) Trauen Sie Ihrem Bauch! Störgefühle haben Vorrang bei der Personalauswahl.

(12.) Scheuen Sie sich bei der Übernahme eines bestehenden Teams nicht vor der Umbesetzung von Schlüsselpositionen, auch wenn dies Widerstände hervorruft!

(13.) Machen Sie im Change nicht alles alleine, sondern stellen Sie ein Führungsteam zusammen, das Ihre Vision teilt!

Erfolgsfaktor 3
Wer macht was? –
Rollenklärungen und Teamstrukturen

>»Mit wahrem Selbst meine ich jene Rollen, die mir so angenehm sind,
>dass ich sie nicht bewusst spielen muss und auch vergesse, dass ich sie spiele.«
>Anonymer Rollenspieler im Internet

Wenn die geeigneten Personen für ein High-Performance-Team ausgewählt sind, muss sich das Team finden. Auch wenn die einzelnen Teammitglieder für eine vordefinierte Vakanz und eine bestimmte Aufgabenstellung ausgewählt worden sind, müssen zunächst die Rollen und Rollenerwartungen geklärt werden. Die Teamstrukturen müssen sich festigen. Durch dynamische Prozesse und ein permanentes Aushandeln ergeben sich besondere Zuständigkeiten und die Hierarchie im Team. Je besser es einem Team gelingt, bereits in der Frühphase der Zusammenarbeit die Stärken der Teammitglieder richtig einzuschätzen und die Aufgaben dementsprechend zu verteilen, desto weniger personelle Enttäuschungen wird es in der weiteren Zusammenarbeit geben. Nur in einem Team, in dem die Hierarchie und die Rollenverteilung von allen akzeptiert und nicht permanent in Frage gestellt werden, herrscht ein Zustand vor, in dem keine unnötigen Energien für interne Streitigkeiten und Konfliktlösungen aufgewendet werden müssen. Hochleistungsteams zeichnen sich durch eine erstaunlich klare Struktur und eine verbindliche Hierarchie aus, auch wenn man dies im ersten Eindruck nicht vermutet, da ein partnerschaftlicher und kollegialer Umgangston gepflegt wird.

Rollen und Rollenerwartungen

Die heutige Gesellschaft gilt als komplexer als frühere Gesellschaftsformen. Ein großes Maß der Komplexität resultiert aus der Zunahme der Anzahl an Rollen, die ein Individuum in den unterschiedlichen sozialen Situationen anzunehmen und auszufüllen hat. Nicht selten kommt es dabei zu einem sogenannten Rollenkonflikt, in dem die Erfüllung der Erwartungen einer Rolle mit den Anforderungen einer anderen Rolle in Widerspruch gerät beziehungsweise mit dieser unvereinbar ist. Im Gegensatz zu früheren Standes- oder Traditionsgesellschaften muss sich das Individuum in einer freiheitlichen Gesellschaft die eigenen Rollen weitgehend selbst wählen. Heute besteht die Option, Erwartungshaltungen der sozialen Umgebung zu ignorieren und sich nicht erwartungskonform beziehungsweise rollengerecht zu verhalten. Die Soziologie spricht in diesem Zusammenhang von der Enttraditionalisierung der Gesellschaft (z.B. Beck, 1997). Während in Vor-Formen der heutigen westlichen Gesellschaft der Stand, die Religion oder auch die Erfolgsaussichten des Lebens bereits durch die Geburt festgelegt waren, ist das heutige Individuum zu einer aktiven Gestaltung der eigenen Lebensrollen aufgefordert. Die sicherheitsgewährenden Überzeugungen der Gesellschaft wie Glauben, Klassenzugehörigkeit, Nationalität, ethnische Identität oder festgelegte Lebensstile erodieren und verlieren an Bindungskraft. Die Identitätsbildung erfolgt durch das Individuum selbst und nicht mehr durch die Rollen, in die man hineingeboren wird. Der Leistungsgedanke steht heute deutlich stärker im Mittelpunkt, nicht mehr die Herkunft. Jedes Individuum muss sich den eigenen Platz in der Gesellschaft erkämpfen.

Moderne Hochleistungsteams sind ein Spiegelbild der heutigen Gesellschaft. Nominelle Stärke auf dem Papier oder Erfolge der Vergangenheit bedeuten für ein einzelnes Teammitglied noch nicht automatisch eine hohe Akzeptanz in der Gruppe. Die Rollen und die damit verbundenen Erwartungen werden in Hochleistungsteams zu Beginn der Zusammenarbeit ausgehandelt. Je besser bei der Rollenverteilung die Stärken der jeweiligen Teammitglieder erkannt und berücksichtigt werden, desto stabiler erweist sich die Teamstruktur in der weiteren Zusammenarbeit.

In der Frühzeit der Industrialisierung bestanden die Arbeitsteams aus Individuen, die alle mit der gleichen Aufgabe betraut waren. Der Effizienzgewinn von Manufakturen und später Fabriken gegenüber früheren Arbeitsformen resultierte aus der Zerlegung der Gesamtaufgabe in Teilschritte, die von den jeweils zuständigen Spezialteams zeitsparend abgewickelt wurden. Die Rolle eines jeden Individuums war durch die Zugehörigkeit zu dem jeweiligen Spezialistenteam festgelegt. Die erwünschten Handlungsweisen, also die Rollenerwartungen an das Individuum, wurden von den erfahrenen Teammitgliedern an die nachrückenden Generationen tradiert. Es gab feste Normen. Davon abweichendes Verhalten wurde sanktioniert, eine individuelle Definition der eigenen Rolle war nicht erwünscht.

In heutigen Arbeitsteams sind die Aufgabenstellungen so komplex, dass es nicht effizient ist, alle Teammitglieder mit der gleichen Aufgabe zu betrauen. Ein Beispiel: In einer großen deutschen Bank erfolgt die Kreditsachbearbeitung gemäß der gesetzlichen Vorgaben durch eine vom Vertrieb getrennte Marktfolgeabteilung. Einer ersten Umstrukturierung zufolge erhoffte man sich einen

Effizienzgewinn durch die sogenannte ganzheitliche Bearbeitung der Kreditanträge: Alle Mitarbeiter bearbeiten fallabschließend alle Arten von Engagements. Es war anzunehmen, dass die Bearbeitungszeiten abnahmen durch die Reduktion von internen Schnittstellen und weniger Problemen bei der Überleitung von Aufgaben. Nach drei Jahren stellte man enttäuscht fest, dass nicht alle Kreditsachbearbeiter trotz ausgiebiger Fortbildungsmaßnahmen in die Lage versetzt werden konnten, die komplexeren Kreditengagements gleichermaßen schnell und fehlerfrei zu bearbeiten. Es bildeten sich in der Folge – entgegen der zentralen Vorgaben – zunächst innerhalb einiger Kleinteams besondere Zuständigkeiten heraus. Dann übernahmen die Gruppenleiter bei der Verteilung der Arbeit das Prinzip der besonderen Zuständigkeiten. Schließlich erhob die Bank die Idee zur Strategie: Die Arbeit solle nach der individuellen Leistungsfähigkeit der Mitarbeiter verteilt werden. Man verabschiede sich nicht von der Ambition, jeden Mitarbeiter individuell weiterzuentwickeln, es solle jedoch bei der Verteilung der Kreditengagements innerhalb eines Teams dafür Sorge getragen werden, dass die kompetentesten Mitarbeiter die schwierigsten Fälle bearbeiten, während sich die weniger kompetenten Mitarbeiter um eine zeiteffiziente Abarbeitung der Standardvorgänge kümmern. Diese Bank ist Zeuge geworden eines zunächst informellen, später institutionalisierten Prozesses der Rollenklärung innerhalb eines Teams.

Funktionalistische und sozial-interaktive Rollentheorie

Der Schlüsselbegriff der Rolle stammt ursprünglich aus dem Theater: Ein Schauspieler übernimmt einen fiktiven Charakter und interpretiert diesen eigenständig. Im Gegensatz zu der durch den Autor eines Bühnenstückes für alle Zeiten schriftlich festgelegten Skizze der Person *interpretiert* ein Schauspieler die Person. Ein Schauspieler betont ausgewählte Akzente der Person, bringt die eigene Persönlichkeit mit ein oder stellt den darzustellenden Charakter in einen besonderen historisch-kulturellen Zusammenhang. In diesem Sinne interpretiert ein Schauspieler die zugedachte Rolle eigenständig. Jeder Schauspieler kreiert aus der schriftlichen Vorgabe des Autors eine einzigartige, stets neue Rolle.

In der Soziologie und Anthropologie wird unter einer Rolle das Bündel an Erwartungen verstanden, das die soziale Umgebung an ein Individuum stellt. Durch unausgesprochenen Konsens werden bestimmte Verhaltensweisen als angemessen, andere als nicht angemessen definiert. Eine Rolle bezeichnet immer Handlungen und Verhaltensweisen und nicht den Status einer Person. Der Status von Jochen Schümann im Alinghi-Team ist beispielsweise der des

Sportdirektors, die damit verbundenen Verhaltenserwartungen entsprechen der Rolle.

Bei der Definition von Rollen lassen sich im Wesentlichen zwei Grundströmungen ausmachen. Der erste Ansatz betrachtet Rollen aus funktionalistischer Sicht, der zweite Ansatz stellt demgegenüber die soziale Interaktion der Rollenentstehung in den Vordergrund. In der funktionalistischen Rollentheorie werden die sozialen Zwänge bei der Ausbildung von Rollen betont. Es wird angenommen, dass die Rollen und die damit verbundenen Erwartungen weitgehend universell geteilt sind und eine nicht näher spezifizierte Gemeinschaft im Konsens über die Angemessenheit eines gezeigten Verhaltens mit der jeweils auszufüllenden Rolle entscheidet. In dem Konzept der funktionalistischen Theorie werden Rollen als weitgehend starr und unflexibel aufgefasst. Es wird zwar akzeptiert, dass ein Individuum je nach Umgebung unterschiedliche Rollen annehmen kann, der Idee der unterschiedlichen Interpretation einer Rolle durch den jeweiligen Akteur wird jedoch kaum Rechnung getragen. Wenn eine Rolle als eine von einer weitgehend homogenen Gemeinschaft vorgeschriebene Verhaltenserwartung verstanden wird, ist sie nicht mehr zu unterscheiden von einer Verhaltensnorm. Im Zusammenhang mit dem Versuch, die Erfolgsfaktoren von Hochleistungsteams zu beschreiben, ist die funktionalistische Rollentheorie wenig hilfreich, da sie die Unterschiedlichkeit der Performance von Teams nicht erklären kann. Eine klare Funktionsverteilung nehmen nahezu alle Teams vor, nicht selten verbunden mit einer zumindest informellen Festlegung der gewünschten Verhaltensweisen bei der Ausfüllung der zugewiesenen Teamrollen.

Die Rollentheorie der sozialen Interaktion fokussiert demgegenüber auf die Dynamiken einer Gruppe bei der Ausbildung von Rollen und die damit verbundenen Erwartungen. In diesem Konzept sind Rollen keine fixen, normativen Vorschriften der sozialen Umgebung, sondern gegenseitige Erwartungshaltungen, die sich durch ein kontinuierliches Aushandeln im engeren Team ergeben. Der Einfluss des Individuums bei der kreativen Ausgestaltung der eigenen Rolle wird besonders betont. In diesem Verständnis nehmen Individuen freiwillig Rollen an, die sie in ihrer Umgebung beobachten und imitieren. Sie betonen – ganz im theatralischen Sinn – bestimmte Aspekte der Rolle, typischerweise jene, die ihnen nahe liegen. Sie bringen ihre eigene Persönlichkeit und ihre individuellen Stärken mit ein. Durch einen Prozess der sozialen Interaktion testen sie die neue Interpretation der Rolle und sehen sich entweder bestätigt oder passen die eigene Rolle an.

In sozialen Umgebungen mit vielen individuellen Freiheitsgraden und hoher Ambiguität sind die eigenständige Interpretation einer Rolle und das kontinuierliche Aushandeln der eigenen Rolle sehr gut zu beobachten. Für traditionelle Gesellschaften mit vordefinierten Rollenerwartungen ist der funktionalistische Ansatz angemessener. Der Nachteil der funktionalistischen Rollentheorie ist darin zu sehen, dass der Einzelne die eigenen Stärken nicht variabel einbringen und ausleben kann. Für ein Team, das Höchstleistung erbringen möchte, ist es unabdingbar, dass jedes Teammitglied die eigenen Stärken optimal entfalten kann. Dementsprechend ist es für High-Performance-Teams von entscheidender Bedeutung, im Sinne der Rollentheorie der sozialen Interaktion Freiräume für das Aushandeln der individuellen Rollen zu schaffen und eine Querdurchlässigkeit zwischen Funktionen und Aufgabenbereichen gemäß der individuellen Stärken der Teammitglieder sicherzustellen.

Die Welt der Unternehmensberater kann beispielsweise als eine soziale Umgebung gelten, in der man eine starke Durchdringung einer Organisation mit aktuellen gesellschaftlichen Trends wie Individualisierung, Optionierung und Enttraditionalisierung erwarten kann. Tatsächlich weisen Unternehmensberatungen im Vergleich zu anderen Branchen eine hohe Fluktuation auf. Ein ungewöhnliches Gegenbeispiel erlebten wir in einer auf die Durchführung von Management-Trainings und Assessment-Center spezialisierten Abteilung einer internationalen Unternehmensberatung. Während die inhabergeführte Firma generell als recht konservativ, starr und hierarchisch strukturiert galt, gab es in einer Abteilung ein dynamisches Team, in dem die Rollen individuell ausgehandelt und interpretiert wurden. Die benötigten Kompetenzen für das Durchführen von Managementtrainings sind andere als für das Durchführen von Managementdiagnostik, wie beispielsweise Einzel-Assessment-Center oder Management-Audits für Top-Positionen. Grundsätzlich stand jedem Mitarbeiter der Abteilung offen, sich in beiden Produktbereichen zu engagieren. Tatsächlich bildeten sich aber Spezialisierungen gemäß der individuellen Stärken der Mitarbeiter heraus. Die eher extrovertierten, begeisterungsfähigen und mitteilungsbedürftigen Mitarbeiter entwickelten sich zu Managementtrainern, während sich die eher introvertierten, analytisch versierten Kollegen zu Spezialisten für Managementdiagnostik entwickelten. Eine Kollegin wechselte nach einigen Monaten in den Bereich der Unternehmenskommunikation, ein anderer Kollege wurde mit internen Themen der Unternehmensstrategie und Organisationsentwicklung betraut. Das Erfolgsrezept der Abteilung war die Offenheit für das eigenständige Interpretieren der eigenen Rollen gemäß der individuellen Stärken der Mitarbeiter und die Querdurchlässigkeit des Systems. Die Abteilung war nicht nur erfolgreicher als andere, sie wies auch trotz der internen Dynamik eine höhere Arbeitszufriedenheit und eine geringere Fluktuation auf.

Rollenklärung im Alinghi-Team

Im Alinghi-Team herrschte eine Kultur vor, in der jedes Teammitglied nicht nur die eigenen Stärken einbringen konnte, sondern musste. Durch die Stärkung der Eigenverantwortung jedes Einzelnen hatte kein Teammitglied die Gelegenheit, auf schwierige Rahmenbedingungen zu verweisen oder ein zu eng definiertes Rollenkorsett zu beklagen.

> »Wir haben darauf geachtet, dass wir ... Freiraum für die Entwicklung der Fähigkeiten jedes Einzelnen geben. Wir haben nach dem Motto geführt, hol die besten Leute ins Team und lass sie ihren Job tun.«
> Ernesto Bertarelli

Es gibt zahlreiche Beispiele dafür, wie sich die Teammitglieder des Alinghi-Teams eigenständig eingebracht haben und ihre individuellen Stärken in den Dienst der Teamaufgabe gestellt haben. Freiheiten dazu gab es genug, schließlich hatte man bewusst auf eine bürokratische Verschriftlichung der Teamfunktionen und Rollenerwartungen verzichtet.

> »Der Umzug und die ersten Trainings in Auckland haben gezeigt, dass wir ohne große Stellenbeschreibungen, Hierarchie und Bürokratie auskamen. Stattdessen tat jeder einfach das, was gerade nötig war.«
> Nick Masson (Chef Marketing Team Alinghi)

Eine Aufgabenbeschreibung gab es im Alinghi-Team nicht, also konnte sich auch niemand auf die typische Ausflucht eines Angestellten zurückziehen: »Das steht aber nicht in meiner Aufgabenbeschreibung!«. Hamish Ross, der Justiziar im Alinghi-Team, hatte beispielsweise schon immer die private Passion, die Historie des America's Cups zu rekonstruieren und zu dokumentieren. Er übernahm während der 2007er Titelverteidigung die Aufgabe, einen regelmäßigen Newsletter zu den historischen Hintergründen des jeweiligen Regattatages zu publizieren und unterstützte damit maßgeblich die PR-Aktivitäten des Teams. Segler, die sich handfest in das Logistikteam einbrachten, Marketing-Mitarbeiter, die sich um Fragen der Teamentwicklung und -kommunikation sorgten, oder die »Kiwis« im Team, die bei der Wohnungssuche in Auckland halfen: Fallbeispiele, in denen Teammitglieder ihre eigene Rolle im Team selbstständig suchten und eigenständig erweiterten, gibt es im Alinghi-Team reichlich.

Es galt im Alinghi-Team immer das Prinzip der Eigenverantwortung. Jeder war gefordert, sich die Aufgaben zu nehmen, für die man selbst am Besten geeignet war. Dabei wurde der Leistungsbeitrag des Einzelnen jedoch sehr kritisch vom gesamten Team beobachtet, so dass weniger nützliche Tätigkeiten durch die soziale Interaktion, genauer gesagt durch kritisches Feedback oder die ausbleibende Bestätigung für eine neue Interpretation der eigenen Rolle, systematisch reduziert wurden.

Die Einkaufsleiterin eines internationalen Pharmakonzerns sagte im Rahmen einer Diskussion über das Rollenverständnis im Alinghi-Team, dass sie es in mehr als dreißig Jahren ihrer Konzerntätigkeit nicht einmal erlebt habe, dass ein Mitarbeiter durch die Organisation »zurückgepfiffen« worden wäre, wenn er die eigene Rolle eigenständig weiter interpretiert hatte, sofern die Person die angestammten Aufgaben im Griff hatte und die zusätzlichen Schwerpunkte für das Team sinnvoll waren.

Schwarmintelligenz und selbstorganisierte Rollenverteilung

Die Herausbildung von einzelnen Rollen in Teams durch Interaktion mit der unmittelbaren Umgebung wurde bereits erfolgreich mit Robotern simuliert. Es gelingt, die Aufgabenallokation in einer selbstorganisierten Robotergruppe derart sicherzustellen, dass für einen Roboter die Wahrscheinlichkeit, eine spezifische Aufgabe zu übernehmen, höher ist, wenn der Einzelne in diesem Gebiet individuelle Stärken aufweist. Grundsätzlich identisch konstruierte Roboter weisen dennoch zwangsläufig leicht unterschiedliche Leistungsparameter auf, die sich wiederum auf die Wahrscheinlichkeit, höherwertige Aufgaben erfolgreich zu bewältigen, auswirken. Durch positives und negatives Feedback steigt oder sinkt die Wahrscheinlichkeit, sich weiter der höherwertigen Teamaufgabe zuzuwenden. Mit abnehmender Konkurrenz verstetigt sich die Aufgabenverteilung, die Teamrollen haben sich herausgebildet. Marco Dorigo (2004) untersucht mit seiner Brüsseler Arbeitsgruppe die Selbstorganisation von Gruppen anhand von eigenständig miteinander kooperierenden Robotern. Das Beeindruckende daran ist die Einfachheit der Regeln und Algorithmen, die benötigt werden, um eine gemäß der individuellen Stärken optimale Aufgabenverteilung in einer Robotergruppe sicherzustellen.

Eine ähnliche Erkenntnis konnte der Experte für dynamische Computergrafiken, Craig Reynolds (1987), bereits in den 1980er Jahren gewinnen. Er hatte den Auftrag, für Computerspiele und Spielfilme, wie beispielsweise Batman, den Flug von Vogelschwärmen zu simulieren. Er benötigte dazu lediglich drei Regeln: 1. Dränge Dich nicht eng an Deinen Nachbarn an, 2. Fliege in der Durchschnittsrichtung Deiner Nachbarn und 3. Bleibe in der Nähe der Nachbarn. Er konnte nachweisen, dass die Gruppe von Individuen ein intelligentes Verhalten zeigt, obwohl das einzelne Mitglied nach einfachsten Regeln und ohne Übersicht oder Verständnis für das Gesamte handelte. Für dieses Phänomen wird der Begriff der Schwarmintelligenz gebraucht. Durch Ausprobieren von verschiedenen Möglichkeiten finden beispielsweise Ameisen die beste von alternativen Vorgehensweise oder nehmen die Aufgabenverteilung zwischen Verteidigung, Stockbau und Nahrungsbeschaffung vor.

Der Autor James Surowiecki (2005) berichtet in seinem Buch über die »Weisheit der Vielen«, dass Gruppen dann klügere Ergebnisse als Einzelne erzielen, wenn alle unabhängig denken und es einen neutralen Entscheidungsmechanismus wie beispielsweise Abstimmungen oder Durchschnittsbildungen gibt. In Hochleistungsteams, in denen nominelle Stärke und Status keinen dominanten Einfluss auf die Entscheidung über die Rollenverteilung haben und sich jedes Teammitglied einzeln beweisen muss, herrschen Bedingungen vor, die zu klugen Gruppenergebnissen führen können. Durch die kreative Interpretation der eigenen Teamrolle und das Überprüfen der neuen Rollenauslegung anhand des Feedbacks der engeren Teamkollegen bilden sich in selbstorganisierten Gruppen Rollenverteilungen aus, bei denen die individuellen Stärken optimal zur Geltung kommen. Es kommt jedoch nur dann zu intelligenten Gruppenentscheidungen, wenn jedes einzelne Teammitglied eigenverantwortlich und verantwortungsbewusst handelt, nicht, wenn man nur die Teamkollegen imitiert und die vorherrschenden Rollenerwartungen kritiklos erfüllt.

Das DFB-Führungsteam und sein Rollenverständnis

Jürgen Klinsmann hat es gewagt, seine Führungsverantwortung mit einem Führungsteam zu teilen. Auf den ersten Blick büßt er durch diese Maßnahme an Führungsautorität und möglicherweise an Akzeptanz ein. Es steht zu befürchten, dass Entscheidungen schneller zu Stande kommen, wenn sie von einer Person alleine getroffen werden, als wenn dies in einem Führungsteam erfolgt. Dass es in der Ära Klinsmann nicht zu einer Verantwortungsdiffusion und Konfusion bei der Aufgabenerfüllung gekommen ist, liegt an der eindeutigen Klärung der Rollen, die jedes Mitglied des Führungsteams auszufüllen hatte. Klinsmann hat jedem im Führungsteam viel Verantwortung übertragen, im Vorfeld aber auch eine klare Rollenklärung herbeigeführt. Als beispielhaft kann die Abstimmung mit Oliver Bierhoff bei seiner Einstellung als neuer Teammanager gelten.

Kurz nach der Berufung von Jürgen Klinsmann zum neuen Bundestrainer wurde auf dessen ausdrücklichen Wunsch mit Oliver Bierhoff erstmals in der Geschichte des DFBs ein Teammanager berufen. Dieser zeichnet für sämtliche Dinge verantwortlich, welche nicht direkt mit dem sportlichen Bereich zu tun haben. Es war dem Führungsduo wichtig, hier von Beginn an eine klare Trennung zu schaffen. Der Teammanager sollte das Bindeglied zwischen dem Trainerstab, der Nationalmannschaft und den Bundesligavereinen sein. Darüber hinaus fungierte er als erste Ansprechperson für Sponsoren, Bundesliga-Trainer und Manager der Vereine. Vor der Zusage an den DFB hatte sich Bierhoff mit seinem ehemaligen Mitspieler und Nationalmannschaftskollegen Klinsmann, mit dem er 1996 auch Europameister geworden war, mehrere Stunden getroffen, um das Jobprofil und die Art der Zusammenarbeit genau zu definieren. Relativ schnell bemerkte man dabei, dass man ähnliche Vorstellungen von der Zukunft der Nationalmannschaft, der Teamphilosophie und dem Weg zur WM hatte.

> »Wir haben uns an einem Wochenende im Juli 2004 relativ lange über die Zukunft der Nationalmannschaft und unsere Rollen im DFB-Team unterhalten. Wir haben uns bei diesem Gespräch darauf geeinigt, dass ich mich in Jürgens Arbeit nicht einmischen werde, sondern mich um die Unterstützung der Spieler, die Sponsoren und die Bundesligavereine kümmern werde.«
> Oliver Bierhoff

> »Oliver war während der gesamten WM-Zeit sicherlich einer meiner wichtigsten Mitstreiter. Ich hatte ihn dem DFB als Teammanager vorgeschlagen, weil ich unbedingt jemanden an der Seite haben wollte, dem ich zu tausend Prozent vertraue, und mit dem ich mich blind verstehe.«
> Jürgen Klinsmann

Das Führungsteam um Klinsmann hat eine klare Rollenverteilung gehabt. Es ist ein positives Beispiel dafür, wie durch einen systematischen Klärungsprozess zu Beginn der Zusammenarbeit die Erwartungen an die Beteiligten und die von ihnen jeweils auszufüllende Rolle explizit gemacht wurden. Im Gegensatz zu einer offeneren Struktur, wie beispielsweise im Alinghi-Team, nahm sich das Klinsmann-Team nicht die Zeit, sich einer selbstorganisierten Aufgabenallokation beziehungsweise einer interaktiven Rollenklärung zu überlassen. Angesichts der klaren Vorstellungen der Verantwortlichen war die explizite, funktionalistische Rollenklärung auch erfolgreich. Man kannte sich über Jahre hinweg und war sich über die individuellen Stärken der Kollegen im Führungsteam im Klaren. Das erleichterte und verkürzte den Prozess der Rollenklärung. Im Verlauf der Zusammenarbeit wurden die Rollen dann lediglich punktuell angepasst. Allerdings waren auch im DFB-Führungsteam über die Dauer der Zusammenarbeit eine eigenständige Interpretation und Erweiterung der angestammten Rollen zu beobachten. Die Teammitglieder strebten danach, ihre eigenen Stärken einzubringen. Jürgen Klinsmann gewährte seinen Teamkollegen hierfür die notwendigen Freiheiten.

»Wir Deutschen sind es gewohnt, nach Perfektion zu streben. Perfektion bedeutet Null-Fehler-Toleranz, also stürzen wir uns typischerweise auf die individuellen Schwächen eines Spielers und versuchen, diese auszumerzen. Viel Erfolg versprechender ist es aber, die individuellen Stärken richtig zur Geltung zu bringen und zu klären, welche Rolle der Einzelne im Team übernehmen soll. Wir haben bei jedem Spieler die Stärken gestärkt.«
Horst Heldt (Teammanager vom VfB Stuttgart, Meister der Fußball-Bundesliga 2007)

»Jürgen Klinsmann kommunizierte mit seiner Mannschaft handlungsorientiert, nicht defizitorientiert. Die Spieler wurden dabei hinreichend mit den eigenen Schwächen konfrontiert, aber intern und mit Blick auf Verbesserungsmöglichkeiten. Primär wurden aber die Qualitäten der eigenen Mannschaft herausgestellt. Das machte die Spieler stärker und verlieh ihnen Selbstvertrauen.«
Dr. Hans-Dieter Hermann (Sportpsychologe für das DFB-Team seit 2004)

Aushandeln einer Hierarchie

Bei unseren Untersuchungen und Begleitbesuchen in High-Performance-Teams waren wir jedes Mal aufs Neue überrascht über die scheinbare Gleichberechtigung der Teammitglieder. Der erste Eindruck war stets so, dass man das Gefühl hatte, dass es überhaupt keine Hierarchie innerhalb des Teams gibt. Jeder ist potenziell ersetzbar, das Einzige, das zählt, ist das Team. Die offene, wertschätzende und freundschaftliche Kommunikation trägt maßgeblich zu diesem ersten Eindruck bei.

Je länger wir jedoch die Gelegenheit hatten, die Teams bei ihrer Arbeit zu begleiten, desto sichtbarer wurden die Strukturen im Team und die interne Hierarchie. Die von uns untersuchten High-Performance-Teams zeichneten sich alle durch eine klare Teamstruktur aus. Dass die Führungskräfte es in der alltäglichen Kommunikation nicht nötig hatten, ihre erhöhte Position zu betonen, zeigt ihre Souveränität und Selbstsicherheit. Brad Butterworth, der vermutlich beste Taktiker in der gesamten America's Cup Rennserie, drückte dieses Führungsphänomen uns gegenüber mit seiner direkten Art ganz unverblümt aus.

»Bemerkenswert in unserem Team war sicherlich, dass wir sehr gut harmonierten. Keiner der Stars profilierte sich auf Kosten der anderen, und die einzelnen Teammitglieder sahen die Kampagne nicht als Möglichkeit zur Förderung der individuellen Reputation. Es gab kein bullshitting, wo der eine dem anderen noch etwas vormachen wollte. Und es gab keine Neid-Situation unter den Führungskräften. Niemand hatte es aufgrund vergangener Erfolge nötig, das eigene Ego heraushängen zu lassen.«
Brad Butterworth (Taktiker im Team Alinghi)

Die Tatsache, dass die Führungskräfte ihre Rolle in der täglichen Zusammenarbeit nicht zusätzlich betonten, heißt nicht, dass sie gleichberechtigt neben den anderen Teammitgliedern standen. Vielmehr waren sie sich sehr wohl ihrer übergeordneten Verantwortung bewusst und nahmen die damit verbundenen Rollenerwartungen selbstbewusst an.

Führung als vertikale soziale Beziehung

Führung ist zunächst einmal nichts anderes als eine soziale Beziehung zwischen einer Führungskraft und einem Mitarbeiter. Im Gegensatz zu anderen Formen von sozialen Beziehungen wie beispielsweise Freundschaft, Lebensgemeinschaft oder Nachbarschaft zeichnet sich ein Führungsverhältnis durch Hierarchie aus. Natürlich kann sich auch im Verlauf einer Ehe eine Hierarchie zwischen den Partnern herausbilden. Beim sozialen Verhältnis zwischen Führungskraft und Mitarbeiter ist diese Hierarchie allerdings integraler Bestandteil. Der vertikale Charakter der sozialen Beziehung ist Wesenzug, manche sagen auch Definitionsbestandteil von Führung. Die Vertikalität in der Beziehung ist das zentrale Unterscheidungsmerkmal der sozialen Beziehung Führung zu anderen Beziehungsformen. Die Vertikalität der Beziehung hat Bestand, unabhängig davon, wie partnerschaftlich und kooperativ sich die Führungskraft gibt: Die Beziehung zwischen Führungskraft und Mitarbeiter ist per definitionem durch Hierarchie gekennzeichnet.

Führungskräfte, die aus dem Status des Kollegen heraus in die Führungsverantwortung der gleichen Gruppe gelangen, in der sie vorher als Mitarbeiter gewirkt haben, wundern sich bisweilen, dass ihnen die ehemaligen Kollegen nicht mehr alles erzählen. Ohne dass sich die Führungskräfte gegenüber ihren ehemaligen Kollegen anders verhalten würden, hat sich die soziale Beziehung verändert. Dies liegt an dem Wesenzug von Führung, dass es sich um eine soziale Beziehung handelt, die sich durch Vertikalität auszeichnet.

Im Arbeitsalltag muss sich die Hierarchie zwischen Führungskraft und Mitarbeiter nicht unbedingt zeigen. Ganz im Gegenteil: Gute Führungskräfte sind selbstbewusst genug, den Mitarbeitern Gelegenheit zur Einflussnahme, zur eigenen Positionierung und zum verantwortungsvollen Mitwirken einzuräumen. Es gibt aber einige kritische Situationen, in denen Führungskräfte ihrer besonderen Rolle gerecht werden müssen. Im Führungsalltag sind beispielsweise Beurteilungsgespräche oder Gehaltsverhandlungen Situationen, in denen die Hierarchie in der sozialen Beziehung zwischen Führungskraft und Mitarbeiter deutlich wird. Im Endeffekt kommt es der einen Partei zu, Bestimmung über die andere auszuüben.

Wenn man dem Gedanken folgt, dass Führung eine soziale Beziehung ist, die sich durch Vertikalität auszeichnet, und in der eine Partei über die andere aufgrund andersgelagerter Rollenerwartungen Bestimmung ausübt und Entscheidungen trifft, dann können sich Führungskräfte für ihre Mitarbeiter öffnen. Sie müssen ihren Status nicht bei jeder Gelegenheit demonstrieren, da die Vertikalität ohnehin integraler Bestandteil ihrer Beziehung zu den Mitarbeitern ist. Aus dieser Position der vordefinierten Stärke heraus können es sich die Führungskräfte leisten, großzügig zu sein, Freiheiten einzuräumen, ihren Mitarbeitern zuzuhören und diese im Vorfeld von Entscheidungen nach ihrer Meinung zu fragen. Die Entscheidung trifft letztendlich die Führungskraft. Das ist aufgrund der Rollenklärung ohnehin klar. Aber die Mitarbeiter haben die Chance, ihre Führungskraft umzustimmen und Einfluss zu nehmen. Tatsächlich erreichen Führungskräfte, die souverän genug sind, ihren Status nicht permanent durch Imponiergehabe, oder, wie es Butterworth ausdrückte, »Bullshitting«, zu untermauern, eine höhere Akzeptanz in der Gruppe.

Stabilität als Voraussetzung von Höchstleistung

Teams, in denen die Teamhierarchie nicht permanent in Frage gestellt wird, erreichen einen Zustand, den manche als »Harmonie« beschreiben. Aus unserer Sicht ist maßgeblich, dass keine Energien auf interne Streitigkeiten, Eitelkeiten und Konkurrenzkämpfe vergeudet werden. Ob dies zu einem Zustand der Harmonie führen muss, ist zweitrangig. Wesentlich ist, dass es für die in jedem Team vorhandenen Gegensätze Spielregeln und Vereinbarungen gibt, wie mit den potenziellen Konfliktfeldern umzugehen ist. Wir werden im nächsten Kapitel detaillierter auf die Bedeutung von Teamregeln eingehen.

An dieser Stelle ist wichtig festzuhalten, dass sich High-Performance-Teams nicht durch Harmonie auszeichnen müssen, sondern durch Frieden. Wie Paschen und Dihsmaier (2004) richtig herausarbeiten, ist ein harmonischer Zustand gekennzeichnet durch eine Auflösung aller Gegensätze. Für die betriebliche Übung ist es ausreichend, eine Umgangsform für die internen Gegensätze zu entwickeln, mit anderen Worten eine Friedensvereinbarung zum Umgang mit Unterschieden und Widersprüchen in der Arbeitsgruppe zu treffen. Harmonie muss nicht sein. Hans-Dieter Hermann, der Sportpsychologe im Klinsmann-Team bei der Weltmeisterschaft 2006, grenzt sich sogar bewusst von dem Konstrukt der Harmonie ab, wenn er deutlich macht, dass es bei der Zusammenstellung des WM-Kaders nicht auf Harmonie ankam, sondern auf die Frage, ob jeder einzelne Spieler seiner zugedachten Rolle im Team gerecht werden kann. Es geht also um ein Ineinandergreifen der Einzelbausteine des Teams, nicht um einen Zielzustand der Harmonie. Es reicht für Höchstleistung aus, einen friedlichen, professionellen Umgang miteinander zu pflegen, ein Überkommen aller Gegensätze zwischen den Beteiligten ist nicht notwendig.

Der Primatenforscher de Waal (2005) stellt fest, dass eine Vorbedingung von harmonischem Miteinander eine ausgehandelte Hierarchie ist. Wenn die Struktur in einer Gruppe von Menschenaffen geklärt und von allen akzeptiert ist, kann sich die Gruppe mit voller Aufmerksamkeit und Energie den wesentlichen Aufgaben wie Nahrungsbeschaffung oder Verteidigung des Territoriums widmen. Andernfalls bricht schnell Chaos und Orientierungslosigkeit bis hin zur Handlungsparalyse aus. Eine besondere Effizienz bescheinigt de Waal dabei den Bonobos, die im Gegensatz zu Schimpansen eine matriarchalische Führungsstruktur haben. Bei Schimpansen muss das sogenannte Alpha-Männchen permanent auf der Hut sein, ob sich in der Gruppe der heranwachsenden Männchen nicht ein den eigenen Status gefährdender Herausforderer herausbildet. Dementsprechend sieht man die hierarchisch hochgestellten Männchen auch häufig »auf den Busch klopfen«. Aus Sicht von High-Performance-Teams werden durch derlei Machtspiele innerhalb des Teams zu viele Energien von der eigentlichen Teamaufgabe abgezogen. Die Führer von Hochleistungsteams haben es nicht nötig, ihren Status zu verdeutlichen. In High-Performance-Teams herrschen klare Strukturen vor, die nicht permanent in Frage gestellt werden.

Aber wie entsteht eine stabile Teamstruktur mit einer Führungsebene, die so viel Akzeptanz erfährt, dass sie es sich leisten kann, andere neben sich groß werden zu lassen und mit in die Verantwortung einzubeziehen? Sicherlich nicht per Anweisung oder Verordnung. Ambitionierte Teams sind im Hinblick auf Teamhierarchien brutal. Jeder, der schon einmal versucht hat, in einem Spitzenteam mit Schulterklappendenken einen Status zu untermauern, wird nur Hohn und Spott geerntet haben. Was zählt, ist aktuelle Leistung und nicht ein aufgrund vergangener Erfolge erreichter Status. Entscheidend ist der Leistungsbeitrag des Einzelnen zum Teamerfolg.

> »Bei uns gab es das Prinzip des Besten auf jeder Position – und das galt auch für mich. Bei den anderen Seglern verschaffen Dir nicht Deine Titel Anerkennung, sondern nur Deine Fähigkeiten und Deine Leistung im Team.«
> Ernesto Bertarelli

Teammitglieder haben ein sehr gutes Gespür dafür, ob ein Einzelner das Team voranbringt oder eher behindert. Durch Gruppendruck und Interaktion werden in Hochleistungsteams Führungsautoritäten geschaffen oder auch zerstört. Zu Beginn der Zusammenarbeit, beispielsweise in Projektteams, werden die Karten neu gemischt. Nach einigen Wochen kristallisiert sich dann eine Teamhierarchie heraus, die im Regelfall bis zum Ende der Projektarbeit konstant bleibt. Trifft das Projektteam beim Aushandeln der Hierarchie die richtigen Entscheidungen, kann sich das Team auf die eigentliche Aufgabe konzentrieren. Es werden keine Energien mehr für interne Hierarchiediskussionen vergeudet.

Im **Sauber Formel 1 Team** hatte man im Jahr 1998 mit Jean Alesi erstmalig einen namhaften Star als Fahrer engagiert. Aus den vorangegangenen Erfolgen leitete Alesi den Status des ersten Fahrers ab und forderte, wie oben bereits detaillierter beschrieben, von seinem Team eine bevorzugte Behandlung gegenüber dem Fahrerkollegen Herbert. Symptomatisch war dabei das Heimrennen des Briten Herbert beim Großen Preis von Großbritannien. Herbert musste seine bis dahin schnellste Trainingsrunde im Qualifying abbrechen, um Alesi freie Bahn zu verschaffen. Im Rennen selbst musste Herbert Alesi passieren lassen, obwohl dieser dadurch keine renntaktischen Vorteile ziehen konnte. Die vorgegebene Dominanz von Alesi im Team ließ sich auf der Basis der besseren Erfolge in den vorangegangenen Jahren erklären. Im Team selbst zählte jedoch nur der aktuelle Leistungsbeitrag. Alesi erreichte zu keinem Zeitpunkt die gleiche Akzeptanz im Team wie Johnny Herbert. Hierarchie und Status lassen sich in einem High-Performance-Team nicht verordnen, sie ergeben sich durch soziale Bestätigung im Zuge von Leistungsbeiträgen zum Teamerfolg.

Subtile Signale und Hierarchieklärung

Unter dem Schlagwort der nonverbalen Verhaltensforschung werden Forschungsbemühungen zusammengefasst, welche die Auswirkungen der nicht gesprochenen Kommunikationssignale auf das Zusammenleben von Menschen untersuchen. Besonders interessante Erkenntnisse liefert dabei der Forschungsansatz, über die Analyse der unterschiedlichen Frequenzen der menschlichen Stimme Rückschlüsse auf den sozialen Status und die Hierarchie der Beteiligten zu ziehen. Die Forscher Gregory und Gallagher (2002) haben beispielsweise anhand einer Spektralanalyse im Niedrigfrequenzbereich unter 0,5 kHz die Stimmen von US-Präsidentschaftskandidaten in 19 Fernsehdebatten untersucht. Sie fanden einen hohen Zusammenhang zwischen der von Zuschauern wahrgenommenen sozialen Dominanz der Kandidaten und dem Kommunikationsmuster in dem untersuchten Niedrigfrequenzbereich. Sie kommen zu dem Schluss, dass entscheidende Informationen über die soziale Hierarchie auf subtilen, kaum wahrnehmbaren Sprachfrequenzen kommuniziert werden. Anhand der Ergebnisse der Frequenzanalyse konnten sie die Popularitätswerte der Kandidaten in allen acht untersuchten Wahlkämpfen akkurat vorhersagen.

Bereits zuvor hatten Gregory und Webster (1996) bei der Analyse von Talk-Show-Interviews herausgefunden, dass sich Gesprächspartner in ihren individuellen Sprachmustern im Frequenzbereich unterhalb von 0,5 kHz im Verlauf einer Interaktion annähern. Dabei passt sich jedoch immer der sozial niedrigere Gesprächspartner dem sozial höheren an. Eine moderierende Rolle kommt dem Selbstbewusstsein der Gesprächspartner zu (Brockner et al. 1998). Es ist bekannt, dass selbstbewusste Personen mehr Vertrauen haben, Einfluss auf Gruppenentscheidungen nehmen zu können. Kommen ein hohes Selbstbewusstsein und ein sozial dominantes Frequenzmuster in der Sprache zusammen, sind der Einfluss auf Gruppen und auf den wahrgenommenen sozialen Status am höchsten.

Es ist jedoch nicht notwendig, eine Spektralanalyse der Sprache vorzunehmen, um zu erkennen, dass Hierarchien maßgeblich über non-verbale Signale ausgehandelt und sichtbar werden. Es reicht aus, die Körpersprache von Personen zu beobachten, die sich erstmals begegnen oder gerade gegenseitig vorgestellt werden. Die Personen mit dem größten Selbstvertrauen unterbrechen andere häufiger, nehmen sich mehr Redeanteile, stellen ihre Meinungen absolut und ungefragt in den Raum, sprechen mit lauterer Stimme und erwarten, dass man ihnen Aufmerksamkeit und Gehör schenkt, auch wenn man einmal leise spricht, versucht, witzig zu sein oder sich einen längeren Monolog gönnt. Die Hierarchie wird innerhalb der ersten Augenblicke geklärt. Sozial höher gestellte Personen ernten mehr Blickkontakt, werden seltener unterbrochen und häufiger um ihre Meinung gebeten. Treffen zwei große Egos aufeinander, fühlt man sich schnell an zwei Hirsche auf der Lichtung erinnert. Es wird gerangelt und gekämpft, bis die Hierarchie ausgehandelt ist. Anschließend sind die Spannungen bis auf Weiteres beigelegt: Es wurde geklärt, wer der Platzhirsch ist.

Die Bedeutung von non-verbalen Signalen für die Teamhierarchie und die damit verbundene Entscheidungsfindung ließ sich für uns gut im **Alinghi-Team** studieren. Auf einem Boot der America's Cup Klasse kommt der sogenannten Afterguard entscheidende Bedeutung zu. Die Afterguard ist das Entscheidungszentrum einer jeden America's Cup Yacht. Hier analysieren fünf Segler ständig das Renngeschehen, die Wetterverhältnisse und die eigene Position. Auf Grundlage dieser Analysen fällen sie manchmal in Bruchteilen einer Sekunde ihre Entscheidungen für die weiteren Maßnahmen an Bord, welche dann die Grinder und Trimmer umsetzen. Dabei sind die Rollen klar verteilt. Der Steuermann Russell Coutts ist für den Start, die Bootsgeschwindigkeit und für Tonnenrundungen zuständig. Er nimmt in erster Linie Informationen auf und verdichtet diese zu den Entscheidungen. Der Navigator Ernesto Bertarelli beschafft per Computer die relevanten Daten und informiert, wo man sich auf dem Kurs befindet. Brad Butterworth, der Taktiker, kümmert sich um die Boot-zu-Boot-Entscheidungen, die sogenannten Match-Race-Manöver. Und der Stratege Jochen Schümann ist gemeinsam mit dem Mastmann Murray Jones für die Großraumtaktik zuständig. So fokussiert sich jeder auf einen bestimmten Teil der Unmengen an teilweise auch widersprüchlichen Informationen. Es ist entscheidend, dass die Afterguard behutsam mit ihren Informationen umgeht. Sobald der Steuermann zu viele Inputs bekommt, verschlechtert sich sein Reaktionsvermögen am Steuerrad.

> »Die wichtigen strategischen und taktischen Entscheidungen werden bei uns in der Afterguard diskutiert und abgewogen. Gemeinsam entscheiden wir auf der Grundlage dieser Informationen im Konsens. Ausnahmen gibt es nur in Sondersituationen, wie z.B. bei Ausweichmanövern, die eine Abstimmung nicht zulassen. Vieles geht dabei auch nonverbal. Wenn ich meine, dass wir gleich unbedingt wenden müssen, dann geht das auch manchmal über einfachen Blickkontakt mit Brad oder Russell.«
> Jochen Schümann

Die Afterguard des Alinghi-Teams war mit herausragenden Persönlichkeiten besetzt, die alle über ein hohes Maß an Selbstvertrauen verfügten. Sie hielten sich mit Informationen und Meinungsbekundungen zurück, wenn sie sich einer Sache nicht sicher waren. In unsicheren Situationen kristallisierte sich aber stets eine Person heraus, die aufgrund der eigenen Informationslage besonders konfident war, die richtige Entscheidung zu kennen. Diese Person verschaffte sich durch eine festere und entschlossenere Stimme Gehör bei den anderen Afterguards und konnte entsprechend viel Einfluss auf die Entscheidungsfindung nehmen. Anders als in anderen Teams, war die Afterguard im Alinghi-Team durch Gleichberechtigung gekennzeichnet, die sich nicht zuletzt durch die hochkarätige Besetzung aller Position in der Afterguard ergab.

In anderen Kampagnen herrschte in der Entscheidungsfindung ein sogenanntes Schlüssellochmanagement vor. Hier behielt sich der Steuermann stets die finale Entscheidung vor, was auf den ersten Blick zeiteffizienter erscheint, als wenn eine 5-köpfige Afterguard im Konsens entscheidet. Im Hochgeschwindigkeits-Segelsport kann eine um wenige Sekunden verspätet getroffene Entscheidung über Sieg oder Niederlage bestimmen. Der Vorteil einer gleichberechtigten Führungscrew zeigt sich in ambivalenten, kritischen Entscheidungssituationen. In Krisensituationen prasseln zu viele, zum großen Teil auch widersprüchliche Informationen auf den Steuermann ein, so dass eine rationale Bewertung der Situation und daraus abgeleitet eine richtige Entscheidung nur bedingt möglich sind. Die Stärke der Alinghi Afterguard zeigte sich gerade in den schwierigen

Phasen der Rennen. In manchen Rennen hatten die Konkurrenten vom Start weg einen deutlichen Vorsprung, in anderen gab es mehrfache Wechsel an der Spitze, doch in allen Fällen triumphierte am Ende die Alinghi. Maßgeblich war dabei die Entscheidungsfindung in der Afterguard, in der das durch subtile non-verbale Signale ausgedrückte Selbstvertrauen der Beteiligten in den kritischen Situationen geholfen hat, die richtigen Entscheidungen zu finden.

Das für die betriebliche Praxis Erstaunliche an dem Entscheidungsverhalten der Afterguard des Alinghi-Teams ist die zeitliche Effizienz der Entscheidungsfindung, obwohl vier bis fünf Personen nahezu gleichanteilig daran beteiligt sind. Intuitiv würde man erwarten, dass strenge Hierarchien mit einzelnen Entscheidern an der Spitze schneller agieren können. Im Regelfall kommt tatsächlich auch nur ein sehr gut harmonierendes Führungsteam an die Entscheidungsgeschwindigkeit einer Einzelperson heran. Der entscheidende und letztendlich erfolgskritische Vorteil einer Entscheidungsfindung im Team wird aber im Krisenfall sichtbar. Eine Einzelperson ist mit der Vielfalt der verfügbaren Informationen im Krisenfall schnell überfordert und mag dann zwar vielleicht noch zu schnellen, aber vermutlich nicht mehr zu qualitativ optimalen Entscheidungen gelangen. Das Alinghi-Team hat die Entscheidungsmechanismen der Afterguard auf das gesamte Team einschließlich der On-Shore-Crew übertragen. Voraussetzung für das Funktionieren einer Entscheidungsfindung unter Einbezug mehrerer Schlüsselpersonen ist eine ausgewogene personelle Besetzung. Diese wiederum ist maßgeblich von der Rekrutierung und später von der kontinuierlichen Entwicklung und Ermächtigung der Entscheider im Team abhängig.

Das Team festigen

Der Amerikanische Psychologe Bruce W. Tuckman veröffentlichte 1965 einen kurzen Artikel, der bis heute maßgeblich die Diskussion zur Teamentwicklung und Teambildung beeinflusst. Tuckman (1965) hat sich 50 Studien zur Entwicklung unterschiedlicher Teams angeschaut und kam zu dem Schluss, dass der Entwicklungsprozess von Gruppen stets vier Phasen in feststehender Abfolge durchläuft. Nach Meinung Tuckmans ist ein Überspringen einer Entwicklungsstufe nicht möglich, sie kann lediglich durch gezielte Steuerung eines Moderators oder Teamführers beschleunigt werden. Die vier Stufen der Teamentwicklung sind nach Tuckman:

- **Forming**: Die initiale Stufe wird auch die höfliche Stufe genannt. Die Teammitglieder lernen sich und ihre Aufgabe kennen. Man führt klärende, aber abstrakte Diskussionen über den Teamzweck, mögliche Rollen und Missionen. Potenzielle informelle Führer bringen sich in Position, man begegnet sich aber höflich und respektvoll. Bislang ist noch niemand beleidigt oder zurückgesetzt worden.
- **Storming**: Diese Entwicklungsphase von Gruppen lässt sich gut charakterisieren mit der Überschrift: Der Honeymoon ist vorüber. Die bislang stillen, informellen Führer stoßen offen aufeinander, um ihre Führungsrolle zu bestätigen und ihren Einfluss auf den Fortgang der Teamarbeit zu sichern. Es werden erste Zweifel an der Sinnhaftigkeit oder Umsetzbarkeit der Teamaufgabe geäußert. Es bilden sich Lager. Die Stimmungslage ist durch Einwände, Gegenargumente und Verteidigungspositionen gekennzeichnet. Wenig Energie wird auf die Bewältigung der Teamaufgabe verwendet.
- **Norming**: Die Widerstände werden überwunden, es bilden sich Gefühle von Stolz, Gruppenzusammenhalt und Teamspirit. Bisweilen kann es zu Rückfällen in die Storming-Phase kommen, mit wachsender Teamreife gelingt der Schritt zurück in die Norming-Phase jedoch zunehmend schneller. Die Rollen sind klar, die Teamhierarchie ist ausgehandelt und die Führer etabliert. Die Führer müssen nicht die gleichen sein wie in den vorangegangenen Stufen. Das Team teilt gemeinsame Werte und hat sich verbindliche Spielregeln gegeben.
- **Performing**: Teams in der Performing-Stufe können Höchstleistung erbringen. Sie nehmen sich neue Aufgaben und bewältigen diese mit Leichtigkeit. Neue Teammitglieder können ohne Probleme integriert werden. Eine Regression in die Storming-Phase ist selten. Kritik wird konstruktiv geäußert, Probleme werden nach eingespielten Regeln gelöst.

Gemeinsame Arbeit als Mittel zur Teamfindung bei Alinghi

Die von Tuckman beschriebenen Phasen der Teamentwicklung lassen sich auch in den von uns untersuchten High-Performance-Teams wiederfinden. Das **Alinghi-Team** hat beispielsweise zwei Jahre benötigt, ehe der Teamzusammenhalt so groß war, dass man in der Performing-Phase über einen längeren Zeitraum hinweg erfolgreich arbeiten und Krisen gemeinsam meistern konnte. Das neu gegründete Team bestand aus erfahrenen Segellegenden und Cup-Neulingen, aus Sportlern, Ingenieuren und Managern, war international besetzt und wies vom Jüngsten zum Ältesten eine große Altersspanne auf. Entscheidend für die Teamfindung war im Alinghi-Team die persönliche Nähe der Beteiligten nach dem Umzug nach Auckland und die Zeit, die sie bei der

gemeinsamen Arbeit miteinander verbracht haben. Aus der Sicht von Sportdirektor Schümann kommt der gemeinsamen Arbeit mit den Teamkollegen
ein größerer Stellenwert bei der Teamfindung zu als geplanten Events oder
künstlich geschaffenen Anlässen zur Teambildung.

> »Wir hatten bewusst auf große Teambildungs-Events wie Schluchten überqueren
> oder Ähnliches verzichtet. Stattdessen haben wir uns auf die wörtliche Bedeutung
> der Teamarbeit, nämlich das gemeinsame Arbeiten, konzentriert.«
> Jochen Schümann

Im Alinghi-Team arbeitete man in den ersten Monaten an vier unterschiedlichen Standorten. Was für ein international zusammengesetztes Team erst
einmal normal ist, erwies sich im Sinne der Festigung des Teams als wenig
hilfreich. Erst mit dem Umzug in die neue gemeinsame Homebase in Auckland
war auch die räumliche Nähe gegeben, die für die Überwindung der typischen
Probleme in der Storming-Phase notwendig ist. Bezeichnenderweise ließ man
es den Teammitgliedern offen, wo sie Quartier beziehen wollten. Jeder erhielt
einen Wohnkostenzuschuss. Einige Teammitglieder fanden sich freiwillig zu
Wohngemeinschaften zusammen, andere fanden individuelle Lösungen. In
keinem Fall erfolgte eine zwangsweise Zusammenführung der Teammitglieder. Vielmehr ließ man sich bewusst viele individuelle Freiheiten. Die Teammitglieder waren erfahren, senior und reif genug; eine erzwungene Teambildung durch Kasernierung wäre allen Beteiligten zuwider gewesen, zumal die
gemeinsame Zeit in Neuseeland auf 18 Monate angelegt war.

Das Zusammenwachsen des Teams ergab sich im Alinghi-Team automatisch
durch die gemeinsame Arbeit. Ein Symbol für die Integration der Segler und
der sogenannten On-Shore-Crew war die Öffnung der Trainingseinheiten im
Gym für die Nicht-Segler. An jedem Morgen um 6.30 Uhr trainierten einige
Teammitglieder der internen Abteilungen zusammen mit dem gesamten Segelteam unter Anleitung des Fitnesscoachs. Ein anderes Beispiel für die gemeinsame Arbeit ist die Mithilfe der On-Shore-Crew bei der Sicherung und beim
Abtakeln des Bootes nach den Trainingseinheiten. Lief das Boot in den Hafen
ein, wurde eine Glocke an der Homebase geläutet, die alle Teammitglieder
einlud, beim Anlegen und Abbau des Bootes am Steg mitzumachen. Institutionalisierte Team-Zeremonien bei der täglichen Arbeit sind für das Entwickeln
eines Zusammengehörigkeitsgefühls sehr wichtig.

Teambildung unter Klinsmann: »Die Kiste geht los!«

In den Wochen nach der Nominierung des endgültigen Kaders begann in der **Deutschen Fußball-Nationalmannschaft** die finale Vorbereitung auf das Weltmeisterschaftsturnier 2006. Klinsmann und seinem Führungsteam war es dabei gelungen, innerhalb weniger Wochen ein festes Team zu etablieren. Der Teamfindungsprozess war gekennzeichnet durch ähnliche Merkmale wie im Alinghi-Team: Herstellen räumlicher Nähe unter Vermeidung eines Kasernierungszwangs oder Lagerkollers, gemeinsames Arbeiten, institutionalisierte Orte der Begegnung und Kommunikation sowie wiederkehrende Teamriten.

Schon einen Tag nach der Nominierung des Kaders flog die deutsche Nationalmannschaft zu einem fünftägigen Regenerationslehrgang nach Sardinien und anschließend ins Trainingslager nach Genf. In Sardinien erlaubte man den Spielern, dass sie Lebensgefährtinnen, Frauen und sogar Kinder mitbringen konnten. Es sollten in entspannter Atmosphäre in einer 5*-Hotelanlage gleichsam Regeneration und Aufbautraining geleistet werden, bevor es anschließend in Genf mit konsequentem Training und Fitnesseinheiten richtig zur Sache gehen sollte.

> »Früher, als Jürgen und ich noch Nationalspieler waren, wurden wir oft wochenlang vor einer WM in irgendwelchen Sportschulen einkaserniert. Das hatte zur Folge, dass sich schnell ein Lagerkoller breit machte und nachts immer wieder Spieler ausbüchsten. Dem wollten wir begegnen, indem wir den Spielern soviel Freiraum wie möglich gewährten. Zusätzlich entschieden wir uns auch für Trainingslager an zwei verschiedenen Orten, um einen Tapetenwechsel und Abwechslung für die Spieler zu ermöglichen.«
> Oliver Bierhoff

In Sardinien und Genf wurden mit unterschiedlicher Gewichtung Fitness, Standardsituationen, das Spiel ohne Ball und Taktik trainiert. Immer wieder ging man unterschiedliche Konstellationen und Szenarien eines Matches mit den Spielern durch und probte mögliche Reaktionen und taktische Verhaltensweisen des Teams. Gleichzeitig bereitete man die Mannschaft auch mental auf das vor, was sie bei der Weltmeisterschaft erwarten würde: Einerseits auf den Hype, den die Fans und die Medien auslösen würden, andererseits auf den Druck, welcher in gewissen Spielsituationen wie Elfmeterschießen auf den Spielern lasten würde. Auf diesem Gebiet arbeitete insbesondere der Sportpsychologe Hans-Dieter Hermann mit den Spielern und ging mit ihnen verschiedene kritische Situationen gedanklich durch, um sie bei deren Eintreten zum richtigen Handeln zu befähigen.

Nach dem intensiven Trainingslager in Genf erhielt die Mannschaft noch zwei freie Tage, bevor man fünf Tage vor dem Eröffnungsspiel das Schlosshotel Grunewald in Berlin bezog. Die Unterkunft selbst war von Bierhoff mit viel Bedacht ausgewählt worden. Das Schlosshotel war gerade groß genug, um die gesamte Mannschaft mit dem Betreuerstab unterzubringen. Damit hatte man das Hotel exklusiv für sich und wurde nicht durch andere Gäste gestört. Ferner hatte der Teammanager im Vorfeld einige Umgestaltungen im Hotel vornehmen lassen. Das für ein Schlosshotel angemessene, aber doch eher schwer wirkende Mobiliar und Innendesign sollte den Ansprüchen und Vorstellungen der jüngeren Klientel, welche für die nächsten 6 Wochen die traditionellen Gemäuer bewohnen würde, angepasst werden. So wurden im Erdgeschoss des Schlosses mit großen hellen Möbeln eine moderne Lounge-Zone eingerichtet und im Garten insgesamt 4 weiße Zelte aufgestellt, welche nach allen Seiten offen waren und gerade in dem heißen Sommer 2006 ideale Plätze zur Entspannung und zum Verweilen boten. Eines der Zelte wurde zur Players' Lounge erklärt, wo die Spieler X-Box, Playstation, Karten, Tipp-Kick oder auch Flipper spielen konnten. Zusätzlich gab es in der Anlage die Möglichkeit Tennis, Tischtennis oder Basketball zu spielen. Ansonsten konnten sich die Spieler in einer Bar sowie in diversen Salons zu Dart oder Billard treffen.

> »Das Schlosshotel war genial, es gab so viele interessante Freizeitmöglichkeiten, dass ich nur sehr selten auf meinem Zimmer blieb. Überall im Haus gab es Orte der Begegnung, das war sehr förderlich für die Stimmung und Kommunikation im Team.«
> Miroslav Klose (Deutscher Nationalspieler)

Mit den 23 Spielern zog auch das »Team hinter dem Team«, also der übrige Betreuerstab, in das Schlosshotel ein. Dieses achtete unter der Leitung von Georg Behlau vom ersten Tag an darauf, dass Trainer und Mannschaft optimale Trainingsmöglichkeiten vorfanden und von so wenig Unannehmlichkeiten wie möglich belästigt wurden. Ebenso professionell wurde auch der enorme Andrang der Medien durch die Presse- und Medienabteilung unter der Leitung von Harald Stenger und Uli Voigt gemanaged.

Der Bezug des WM-Quartiers war gleichzeitig auch der Startschuss für die finale Phase des Projekts Weltmeisterschaft 2006. Die Teamleitung nutzte diese Gelegenheit, um die Mannschaft durch verschiedene Maßnahmen auf das Turnier einzuschwören. So begrüßte Jürgen Klinsmann die Spieler beim ersten Training ganz offiziell mit den Worten: »Jungs, herzlich Willkommen in Berlin. Die Kiste geht los und nur mit totalem Engagement und maximalem Einsatz in Training und Spiel haben wir eine Chance. Wenn nicht, werden wir uns schnell wieder verabschieden und dann wisst ihr selbst, was da los ist. Das wird uns aber nicht passieren.« Zusätzlich wurde am ersten Abend im Hotel ein Fackelritual veranstaltet, bei dem jeweils zwei Spieler gemeinsam eine Fackel entzündeten und sie in die 4-4-2-Spielformation der deutschen Mannschaft einfügten. Am Ende standen im Garten des Schlosshotels 10 Fackeln, welche wie ein olympisches Feuer während der ganzen WM brannten und einerseits ein Symbol für die Spielformation, anderseits für den Zusammenhalt des Teams waren.

Erfolgsfaktor 3: Raum für das Interpretieren der Rollen und das Aushandeln der Teamstruktur

Ein Team kann nur Höchstleistung erbringen, wenn sich jedes Teammitglied mit dem maximalen Leistungsbeitrag einbringt. Hierzu muss gewährleistet sein, dass die individuellen Stärken der Teammitglieder zur Geltung kommen, was nur gelingt, wenn jedem Einzelnen ausreichend Freiheiten zur eigenständigen Interpretation seiner Rolle innerhalb des Teams eingeräumt werden. Die Hierarchie und die Rollenverteilung innerhalb eines Teams ergeben sich durch soziale Interaktion und Selbstorganisation des Teams, nicht durch Vorgabe. Gemeinsame Arbeitszeit und persönlicher Kontakt sind notwendig, um die eigene Struktur zu finden und das Team zu festigen.

(14.) Geben Sie Raum zur eigenständigen Aufgabenverteilung im Team!

(15.) Bringen Sie Ihr Team räumlich und zeitlich zusammen und schaffen Sie damit die Plattform für das Aushandeln einer Hierarchie!

(16.) Räumen Sie den Teammitgliedern die Freiheit der eigenständigen Interpretation ihrer Rolle ein – nur so kommen die individuellen Stärken der Teammitglieder zur Geltung!

(17.) Bedenken Sie, dass Teamführer nur durch ihren aktuellen Leistungsbeitrag zum Teamerfolg Akzeptanz bekommen, nicht durch Status!

(18.) Nehmen Sie sich Zeit für das Aushandeln einer stabilen Teamstruktur! Konstanz ist eine Bedingung für Höchstleistung.

(19.) Treffen Sie Entscheidungen zusammen mit einem Führungsteam und vermeiden Sie Schlüssellochmanagement!

(20.) Nehmen Sie zur Teambildung das Grundprinzip von Teamarbeit, also das gemeinsame Arbeiten, wichtiger als künstlich geschaffene Team-Events!

Erfolgsfaktor 4
Wie arbeiten wir zusammen? –
Prozesse, Spielregeln und Feedback

Wir haben in den ersten drei Kapiteln diskutiert, warum es Teams gibt, wie sie sich personell zusammensetzen und wie die Rollen und Aufgaben verteilt werden. Bevor wir im fünften Kapitel auf die Stabilisierung der Leistungsfähigkeit auf der eigentlichen Arbeitsebene zu sprechen kommen, gehen wir auf die geschriebenen und ungeschriebenen Regeln zur Zusammenarbeit in High-Performance-Teams ein. In diesem Kapitel kommen die Erfolgsfaktoren der Spitzenteams im Hinblick auf Arbeitsprozesse, interne Spielregeln und Fragen der Kommunikation und des Konfliktmanagements zur Sprache. Und wir gehen auf die aus unserer Sicht wichtigste Bedingung für Höchstleistung ein: The Freedom to act.

> »Hol die besten Leute ins Team und lass sie ihren Job tun!«
> Ernesto Bertarelli

Wie passen Regeln und Vorgaben zur Zusammenarbeit mit einem hohen Maß an Freiheit und Arbeitsautonomie in High-Performance-Teams zusammen? Auf den ersten Blick widersprechen sich diese beiden Konstrukte. In Höchstleistungsteams existieren tatsächlich zwar wenige, aber doch einige Grundprinzipien, denen alle Beteiligten verpflichtet sind. Aus unserer Sicht lassen sich dabei vier Kernbereiche identifizieren, die für einen professionellen und effizienten Arbeitsprozess geklärt sein müssen. Wenn auf der Arbeitsebene unüberbrückbar erscheinende Schwierigkeiten auftauchen, liegen die eigentlichen Probleme zumeist in einem dieser vier Bereiche. Für einen fokussierten und an den Teamzielen orientierten, effektiven Arbeitsstil des Teams ist eine Klärung dieser vier Themenbereiche erforderlich. Nur wenn in diesen Feldern Einigkeit über die Vorgehensweise herrscht, kann das Team die volle Energie in die Teamaufgabe investieren.

High-Performance-Teams haben bewusst oder unbewusst verbindliche Klärungen zu den folgenden vier Fragestellungen auf der Ebene der Arbeitsprozesse vorgenommen:

1. Wie viel Eigenverantwortung verlangen wir jedem Teammitglied ab? Wie sehr vertrauen wir der Expertise des Einzelnen? Wie viel Autonomie und Entscheidungsfreiheit räumen wir jedem Einzelnen ein?

2. Wie viel teaminterner Wettbewerb ist möglich? Wie viel soziale Unterstützung ist dabei nötig?
3. Wie kommunizieren wir? Wie geben wir uns Rückmeldungen?
4. Wie gehen wir mit teaminternen Konflikten um?

Die vier kritischen Themenfelder der Zusammenarbeit lassen sich unterteilen in strukturelle Arbeitsprinzipien und prozessuale Arbeitsprinzipien. Unter strukturellen Arbeitsprinzipien verstehen wir die Klärung der beiden grundsätzlichen Spannungsfelder des betrieblichen Miteinanders zwischen Kontrolle und Autonomie einerseits und Wettbewerb und sozialer Unterstützung andererseits. Zu den prozessualen Arbeitsprinzipien zählen wir die Klärung des kommunikativen Miteinanders im Hinblick auf Feedback und den Umgang mit Konflikten während der gemeinsamen Arbeit. Die Abbildung 7 veranschaulicht diese Klassifizierung.

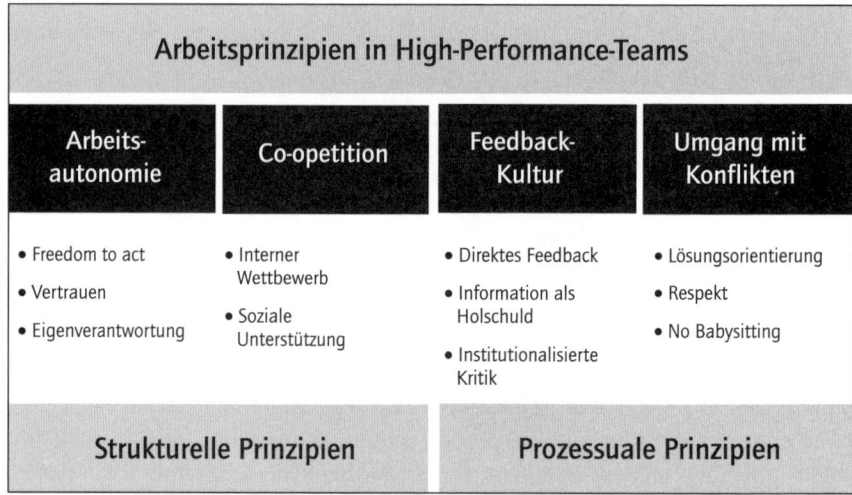

Abbildung 7: Strukturelle und prozessuale Arbeitsprinzipien in High-Performance-Teams

Die vier Arbeitsprinzipien bilden die Struktur für dieses Kapitel und werden in den nachfolgenden Unterkapiteln jeweils separat aufgegriffen. Wir erörtern die Arbeitsprinzipien und diskutieren ihre Bedeutung für effiziente Teamarbeit. Zur Veranschaulichung dienen einige Episoden aus den von uns untersuchten High-Performance-Teams.

Freiheit, Vertrauen, Eigenverantwortung

Die wichtigste Voraussetzung für die Entwicklung von Höchstleistung ist Arbeitsautonomie. Nur wenn sich jedes Teammitglied eigenverantwortlich fühlt und sich dementsprechend engagiert in die Teamaufgabe einbringt, besteht die Chance für Höchstleistung. Wir haben bereits im ersten Kapitel im Zusammenhang mit der Wirkung von transaktionaler Führung im Gegensatz zur transformationalen Führung diskutiert, dass eine Führung, die Freiheiten lässt, die den Einzelnen individuell herausfordert und die intellektuell anregend und stimulierend ist, Leistungen jenseits der 100%-Norm ermöglicht. Wenn lediglich operative Ziele vorgegeben werden, deren Erreichung kontrolliert wird, und anschließend eine Transaktion zwischen Mitarbeiter und Arbeitgeber erfolgt im Sinne der Belohnung oder Bestrafung für die erbrachte Leistung, ist nicht mit außergewöhnlicher Leistung zu rechnen. Im idealen Fall werden die Ziele zu 100% erfüllt. Für High-Performance-Teams ist es jedoch unabdingbar, dass jedes einzelne Teammitglied die maximale individuelle Leistungsfähigkeit abruft und ins Team einbringt. Der entscheidende Hebel dazu ist Arbeitsautonomie.

Wesen und Wirkung von Arbeitsautonomie

Unter Autonomie versteht das Lexikon das selbstbestimmte Leben, abgeleitet aus dem Griechischen (autonomía = sich selbst Gesetze gebend). Der zunächst in den Politik- und Gesellschaftswissenschaften verbreitete Begriff gewann in der Postindustrialisierung zunehmend Bedeutung in den Arbeitswissenschaften. Als Gegenkonstrukt zu einer immer kleiner gegliederten Arbeitswelt kamen beispielsweise teilautonome Arbeitsgruppen in der Automobilindustrie auf. Unter Arbeitsautonomie ist in diesem Zusammenhang das Maß der Kontrolle eines Mitarbeiters über die eigene Arbeit zu verstehen. Die Autonomie kann sich auf den Weg der Zielerreichung wie auch auf die Definition der Arbeitsziele beziehen. Eine höhere Arbeitsautonomie wird üblicherweise mit einer höheren Zufriedenheit der Mitarbeiter in Zusammenhang gebracht. Allerdings führt eine ausgeprägte Selbstbestimmung auch zu einem höheren Maß an Ambiguität und unklaren Rollenerwartungen, was bei manchen Mitarbeitern zu erhöhtem Stress führen kann. Zahlreiche Forscher gehen davon aus, dass eine erhöhte Arbeitsautonomie dann optimal wirkt, wenn zeitgleich soziale Unterstützung und Teamzusammenhalt gewährleistet sind.

Das zentrale Modell der Forschung zur Arbeitsautonomie ist bereits 1979 von Robert Karasek entwickelt worden. Das sogenannte Job-Demand-Control Modell (JDC-Model) beinhaltet zwei Kerndimensionen: das Maß der Arbeitsanforderungen und das Maß der Arbeitsautonomie. Nach Karasek (1992) führen höhere Arbeitsanforderungen zu erlebtem Stress und Unwohlsein im Beruf. Der erlebte Stress wird aber abgedämpft, wenn ein Mitarbeiter ein hohes Maß an Arbeitsautonomie wahrnimmt. Später wurde dieses Modell um einen weiteren Puffer, nämlich die wahrgenommene soziale Unterstützung, zum Job-Demand-Control-Support Modell (JDCS-Model) erweitert. Eine zusammenfassende Re-Analyse von 63 Studien zu den beiden Modellen (van der Doef & Maes, 1997) bestätigt die Bedeutung der Arbeitsautonomie und der sozialen Unterstützung für die empfundene Belastung durch hohe Job-Anforderungen. In Abwandlung des ursprünglichen Modells von Karasek lässt sich die Wirkung von Arbeitsautonomie und sozialer Unterstützung wie in Abbildung 8 dargestellt veranschaulichen.

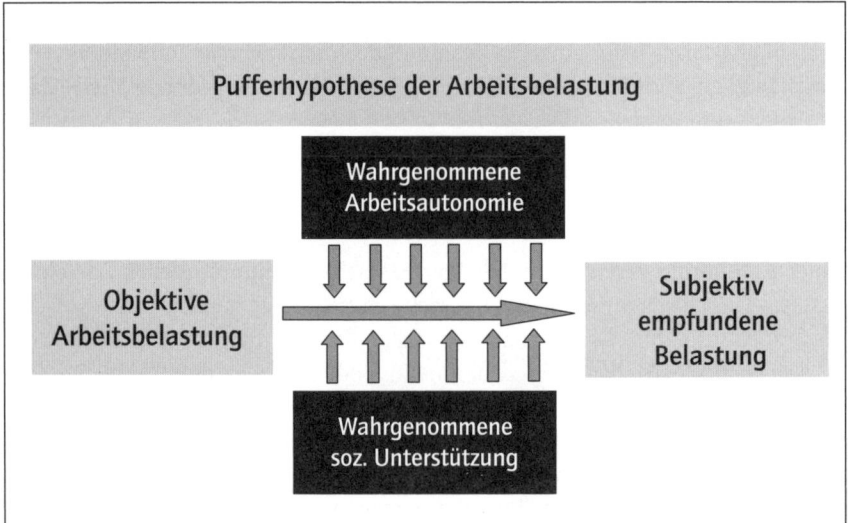

Abbildung 8: Arbeitsautonomie und soziale Unterstützung puffern die negativen Folgen einer hohen Arbeitsbelastung ab

Nach diesem Modell wirkt Arbeitsautonomie nicht unmittelbar auf die Arbeitsleistung, sondern indirekt als Moderator. Demnach lassen sich Phasen intensiver Arbeitsbelastung besser kompensieren, wenn ein hohes Maß an Arbeitsautonomie und eine ausgeprägte soziale Unterstützung wahrgenommen werden.

Positiv ausgedrückt gelingt es Teammitgliedern besser, über einen längeren Zeitraum hinweg Energie für die gemeinsame Aufgabe aufzubringen, wenn sie das Gefühl haben, Einfluss auf die Teamziele und den gemeinsamen Weg der Zielerreichung nehmen zu können.

Interessante Nebenerkenntnisse der Studien zur Arbeitsautonomie sind, dass nicht alle Menschen gleichermaßen von einer erhöhten Arbeitsautonomie profitieren. Menschen mit einem ausgeprägtem Selbstbewusstsein und einer internen Kontrollüberzeugung profitieren am meisten von einer erweiterten Arbeitsautonomie. Mit Kontrollüberzeugung wird die Selbsteinschätzung bezeichnet, dass man davon überzeugt ist, mit dem eigenen Handeln Einfluss auf die Ereignisse nehmen zu können. Eine interne Kontrollüberzeugung ist Voraussetzung für ein hohes Maß an Selbstwirksamkeitsüberzeugung. Menschen unterscheiden sich darin, für wie wirksam sie sich halten im Hinblick auf ihre Möglichkeiten, ein gewünschtes Ergebnis zu erzielen. Eine ausgeprägte Selbstwirksamkeitsüberzeugung wird häufig als ein hohes Selbstbewusstsein erlebt. Es erscheint logisch, dass Menschen mit einem hohen Selbstbewusstsein und einer ausgeprägten Selbstwirksamkeitsüberzeugung in besonderem Maße von einer erhöhten Arbeitsautonomie profitieren: Sie sind es gewohnt und wissen es zu schätzen, ihre Arbeitsumgebung eingeständig mit zu gestalten und Einfluss auf ihre Umwelt zu nehmen.

Die Arbeitsautonomie ist aus unserer Sicht das zentrale Konstrukt in High-Performance-Teams, es strahlt in viele Teilbereiche aus. Im dritten Kapitel haben wir beispielsweise über die selbstständige Interpretation der eigenen Rolle in einem High-Performance-Team gesprochen, was die Voraussetzung für das optimale Einbringen der Stärken jedes einzelnen Teammitglieds in die gemeinsame Aufgabe ist. Nur wenn hierzu die nötigen Freiheiten eingeräumt werden, können sich die Teammitglieder mit ihrer maximalen Leistungsfähigkeit in das Team einbringen. Das Aushandeln einer Hierarchie verlangt ebenfalls Freiräume. Vorgegebene, bürokratische Teamstrukturen erreichen nicht den Grad an Akzeptanz und Stabilität wie interaktiv ausgehandelte Strukturen. Auch die Weiterentwicklung der Teammitglieder in ihren individuellen Kompetenzen bedingt ein hohes Maß an Arbeitsautonomie. Ein Zitat von Johann Wolfgang von Goethe bringt diese Philosophie auf den Punkt:

> »Behandle Menschen so, als wären sie das, was sie sein sollen, und Du wirst ihnen helfen, das Beste zu werden, zu dem sie fähig sind.«

Und schließlich spielt das Konstrukt der Arbeitsautonomie eine wesentliche Rolle in der alltäglichen Zusammenarbeit bei Fragen der kreativen Problemlösung, der Kommunikation, des Feedbacks und des Konfliktmanagements.

Diese Aspekte werden in den weiteren Teilen dieses Kapitels detaillierter aufgegriffen.

Eigenverantwortung

Eng verknüpft mit dem Prinzip der Arbeitsautonomie ist die Eigenverantwortung. Es reicht natürlich nicht aus, den Teammitgliedern Freiheiten einzuräumen, sie müssen auch bereit und gewillt sein, diese Spielräume eigenverantwortlich für sich zu nutzen. Das Zusammenspiel zwischen Wollen und Dürfen lässt sich wie in Abbildung 9 darstellen. Während die Führungskraft für das Dürfen verantwortlich ist, liegt es am Mitarbeiter, die Verantwortungs- und Leistungsbereitschaft, das Wollen, mitzubringen.

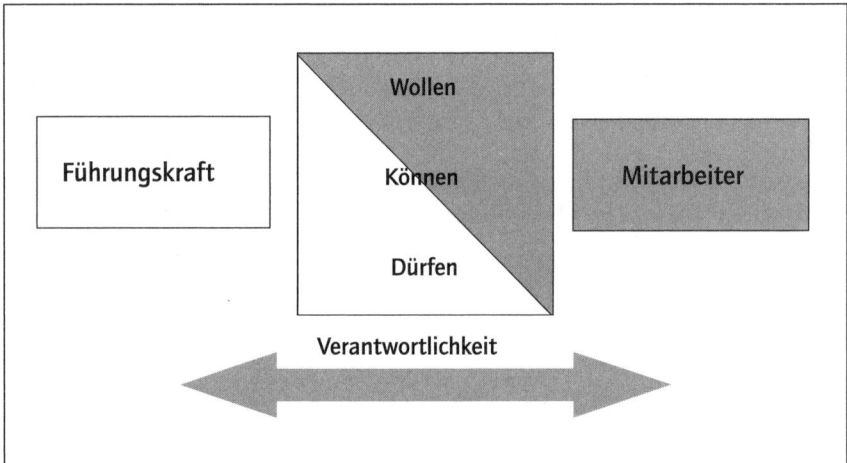

Abbildung 9: Zuständigkeit der Führungskraft und des Mitarbeiters für Bedingungsfaktoren von Höchstleistung

Nach diesem Schaubild liegt es in der Verantwortung der Teamführung, das Maß der Arbeitsautonomie, das Dürfen, zu bestimmen. In den von uns untersuchten High-Performance-Teams hat die Teamführung den einzelnen Mitgliedern ein weitreichendes Maß an Freiheiten eingeräumt.

Das Wollen liegt in der Verantwortung des Mitarbeiters. Nicht nur das Alinghi-Team folgte dem Grundsatz »Love it, Change it, or Leave it«. Das Verlassen des Teams wird als Option ernst genommen. Daraus resultiert im Umkehrschluss, dass alle Teammitglieder freiwillig mitwirken. Es ist der selbstständige Entschluss jedes Einzelnen, ein Teammitglied zu sein und zu bleiben. Die Gründe dafür sind vielfältig. Letztendlich verspricht das engagierte Mitwirken in dem Team ein kollektives beziehungsweise individuelles Nutzenversprechen. Jedes Teammitglied erkennt, dass es die eigenen Motive und Bedürfnisse durch die gemeinsame Arbeit bedienen kann. Das Wollen ist in der Verantwortung des Einzelnen. Es kann nicht auf die Teamführung zurückdelegiert werden. Die Aufforderung eines Mitarbeiters »Motiviere mich, Chef!« ist in High-Performance-Teams undenkbar. Jedes Teammitglied ist für das Wollen eigenverantwortlich.

Das Können liegt gemäß des obigen Schaubilds zu gleichen Teilen in der Verantwortung der Führungskraft und des Mitarbeiters. Die Führungskraft muss dafür sorgen, dass der Mitarbeiter die Möglichkeiten bekommt, jenseits des aktuellen Arbeitsspektrums an Aufgaben zu arbeiten, die ein bis zwei Schuhnummern zu groß sind. Bekommt der Mitarbeiter lediglich Aufgaben zugewiesen, die er in der Vergangenheit bereits erfolgreich absolviert hat, findet kein Zuwachs im Können statt. Ein Wachstum der individuellen Kompetenzen erfolgt ausschließlich dadurch, dass ein Mitarbeiter individuell herausfordernde Aufgaben bewältigen muss. Es liegt dabei in der Verantwortung der Führungskraft, für die Bereitstellung der Aufgaben im Arbeitsalltag zu sorgen und zudem die richtige Dosis der nächst größeren Herausforderung für jeden einzelnen Mitarbeiter zu bestimmen. Die Aufgaben sollten nicht vier bis fünf Schuhnummern zu groß sein, sonst wird der Mitarbeiter überfordert, und er fängt an zu stolpern. Natürlich erhält der Mitarbeiter die nötige Unterstützung durch den Vorgesetzten, damit er auch in die Lage versetzt wird, die Herausforderung zu bewältigen. Üblicherweise wird die Förderung der Mitarbeiterkompetenzen im Alltag gleichgesetzt mit dem Besuch von Fachkursen, Trainings und Seminaren. Tatsächlich findet die Entwicklung des Mitarbeiters jedoch immer am Arbeitsplatz selbst statt, und zwar genau in den Phasen, in denen der Mitarbeiter die Gelegenheit bekommt, eine persönlich herausfordernde Aufgabe eigenverantwortlich zu bearbeiten. Personalentwicklung handelt immer von der Bereitstellung von Herausforderungen on-the-job. Ist die Führungskraft in diesem Sinne für das Können verantwortlich, darf nicht vernachlässigt werden, dass auch der Mitarbeiter in der Verantwortung steht. Für das persönliche Wachstum an Kompetenzen, Skills und Fertigkeiten muss der Mitarbeiter die nötige Lernbereitschaft mitbringen. Er muss bereit sein, Mehrarbeit und zusätzliche Aktivitäten in Kauf zu nehmen.

Das Gegenteil von Pseudo-Delegation: Zutrauen und Vertrauen

Ein vielfach zu beobachtendes Phänomen ist die sogenannte Pseudo-Delegation: Im Rahmen von Führungsseminaren bescheinigen sich Führungskräfte,
ihre Mitarbeiter durch Delegation aktiv einzubinden und mit in die Verantwortung zu nehmen. Sie betonen die Bedeutung eines guten Delegationsver-
haltens. In Einzelfällen bekommen wir die Gelegenheit, Führungskräfte am
Arbeitsplatz vor Ort als Coaches zu begleiten. Dabei stellten wir fest, dass
zwar viele Führungskräfte eine eindeutige Arbeitsverteilung in ihren Teams
vornahmen, aber nur wenige Führungskräfte Raum ließen für eigenverantwortliches Handeln und Entscheiden der Mitarbeiter. Die Mitarbeiter wurden
über die Zeit zur Unselbstständigkeit erzogen, beispielsweise indem sie für
eine »Überschreitung ihrer Kompetenzen« belangt wurden oder die Führungskraft ihnen subtil die Eigenverantwortung wieder nahm. Manche Führungskräfte meinen beispielsweise, die beste Lösung bereits zu kennen. Da es aber
opportun erscheint und in Managementtrainings empfohlen wird, Mitarbeiter
in wichtige Aufgaben einzubeziehen, erfolgt dennoch ein Auftrag an die Mitarbeiter. Wenn die Mitarbeiter nach der Bearbeitung der Aufgabe dann zu einem
anderen Ergebnis gelangen als das erwartete, wird im Nachhinein versucht,
das Resultat den eigenen Erwartungen anzupassen. Im Extremfall sollen die
Mitarbeiter – über Fragen geleitet – die Vorstellungen des Vorgesetzten erraten.
Je näher das Resultat den Erwartungen der Führungskraft entspricht, desto
größer das abschließende Lob.

Bedeutend für ein zielführendes Delegationsverhalten ist das Begriffspaar
Zutrauen und Vertrauen. Die Führungskraft muss sich kritisch mit der Frage
auseinandersetzen, ob sie dem Mitarbeiter die Bewältigung einer bestimmten
Aufgabe zutraut. Diese Frage zielt auf die Einschätzung des Potenzials des
Mitarbeiters, nicht auf dessen Erfahrung. Es ist trivial zu behaupten, jemand
werde eine ausgewählte Aufgabe meistern, wenn man bereits in der Vergangenheit beobachten konnte, dass diese Person die gleiche Aufgabe mehrfach
gemeistert hat. Weniger leicht ist die Beantwortung der Frage, ob eine Person
das Potenzial mitbringt, eine Aufgabe erfolgreich zu bearbeiten, mit der sie
zuvor noch nicht konfrontiert gewesen ist. Zur Beantwortung der Potenzial-
frage können Indikatoren aus dem aktuellen Arbeitsverhalten herangezogen
werden. Bei potenzialstarken Mitarbeitern kann man davon ausgehen, dass sie
die aktuellen Aufgaben mit einer gewissen Leichtigkeit, mit einer beobacht-
baren Mühelosigkeit bewältigen. Wir vermuten Luft für mehr, also Potenzial
für weiterführende Aufgaben, wenn Mitarbeiter ihren angestammten Aufga-
benbereich im Griff haben und von sich aus nach mehr Verantwortung verlangen. Die zukünftigen Herausforderungen sollten richtig dosiert sein, damit

Mitarbeiter nicht überfordert werden. Mit der Wahl der richtigen Dosis und einer zutreffenden Potenzialeinschätzung können Führungskräfte das richtige Maß an Zutrauen zu ihren Mitarbeitern finden.

In dem Moment, in dem Führungskräfte die Verantwortung für eine Aufgabe delegieren, geben sie Kontrolle ab. Es gibt Stimmen, die behaupten, Verantwortung ließe sich nicht delegieren, sie verbliebe in jedem Fall bei der Führungskraft. Aber dennoch bleibt die Tatsache bestehen, dass Führungskräfte beim Delegieren etwas aus der Hand geben. Wir behaupten sogar, je mehr Freiheiten sie den Mitarbeitern einräumen, desto besser. Die große Gefahr der Delegation ist aus Sicht der Führungskraft Kontrollverlust, und das ist ein sehr unangenehmer Zustand. Gerade neue Führungskräfte haben erhebliche Schwierigkeiten damit, sich von den fachlichen Details ihrer bisherigen Referenten- oder Expertenlaufbahn zu lösen. Nicht selten versuchen sie, die fachliche Tiefe neben ihrem Managementjob zu wahren, indem sie zeitlich überkompensieren. Die Fachlichkeit gibt Sicherheit und bietet eine feste Entscheidungsgrundlage. Kontrollverlust durch Delegation ist das Gegenteil von Sicherheit und wird daher – nicht nur von jungen Führungskräften – nach Möglichkeit vermieden. Untrennbar mit dem Konstrukt der Delegation verbunden ist Vertrauen. Während das Zutrauen auf die Kompetenzen und Potenziale des Mitarbeiters zielt, fokussiert das Vertrauen auf die Glaubwürdigkeit und die persönliche Integrität des Mitarbeiters. Man spricht von Vertrauensvorschuss, wenn es in einer Paarbeziehung noch keine Gelegenheit gab, dem anderen seine Integrität zu beweisen. Vertrauen kann geschenkt oder entzogen werden. Das Schlimmste ist ein Hintergehen des anderen, also ein Missbrauch des Vertrauens. Zwischen Führungskraft und Mitarbeiter kann ein Vertrauensverhältnis solange angenommen werden, bis das Gegenteil bewiesen ist. Führungskräfte in High-Performance-Teams gehen von der Integrität ihrer Mitarbeiter aus. Sie können daher das nötige Vertrauen fassen, um verantwortungsvolle Aufgabe zu delegieren und Freiheiten einzuräumen.

Kompromisslose Eigenverantwortung und Vertrauen bei Alinghi

Das **Team Alinghi** hat bei der Rekrutierung des Teams keine Kompromisse gemacht: Es wurden nur die besten Experten für die jeweilige Teilaufgabe gesucht. Es konnte sich jedoch erst dadurch Höchstleistung auf Teamebene ergeben, dass den Experten auch die nötigen Freiheiten bei der Interpretation ihrer Rollen und bei der Aufgabenwahrnehmung eingeräumt wurden. Wie kompromisslos die Verantwortung beim Einzelnen belassen wurde und nicht auf übergeordnete Teamhierarchien zurückdelegiert wurde, zeigt das Beispiel von John Bilger, dem Wetterexperten im Alinghi-Team. Im dritten und vorent-scheidenden Rennen um den America's Cup stellten sich sowohl die Alinghi als auch das Team New Zealand auf der rechten Seite des Startbereichs auf. Das Taktieren und Beobachten des Konkurrenten vor dem Startschuss kommt einem Schachspiel gleich. Beide Seiten versuchen, sich den Windverhältnis-sen optimal anzupassen und den besten Ort und Zeitpunkt zur Überschrei-tung der Startlinie zu erwischen. Zunächst waren beide Teams gemäß der Empfehlungen ihrer Wetterteams auf die rechte Startseite eingestellt, doch in letzter Sekunde zeichnete sich eine Veränderung der Windlage ab. Die Afterguard des Teams New Zealand wurde unsicher und entschied sich für die linke Startvariante, nicht jedoch das Team Alinghi. Man vertraute den Wetterexperten auf den Begleitbooten entlang der Rennstrecke. Man konnte behaupten, mit John Bilger den weltweit besten Wetterexperten im Team zu haben. Ihm vertraute man uneingeschränkt. Eine Entscheidung durch die Afterguard wäre eine suboptimale Entscheidung gewesen. Wieso sollte man sich anmaßen, den weltweit besten Experten zu überstimmen? Die Entscheidung des Team New Zealand erwies sich als falsch. Sie resultierte gleich nach dem Start in einem 150-Meter-Rückstand, der bis ins Ziel nicht mehr aufgeholt werden konnte.

> »Wir hatten während der Rennen 7 Beiboote, die uns ständig Informationen
> übermittelten. Auf einem war unser Wetterexperte John Bilger. Als er sagte,
> wir sollten rechts starten, haben wir ihm voll vertraut und sahen keinen Grund,
> die Taktik zu ändern. Das war matchentscheidend.«
> Brad Butterworth

Die Expertise von John Bilger wurde von den Entscheidern im Alinghi-Team ohne Einschränkung akzeptiert. Auch in einer Phase, als sich im Startbereich die Konditionen scheinbar änderten, vertraute man dem Experten. Man kann sich aber auch vorstellen, welcher Druck auf John Bilger lastete und mit wel-cher Gefühlslage er dem Team begegnet wäre, wenn seine Prognose falsch gewesen wäre. Wie sehr die Konstrukte »Freiheiten gewähren« und Vertrauen schenken« zusammenhängen, veranschaulicht das Zitat von Bertarelli:

> »Wir haben darauf geachtet, dass wir gut zusammenarbeiten und Freiraum
> für die Entwicklung der Fähigkeiten jedes Einzelnen geben. Voraussetzung
> dafür ist ein weitgehendes Vertrauensverhältnis zueinander.«
> Ernesto Beratelli

Thrill of Empowerment und Accountability bei ABB

Es ist richtig: Am Ende werden die Führungskräfte für den Erfolg oder Misserfolg eines Teams verantwortlich gemacht. Daraus ziehen manche Führungskräfte den Schluss, Entscheidungen stets selber treffen zu müssen. Deswegen fühlen sich viele Führungskräfte auch einsam. Im Binnenverhältnis ist es aber sehr wohl möglich, andere mit in die Verantwortung zu nehmen. Aus psychologischer Sicht ist es sogar notwendig, die Mitarbeiter mit in die Verantwortung zu nehmen. Alles andere wäre Pseudo-Delegation. Im Gegensatz zur Nicht- oder Pseudodelegation setzt die Übernahme von eigener Verantwortung Kräfte bei dem Mitarbeiter frei. Jeder, dem schon einmal zugetraut worden ist, Verantwortung zu übernehmen, kennt das aufregende Gefühl, das aufkommt, wenn man merkt, dass es auf einen ankommt, dass es einen Unterschied macht, wie man agiert und dass auf einen geschaut wird. Im Manager-Deutsch wird dafür gerne der Begriff des Thrill-of-Empowerment verwendet. Plötzlich steht man im Wind, man muss die eigene Arbeit selbst verantworten, es gibt keine doppelte Absicherung mehr durch die schützende Hand eines Vorgesetzten. Das ist der Rahmen, in dem zusätzliche Energien mobilisiert werden und in dem nicht mit dem Verweis auf ein überzogenes Stundenkonto die Arbeit liegengelassen wird.

Durch den Dreiklang der Arbeitsautonomie, der Eigenverantwortlichkeit und des Vertrauens entsteht eine Arbeitsumgebung, in der sich die Teammitglieder maximal einbringen und nicht für möglich gehaltene Qualitäten entwickeln. Nur wenn der Mitarbeiter weiß, dass die eigene Arbeit nicht mehr kontrolliert oder in Frage gestellt wird, entwickelt er die notwendige Sorgfalt und das entscheidende Qualitätsbewusstsein. Der Druck auf den Einzelnen steigt dadurch: Jeder Fehler ist im Nachhinein eindeutig zuzuordnen. Es gibt keine Verantwortungsdiffusion. Die eigene Leistung kann unmittelbar zum Scheitern der gesamten Teamaufgabe führen; der Leistungsbeitrag des Einzelnen ist direkt erkennbar. Nur wenn jedes Teammitglied um die eigene Verantwortung für den Teamerfolg weiß, ist die Wahrscheinlichkeit für individuelle Höchstleistung als notwendige Voraussetzung für High Performance auf Teamebene gegeben.

Unter dem CEO Jürgen Dormann hieß das entscheidende Stichwort bei **ABB** im Changeprozess Accountability (Bruch & Jenewein, 2005). Dormann gab klare Vorgaben und viele Freiräume bei der Erfüllung der Aufgaben. Dafür erwartete er, dass der Output stimmte und die Manager ihre Versprechen hielten. So übertrug er beispielsweise den Mitgliedern des Executive Committees umfassende Handlungskompetenzen. Diese stimmten sich nun auch direkt mit dem Verwaltungsrat ab und gingen nicht mehr wie bisher den indirekten Weg über den CEO. Als CEO kontrollierte Dormann weder alles noch federte er alle Aktivitäten des Führungsteams gegenüber dem Verwaltungsrat ab. Auf diese Weise stärkte er die Verantwortung jedes einzelnen Mitglieds der Geschäftsleitung, verkürzte die Entscheidungswege und erhöhte die Effizienz in der Zusammenarbeit. Diese Veränderungen waren repräsentativ für das umfassende Empowerment, das Dormann praktizierte. Er baute Handlungsspielräume, Accountability und Verantwortung umfassend auf allen Ebenen aus.

> »Früher sind die Mitarbeiter wegen zu vieler Probleme zum CEO gelaufen.
> Das musste aufhören. Meine Rolle im Executive Committee war es, eine
> eindeutige Richtung vorzugeben, eine Kultur des Miteinander zu formen,
> klar zu machen, wer für was verantwortlich war und die Leute zum Handeln
> zu ermächtigen. Es ist einfach, man muss es nur sauber aufgleisen.«
> Jürgen Dormann

Im **Sauber Formel 1 Team** ist aufgrund des deutlich kleineren Budgets als bei den Konkurrenten, bei denen Milliardenkonzerne im Hintergrund stehen, ein permanenter Kostendruck gegeben. Sauber achtete stets auf schlanke Teamstrukturen und machte deutlich, sich keine Mitläufer oder Minderleister leisten zu können. Jedes einzelne Teammitglied wurde stark gefordert und stand persönlich in der Verantwortung.

> »Schlanke Strukturen und flache Hierarchien sind für uns nicht nur ein Garant für
> niedrige Kosten, sondern vor allem auch das Fundament für eine Unternehmenskultur,
> die geprägt ist von Eigenverantwortung. Es wird weniger mit konkreten Direktiven
> als vielmehr mit Leitplanken geführt. Das gilt auch für die Qualitätskontrolle: Bei uns
> werden nicht alle Arbeitsschritte bis ins Letzte akribisch genau überprüft, sondern die
> Mitarbeiter erledigen ihre Arbeit im Bewusstsein um deren Wichtigkeit und achten
> eigenverantwortlich auf die größtmögliche Sorgfalt. Dadurch wird jedes einzelne
> Teammitglied gestärkt, aber auch gefordert.«
> Beat Zehnder (Team Manager im Sauber Formel 1 Team)

In der Aussage von Beat Zehnder wird der Unterschied zwischen einer Pseudo-Delegation und dem Einräumen von Eigenverantwortung noch einmal deutlich. Eine Delegation im ängstlichen Stil würde es bei der Verteilung der Aufgaben an die einzelnen Mechaniker belassen und sich einen differenzierten Prozess der Arbeits- und Qualitätskontrolle geben. In Hochleistungsteams hingegen muss sich jedes Teammitglied über die eigene Verantwortung im Klaren sein. Es kommt auf den maximalen Leistungsbeitrag jedes Einzelnen an, eine Enttäuschung des dabei zugebilligten Vertrauens kann zum Misserfolg des gesamten Teams führen. In diesem Bewusstsein der Eigenverantwortung entwickelt sich Höchstleistung.

Vertrauen und Eigenverantwortung im DFB-Team

Jürgen Klinsmann hat sich von Beginn seiner Trainertätigkeit an als Lernender bezeichnet. Er hat darauf aufmerksam gemacht, dass er nie zuvor ein Traineramt ausgeübt hat und daher die Unterstützung eines Expertenteams benötigt. Es zeichnet Klinsmann aus, dass er es angesichts seiner eigenen Unsicherheiten und Unerfahrenheit vermocht hat, Freiheiten zuzulassen. Die gemäß unserer Erfahrung üblichere Reaktion einer jungen Führungskraft wäre es gewesen, zunächst alles über den eigenen Schreibtisch umzuleiten, sich überall tief in die Details einzuarbeiten und zunehmend Sicherheit über die eigene Expertise zu entwickeln. Nicht so Klinsmann: Er bringt es fertig, mit dem aus der Abgabe von Verantwortung resultierenden Zustand der Unsicherheit umzugehen. Er ist selbstbewusst genug, den Kontrollverlust zu ertragen. Zudem schart er ein Führungsteam um sich, dem er menschlich vertraut und dem er fachlich viel zutraut. Er lässt nicht nur den Mitgliedern des engeren Führungsteams, also dem Teammanager Oliver Bierhoff und dem Assistenztrainer Joachim Löw, weitgehend freie Hand, sondern bindet auch die anderen Experten und Führungspersönlichkeiten in die Verantwortung mit ein. Dabei gelingt es, außergewöhnliche Energien bei jedem Einzelnen zu mobilisieren, indem die Eigenverantwortung spürbar wird und die individuellen Leistungsbeiträge sichtbar gemacht und nicht in Frage gestellt werden. Klinsmann selbst spricht in Interviews nur von »Wir« und lobt als Reaktion auf Fragen nach der eigenen Leistung lieber die Beiträge der anderen Führungskräfte und Experten im Team.

Am 9. Juni 2006 war es dann endlich soweit. Die Fußball-Weltmeisterschaft 2006 begann mit dem Spiel Deutschland gegen Costa Rica in der mit knapp 70.000 Fans ausverkauften Münchner Allianz Arena. Das Interesse an der Weltmeisterschaft und dem bevorstehenden Eröffnungsspiel kannte keine Grenzen, und so verfolgten weltweit etwa 1,5 Milliarden Zuschauer das erste Spiel der deutschen Nationalmannschaft an den Fernsehgeräten. In der Vorbereitung auf das Spiel gab Chefscout Urs Siegenthaler vor versammelter Mannschaft eine Einschätzung zu Costa Rica ab. Dabei referierte er nicht nur über die Stärken und Schwächen der gegnerischen Mannschaft, sondern auch über deren Geschichte und Mentalität. Das Spiel endete 4:2 für die deutsche Mannschaft, und einige Spieler gingen nach dem Schlusspfiff auf Siegenthaler zu und sagten ihm, dass sie an seine Worte dachten, als Costa Rica die beiden Gegentore erzielen konnte. Trotz der Gegentore behielten sie ein Gefühl der Sicherheit, weil sie wussten, die Costaricaner nehmen es nicht ganz so ernst, sie lassen die Deutschen spielen und gewähren.

»Die Analysen von Urs Siegenthaler waren extrem wertvoll. Er hat uns vor jedem
Spiel genau die Schwachstellen der Gegner aufgezeigt. Diese Analysen haben
uns in der Vorbereitung geholfen und eine Menge Selbstvertrauen gegeben.«
Christoph Metzelder (Deutscher Nationalspieler seit 2000)

Vor jedem Spiel sezierten Siegenthaler und sein Scoutingteam mit einer speziellen Analyse-Software das Verhalten des Gegners im Spielaufbau, bei Standardsituationen und in der Defensive. Oft saßen sie bis morgens um vier Uhr
vor ihren Computern, um den Code des Gegners zu entschlüsseln. Anschließend wurden diese Erkenntnisse gemeinsam mit dem Trainerteam und Oliver
Bierhoff diskutiert, um daraus konkrete Schlüsse und Handlungsanweisungen
für die Mannschaft zu ziehen. In verschiedenen Etappen wurden anschließend
die Spieler über die Erkenntnisse informiert. Dabei hielt meist Siegenthaler die
Präsentation zum Gegner, anschließend wurde in weiteren Besprechungen mit
den unterschiedlichen Mannschaftsteilen die Feinarbeit gemacht. Diese Klein-
gruppengespräche haben meist Siegenthaler und Löw geführt, Klinsmann war
bei diesen Besprechungen nur selten dabei, und wenn er anwesend war, hielt
er sich bewusst zurück und überließ seinen beiden Kollegen die Bühne.

»Ich glaube, es ist wichtig, sich als Cheftrainer zu hinterfragen, ob man in
bestimmten Situationen im Vordergrund stehen muss. Wenn nicht,
ziehe ich mich heraus. Die frühere Form der Hierarchie, dass alle
anderen tun, was der Cheftrainer vorgibt, ist nicht mehr produktiv.«
Jürgen Klinsmann

«Es war eine absolute Größe des Trainerstabes, dass er delegieren
und vertrauen konnte.»
Urs Siegenthaler (Taktiker und Chefscout im DFB-Team seit 2005)

Auch in dem vorweggenommenen Endspiel, wie viele Experten die Partie
Deutschland gegen Argentinien bezeichneten, zeigte sich einmal mehr die
Bedeutung eines hohen Maßes an Zutrauen in die Expertise eines einzel-
nen Fachmanns. In diesem Spiel kam es nach 120 Minuten Neutralität auf
höchstem Niveau zum Elfmeterschießen. In dieser Nervenschlacht, welche
Deutschland am Ende souverän mit 4:2 gewann, kam dem Torwarttrainer
Andreas Köpke die entscheidende Expertenrolle zu. Jens Lehmann hatte beim
Elfmeterschießen in seinen Schienbeinschonern einen Notizzettel versteckt,
auf dem ihm der Torwarttrainer Andreas Köpke die wichtigsten gegnerischen
Schützen und deren bevorzugte Torecke notiert hatte. Die Analysen von Köpke
waren zutreffend, und Lehmann konnte durch den ominösen Zettel einerseits
die Ecke einiger Schützen antizipieren und andererseits wohl auch die Gegner
mit verstohlenen Blicken auf die Notizen irritieren.

Co-opetition

In jeder Organisation muss die Frage geklärt werden, wie viel Freiheiten jedem Einzelnen gelassen werden soll beziehungsweise wie viel Arbeitsautonomie eingeräumt wird. Eine zweite, ebenfalls strukturelle Frage des organisationalen Lebens ist die nach dem Maß an sozialer Unterstützung und Kooperation auf der einen Seite und internem Wettbewerb und Marktgedanken auf der anderen Seite. Organisationen unterscheiden sich darin, wo sie sich auf dieser bipolaren Skala positionieren: eher in Richtung des Pols des sozialen Netzes oder eher in Richtung des Pols des internen Markts und Wettbewerbs. Aus den englischen Begriffen Co-operation und Competition hat sich in den letzten Jahren das Kunstwort Co-opetition gebildet. Unter Co-opetition wird das richtige Maß an sozialem Ausgleich bei zeitgleichem internen Wettbewerb verstanden. Man nimmt an, dass die Verbindung aus beidem einen anregenden und inspirierenden Rahmen für das Aufkommen von mit-unternehmerischem Verhalten bei Mitarbeitern und Führungskräften schafft (z.B. Wunderer, 2006).

Das Prinzip der internen Marktsteuerung sieht vor, die Entitäten einer Organisation wie auf einem Marktplatz in einen Wettbewerb treten zu lassen. Die Nachfrage bestimmt den Preis. Ausdruck dieser Philosophie sind beispielsweise Leistungsverrechnungen zwischen Abteilungen eines Unternehmens oder das Planen und Kontrollieren in Cost- beziehungsweise Profitcenterstrukturen. Das Prinzip des Führens über Ziele, MbO, folgt ebenfalls dem Wettbewerbsgedanken: Es werden die Leistungsbeiträge einzelner Organisationseinheiten transparent gemacht und miteinander verglichen. Vergütungsregelungen greifen häufig auf den Grad der Zielerreichung zurück: Je mehr Leistung, desto mehr Gehalt. Das Förderungsprinzip des internen Wettbewerbs hat durchaus einen spielerischen Charakter und integriert die Spiel- und Wettbewerbsmotivation der beteiligten Personen. Durch internes und externes Benchmarking werden Leistungsvergleiche gezogen und der Ansporn geweckt, die Mitbewerber zu übertreffen.

Der Wettbewerbsgedanke birgt aber auch Gefahren. Ein ungezügelter Markt produziert Gewinner und Verlierer. Der Markt an sich interessiert sich nicht für die Schwachen. Unter der Prämisse, dass es für eine Organisation eine Überforderung darstellt und nicht sinnvoll ist, sich permanent von den jeweils schwächsten Mitgliedern zu trennen, bleibt die Frage, wie mit schwächeren Teammitgliedern verfahren werden soll. Ein Grundmaß an sozialer Sicherheit, Vertrauen in die Planbarkeit und Stabilität einer Gemeinschaft und an fachlichem und emotionalem Austausch sind notwendig. Das Prinzip der sozialen Unterstützung und des gegenseitigen Förderns stärkt den Teamzusammenhalt und realisiert Entwicklungspotenziale bei jedem Einzelnen, so dass die Gesamtleistung höher ist als unter den Bedingungen eines uneingeschränkten Wettbewerbs, der zwar einzelne Spitzenleistungen, aber auch viele schwache Einzelleistungen hervorbringt. Die soziale Netzwerksteuerung in einem Unternehmen bedient das Grundbedürfnis der Menschen nach Fairness, Integration und einem spannungsfreien Miteinander und trägt langfristig zur Aufrechterhaltung der Leistungsbereitschaft und der allgemeinen Leistungsfähigkeit bei.

Im Führungs- und Steuerungskonzept der Co-opetition werden die Vorzüge des Wettbewerbs mit denen des sozialen Ausgleichs kombiniert. Die Verhaltenssteuerung erfolgt durch quantitative Kenngrößen wie Zielerreichung, Ertrag, Wertschöpfung oder Deckungsbeitrag und durch qualitative Kenngrößen, die sich an den Werten, Missionszielen und Spielregeln eines Teams orientieren. Das Ziel von Co-opetition ist es, zielorientiert und zeitgleich nachhaltig und sozial zu agieren. Es wird ein Wettbewerb erwartet, der fair ist, und ein soziales Miteinander, das die ökonomischen Ziele im Blick bewahrt. Letztendlich werden ökonomische und soziale Effizienz angestrebt als Rahmenkonzept für organisationales Handeln.

Wie sich das strukturelle Arbeitsprinzip der Co-opetition im Alltag eines Teams widerspiegeln kann, zeigt das Beispiel eines mittelständischen **Dachdecker- und Spenglereiunternehmens** mit Sitz in Bayern. Der Geschäftsführer und Inhaber des Unternehmens in dritter Generation war sehr motiviert, einige von ihm im Studium erworbene Kenntnisse der Unternehmensführung in das Traditionsunternehmen einzubringen. Der Geschäftsführer verglich sich selbst mit anderen, setzte sich ambitionierte Ziele und maß sich an den Besten in seiner Branche. Er war beseelt vom Wettbewerbsgedanken und vertrat die Ansicht, dass der Markt individuelle Stärken belohnt und hilft, das Beste aus den Mitarbeitern herauszukitzeln. Der tägliche Kampf um die besten Aufträge reizte und motivierte ihn, und so überlegte er, wie er durch mehr internen Wettbewerb die Motivation seiner mitunter etwas trägen Mitarbeiter steigern und damit mehr Effizienz in die Abwicklung der Aufträge bringen konnte.

Der Geschäftsführer kam auf die Idee, die Dachdeckerkolonne in zwei Teams zu teilen und die beiden Teilgruppen in Wettstreit treten zu lassen. Jedes der beiden Teams war für jeweils eine Hälfte des Daches zuständig; wer als erstes Team fertig war, bekam eine ausgelobte Prämie. Das Prinzip sprach den Ehrgeiz und den Spieltrieb auch der langjährigen Mitarbeiter an und setzte eine ungeahnte Dynamik frei. Die Subteams trainierten förmlich für den internen Wettstreit und verfeinerten ihre Abstimmungen und Arbeitsprozesse kontinuierlich. Mit der Zeit stellte sich jedoch heraus, dass immer das gleiche Dachdeckerteam den internen Wettstreit gewann. Das andere Team verlor zunehmend das Interesse an dem Wettspiel und verfiel weitgehend in den alten Arbeitsrhythmus. Zudem zeigten sich ernstzunehmende Gefahren in Bezug auf die Arbeitssicherheit und die Qualität. Der erste Arbeitsunfall war nur noch eine Frage der Zeit. Der junge Geschäftsführer erkannte die Signale und reagierte. Anstatt aber den an sich positiv bei den Mitarbeitern aufgenommenen Wettbewerb einzustellen, verhalf er dem sozialen Element stärker zur Geltung. Er veränderte die Teamzusammensetzungen permanent: Nach jedem Wettkampf wurde das siegreiche Team aufgeteilt und musste sich beim nächsten Projekt mit anderen Kollegen zusammenfinden. Mit der Zeit fanden selbst die vormaligen Dauersieger die neue Regelung besser: Der soziale Zusammenhalt wurde gestärkt, die Arbeit mit den nicht siegreichen Kollegen wurde spannungsfreier, und sie erkannten den Nutzen für die gesamte Kolonne, dass gute Ideen und Best-Practice-Ansätze schneller und effizienter miteinander ausgetauscht wurden.

Kompetenz statt Prominenz bei Alinghi

Im **Alinghi-Team** ist das Prinzip des internen Wettbewerbs mittlerweile sogar zur Tradition geworden. Sowohl bei der Herausforderer-Kampagne 2003 als auch bei der Titelverteidigung 2007 schuf sich das Team selbst die nötige Konkurrenz, um unter Wettbewerbsbedingungen trainieren zu können. In beiden Kampagnen war jede der 16 Positionen auf der America's Cup Yacht doppelt besetzt. Täglich neu wurde ein A-Team zusammengestellt, das von dem eigenen B-Team herausgefordert wurde.

> »Es erwies sich schnell, dass sich sowohl die beiden Yachten als auch das in zwei Gruppen aufgeteilte Segelteam durchaus ebenbürtig waren. Obwohl wir im offiziellen Sprachgebrauch nie von A- oder B-Team sprachen, hat die inoffizielle B-Mannschaft das A-Team mindestens so oft geschlagen wie umgekehrt. Das war nicht nur Balsam für jene, die sich gerade nicht im Top-Team befanden, sondern auch Motivation und Druck für das andere Team, es schon beim nächsten mal wieder besser zu machen.«
> Jochen Schümann

Die Entscheidungen über die Zusammenstellung der beiden Teams wurden transparent und plausibel gemacht. Jeder der Segler hatte die potenzielle Chance, sich in das A-Team zu kämpfen. Andersherum musste aber auch jeder aus dem A-Team damit rechnen, bei schlechter Leistung nicht mehr erste Wahl zu sein. Selbst der Gründer und Präsident des Alinghi-Teams, Ernesto

Bertarelli, und der erfolgreichste Skipper der AC-Geschichte, Russel Coutts, stellten sich diesem internen Wettbewerb. Die Spielregel war klar: Kompetenz statt Prominenz.

Die Verteidigung des America's Cups 2007 barg die besondere Herausforderung, dass der Titelverteidiger nur in die Finals eingreift, während der Herausforderer als Sieger des Louis Vuitton Cups über aktuelle Rennerfahrungen unter Wettbewerbsbedingungen verfügt. Das Alinghi-Team reagierte auf diesen Nachteil mit zwei Vorgehensweisen. Zum Ersten initiierte man erstmals in der neueren Geschichte des America's Cups sogenannte Fleet Races. In den Jahren vor den eigentlichen AC-Rennen wurden weltweit Teams der America's Cup Klasse eingeladen, an Gruppen-Regatten teilzunehmen, um sich im Wettkampf zu messen und so auf die 2007er-Kampagne vorzubereiten. Zum Zweiten professionalisierte Alinghi das Prinzip des internen Wettbewerbs. In In-House-Regatten und teilweise auch bei den offiziellen Fleet-Races traten jeweils zwei Alinghi-Boote an. Auf diese Weise konnte man nicht nur den Wettbewerb der Segler innerhalb des Teams glaubwürdig gestalten, sondern auch im direkten Vergleich unterschiedliche Designentwicklungen an den beiden Yachten testen.

Neben dem harten Wettbewerb wurde im Alinghi-Team aber auch stets auf den sozialen Ausgleich und auf Fairness geachtet. Ein soziales Element war die Chancengleichheit aller Teammitglieder, sich in das erste Team zu segeln. Ein weiterer Aspekt war das offene gegenseitige Feedback und ein konsequentes De-Briefing, das es den schwächeren Seglern ermöglicht hat, ihre Fehler zu erkennen und sich weiterzuentwickeln. Weiterhin wurden über Maßnahmen der Kommunikation und des Konfliktmanagements – wir werden später im Kapitel darauf eingehen – das Zugehörigkeitsgefühl der Teammitglieder gestärkt, Wertschätzung vermittelt und der zwischenmenschliche Austausch gefördert. Ein offener und institutionalisierter Erfahrungsaustausch und das regelmäßige Durchmischen der Trainingsteams stellten sicher, dass Erfolgskonzepte für alle transparent und zugänglich waren. Letztendlich wurde stets betont, dass der interne Wettbewerb nur dazu diente, dem gemeinsamen Wunsch nach der besten Lösung, nach High Performance näher zu kommen.

Wettbewerb und sozialer Ausgleich im WM-Team

Auch Jürgen Klinsmann erhob den Wettbewerb auf jeder Position zum Primat. Sehr große Beachtung in der Öffentlichkeit fand die sogenannte T-Frage, also der Kampf um die Nummer 1 auf der Torwartposition zwischen Oliver Kahn und Jens Lehmann. Klinsmann nahm der als Titan oder King Kahn gefeierten, langjährigen Nummer 1 im Tor der **Deutschen Fußball-Nationalmannschaft** die Stammplatzgarantie und entfachte damit einen mehrmonatigen internen Wettbewerb. Nach Aussage von Oliver Bierhoff kam der Auseinandersetzung zwischen Kahn und Lehmann auch symbolischer Wert für den internen Wettbewerbsgedanken zu:

> »Die Torwartfrage hat einerseits für Unruhe gesorgt, andererseits hat sie aber auch große symbolische Kraft gehabt. Es war plötzlich jedem Spieler klar, dass es unter Klinsmann keine Stammplatzgarantie mehr gibt. Jeder, auch Oliver Kahn, muss sich dem Wettbewerb stellen und auf dem Weg zur WM an sich arbeiten, um noch besser zu werden.«
> Oliver Bierhoff

Der interne Wettbewerb um die Nummer 1 im deutschen Tor wurde weitgehend fair ausgefochten, führte aber zu Spannungen im gesamten Team. Die Eiszeit zwischen den beiden Kontrahenten wurde im Team zwar kompensiert, barg aber eine Gereiztheit in sich, die stets die Gefahr zur Eskalation in sich trug. Dass es nicht zum Eklat kam, war der persönlichen Größe und Routine der beiden Spieler geschuldet. Das soziale Element der Kooperation kam dann für alle sichtbar erst am Ende der Weltmeisterschaft zum Ausdruck: Als es gegen Argentinien zum Elfmeterschießen um den Einzug ins Halbfinale kam, ging Oliver Kahn auf Jens Lehmann zu und versöhnte sich sichtbar mit dem Kontrahenten, der ihm zwei Monate zuvor den Stammplatz entrissen hatte.

> »Oliver hat mir vor dem Elfer-Schießen gesagt: ›Junge, das ist Dein Ding!‹ und mir viel Glück gewünscht. Das war eine schöne Geste, insbesondere, wenn man unsere Vorgeschichte kennt.«
> Jens Lehmann (Deutscher Nationaltorwart)

Es wird an dem Beispiel der T-Frage deutlich, dass eine Überbetonung des Wettbewerbsgedankens ohne zeitgleiche Berücksichtigung des sozialen Ausgleichs zu Konflikten und dem unnötigen Verlust von Energie und Fokus innerhalb eines Teams führt. Die spannungsgeladene Beziehung zwischen den beiden Aspiranten auf den Stammplatz hätte auch zum Eklat führen können. Letztendlich ist eine Paarbeziehung nicht auf Dauer aufrechtzuerhalten, wenn sich beide Parteien in einem gnadenlosen Wettbewerb befinden, der auf Sieg oder Niederlage hinausläuft. Am Ende der Auseinandersetzung muss eine Aussöhnung stehen im Sinne des Vereinbarens eines Friedensvertrags zum Umgang mit dem Konflikt, andernfalls bleibt nur die Option eines Sieg-Friedens und im Regelfall das Ende der Paarbeziehung. Kahn erklärte noch während der Weltmeisterschaft seinen Rücktritt aus der Nationalmannschaft. Bei dem Führungsprinzip Co-opetition kommt es bei allem internen Wettbewerb auf den moderierenden Einfluss des sozialen Ausgleichs an. Nur aus der richtigen Mischung zwischen Wettbewerb und Kooperation innerhalb des Teams kann Höchstleistung entstehen und dauerhaft gesichert werden.

Sauber und Ferrari – Co-opetition zwischen Wettbewerbern

Das Prinzip der Co-opetition eignet sich nicht nur als strukturelles Arbeitsprinzip innerhalb eines Teams, sondern auch als Vorgabe für die Gestaltung der Zusammenarbeit zwischen konkurrierenden Anbietern auf einem gemeinsamen Markt. Unter Berücksichtigung der Vorgaben der Wettbewerbsaufsicht sind verschiedene Formen der Zusammenarbeit zwischen Konkurrenten möglich, ohne dass deren Eigenständigkeit in Frage gestellt wird. In Hochtechnologiebranchen sind beispielsweise Entwicklungspartnerschaften durchaus üblich. Ein Erfolgsbeispiel aus der High-Tech-Branche Formel 1 liefert das **Sauber-Team**, das eine Kooperation mit dem italienischen Branchenprimus **Ferrari** eingegangen war, die beiden Seiten Vorteile ermöglichte.

Aus den Erfahrungen mit unzuverlässigen Partnern in den ersten Jahren der Formel 1 hatte das Sauber-Team gelernt und darüber hinaus, nachdem die Bemühungen um die Sponsoren Red Bull und Petronas so erfolgreich verlaufen waren, einiges an Selbstbewusstsein aufgebaut. Peter Sauber kam zu dem Entschluss, dass man auf Ford nicht zwingend angewiesen war, um bessere Alternativen zu finden. Kurz darauf trennten sich die beiden Parteien in gegenseitigem Einvernehmen.

Um einen neuen Partner für die Motorenkonstruktion zu finden, baute Peter Sauber auf sein persönliches Netzwerk. Es bedurfte zwar einiges an Hartnäckigkeit und Gespür für den richtigen Augenblick, doch dann landete Peter Sauber einen bemerkenswerten Coup: Über seinen langjährigen Freund Jean Todt – seinerseits Rennsportchef bei Ferrari – etablierte Sauber eine Motoren-Partnerschaft mit dem Top Team des F1-Zirkus. Petronas lieferte die hierfür nötige finanzielle Unterstützung und überwies geschätzte US$ 28 Millionen pro Jahr für die starken, aber auch teuren Ferrari-Motoren nach Maranello. Die Motoren wurden als Gegenleistung auf den Namen Petronas umgetauft. Die Kooperation der Schweizer mit Ferrari versetzte das Sauber-Team in die Lage, im Wettbewerb der Giganten mitspielen zu können, obwohl es nicht wie McLaren-Mercedes, BMW, Renault, Jaguar und Toyota einen Automobilkonzern hinter sich hatte.

Im Gegenzug für die Motoren hatte sich Ferrari ein Mitspracherecht im Team Sauber erbeten, beispielsweise die Möglichkeit, auf die Auswahl der Fahrer für die jeweils kommende Saison Einfluss nehmen zu können und die Sauber-Piloten für eigene Testfahrten ausleihen zu dürfen. Das kam den Schweizern nur zupass:

> »Es kann für uns nur von Vorteil sein, wenn unsere Piloten mit den Eindrücken von einem Spitzenauto zu uns zurückkommen. Wir versuchen, möglichst viel von der Kooperation mit Ferrari zu profitieren.«
> Peter Sauber

Die Kooperation zwischen Ferrari und Sauber führte zu einem offenen und auf Vertrauen basierenden Verhältnis zwischen zwei gegnerischen Teams, wie es in der Formel 1 bis dahin nicht zu finden gewesen war. Natürlich stimmte für beide Seiten auch der return on investment, jedoch wäre es ohne die Bindungskraft der Freundschaft und gegenseitigen Wertschätzung zwischen Jean Todt und Peter Sauber nie soweit gekommen.

> »Trotz der knallharten Konkurrenz in der Formel 1 und der gegenseitigen Bespitzelung der Teams bin ich der Meinung, dass jedes Team langfristig, und ich betone langfristig, nur über vertrauensvolle Partnerschaften weiterkommt.«
> Peter Sauber

Feedback-Kultur

Ein zentrales Element bei der Entwicklung von Höchstleistung ist Feedback. Keine Abteilung, kein Team, keine Person wird als Experte geboren. Höchstleistung entsteht vielmehr aus einem kontinuierlichen Lernprozess im Verlauf einer Abfolge von Versuch und Irrtum. Je besser es einem Team gelingt, aus den begangenen Fehlern und Ineffizienzen zu lernen, desto größer ist die Chance, schnell einen effektiven Arbeitsprozess zu etablieren. Die Schlüssel zum Lernen sind Herausforderungen und Feedback. Wie bereits vorab dargestellt, findet persönliches Wachstum nur dann statt, wenn man die Gelegenheit hat, sich an herausfordernden Aufgaben zu versuchen. Damit die Bearbeitung einer Herausforderung jedoch zum Lernerfolg führt, muss Feedback hinzukommen. In der Verbindung vom Bearbeiten von Herausforderungen und prozessbegleitendem Feedback entsteht Kompetenzzuwachs. Das gilt für Individuen wie für gesamte Teams. Man wächst mit den Aufgaben, so die bekannte Redensart.

Die Bedeutung von Feedback für Motivation und Entwicklung

Die Bedeutung von Feedback für den Lernerfolg ist in der pädagogischen Psychologie und Methodenlehre über Jahrzehnte hinweg untersucht und immer wieder bestätigt worden. Das Forschungsteam von Bangert-Drowns (1991) beispielsweise fasste im Zuge einer Meta-Analyse empirische Vergleichsstudien zusammen und wies den deutlich positiven Effekt von Feedback auf den Lernerfolg nach. Heubusch und Lloyd (1998) stellten fest, dass der Lernerfolg nach einem ausführlichen Feedback deutlich höher war als nach einem Feedback, in dem lediglich mitgeteilt wurde, ob eine Aufgabe richtig oder falsch gelöst worden war. In zahlreichen Studien konnte kein Lerneffekt nachgewiesen werden, wenn Aufgaben ein zweites Mal vorgelegt wurden, ohne zuvor ein Feedback gegeben zu haben. Dabei ist es bezeichnend, dass der Lerneffekt durch Feedback am Größten ist, wenn die Lernenden sich zuvor eigenständig versucht und dabei Fehler gemacht hatten. Eine theoretische Voraberklärung oder Bereitstellung der richtigen Lösung, die dann in der Aufgabe lediglich reproduziert werden musste, war weniger wirksam als das Lernen durch Versuch, Irrtum und Feedback (z.B. Epstein et al., 2002). Der Lernerfolg durch Versuch, Irrtum und Feedback ist nachhaltiger. Zudem kann das Gelernte flexibler auf wesensähnliche, aber nicht identische Aufgaben übertragen werden. Für einen kontinuierlichen Lern- und Verbesserungsprozess in Hochleistungsteams bedeuten diese Erkenntnisse, dass dem Team und jedem Mitglied die Möglichkeit zum Fehlermachen eingeräumt werden muss. Idealerweise steigen die zu bearbeitenden Teilaufgaben in ihrem Schwierigkeitsgrad kontinuierlich an. Entscheidend für den Lernerfolg ist neben dem Bereitstellen von Herausforderungen on-the-job ein zeitnahes und differenziertes Feedback.

In der betrieblichen Praxis wird der Bedeutung von Feedback Rechnung getragen durch Controllinginstrumente zum Performance-Management. Je höher ein Manager in der Hierarchie angesiedelt ist, desto weniger Feedback erhält er in der Regel zum Weg der Zielerreichung, sprich zu seinem Verhalten und seinen Entscheidungen. Das Feedback im Senior-Management eines Unternehmens erfolgt in der Regel ergebnisorientiert, d.h. die Leistung eines Managers wird anhand der von ihm zu verantwortenden Resultate, in der Regel repräsentiert durch quantitative Kenngrößen, bewertet und zurückgemeldet. Ein persönliches Feedback zur Qualität der Vorgehensweise ist die Ausnahme. Einige Manager sprechen uns gegenüber von einem Glücksfall, wenn sie an Vorgesetzte berichten, die ihnen Rückmeldungen zu ihrem Verhalten, ihrem Auftreten, ihren Entscheidungen oder gar ihrer Persönlichkeit geben.

Der **ThyssenKrupp-Konzern** hat die Bedeutung eines qualitativen Feedbacks für das persönliche Wachstum ihre Führungskräfte erkannt und diverse Instrumente entwickelt und institutionalisiert, die für eine regelmäßige Rückmeldung an die Führungskräfte auch jenseits der üblichen kennzahlengeleiteten Methoden des Performance Measurements sorgen. So gibt es beispielsweise im Rahmen von Großaufträgen, die sich im Anlagebau nicht selten über mehrere Jahre mit Projektvolumina im Milliardenbereich erstrecken, kontinuierliche Feedback- und Reviewmeetings, in denen die Beteiligten ungeschminkt und schonungslos intern Kritik an Prozessen und Personen üben. Jede Führungskraft setzt sich zudem einer jährlichen Leistungsbeurteilung durch den Vorgesetzten und in regelmäßigen Abständen einem Feedback durch Mitarbeiter, Kunden und Kollegen aus. Ergänzend wird ein Development-Center für Top-Führungskräfte angeboten, das ausschließlich der Generierung von individuellen Verbesserungsansätzen auf der Basis eines differenzierten Persönlichkeitsfeedbacks dient (für eine Projektbeschreibung siehe Heidbrink & Kusenberg, 2007).

Aber Feedback ist nicht nur entscheidend für den Lernerfolg, sondern auch für die Motivation. Es ist doch ganz klar: Wenn ein Mitarbeiter, der sich engagiert hat für eine Aufgabe und persönlich der Ansicht ist, ein außergewöhnlich gutes Ergebnis erzielt zu haben, überhaupt keine Rückmeldung erhält, wird er in der Folge nur noch Dienst nach Vorschrift absolvieren. Mit freiwilliger Mehrleistung oder außergewöhnlicher Beteiligung ist dann nicht mehr zu rechnen. Das amerikanische Meinungsforschungsunternehmen Gallup fragte Führungskräfte und Mitarbeiter nach den aus ihrer Sicht größten De-Motivatoren. Nahezu 80% der Befragten, unabhängig von der Hierarchie oder der Branche, bezeichneten kein Feedback als den bedeutendsten De-Motivator in ihrem beruflichen Umfeld. Damit war nicht gemeint, dass die Mitarbeiter negative Rückmeldungen oder zu wenig Lob erhielten, sie erhielten überhaupt keine Rückmeldungen zu ihrem Verhalten oder ihren Ergebnissen. Kein Feedback kann als einer der wichtigsten Hinderungsfaktoren für Engagement und Einsatzwille bei den Mitarbeitern gelten.

Was ist gutes Feedback?

Da die Bedeutung von Feedback für die Weiterentwicklung und für die Motivation eines Teams beziehungsweise Individuums zentral ist, müssen wir die Frage beantworten, was ein gutes Feedbackverhalten im Arbeitsalltag ausmacht. Kurz gesprochen ist ein gutes Feedback aus unserer Sicht authentisch und situationsgerecht. Authentisch meint, dass die Rückmeldungen mit den

Überzeugungen und echten Empfindungen des Feedbackgebers im Einklang stehen müssen. Mit situationsgerecht wird betont, dass die Rückmeldungen den Erwartungshaltungen und Rahmenbedingungen der jeweiligen Situation, in der das Feedback angeboten wird, entsprechen. In der Kombination dieser beiden Bedingungen für gutes Feedback ergeben sich vier Alternativen, die in Abbildung 10 veranschaulicht sind.

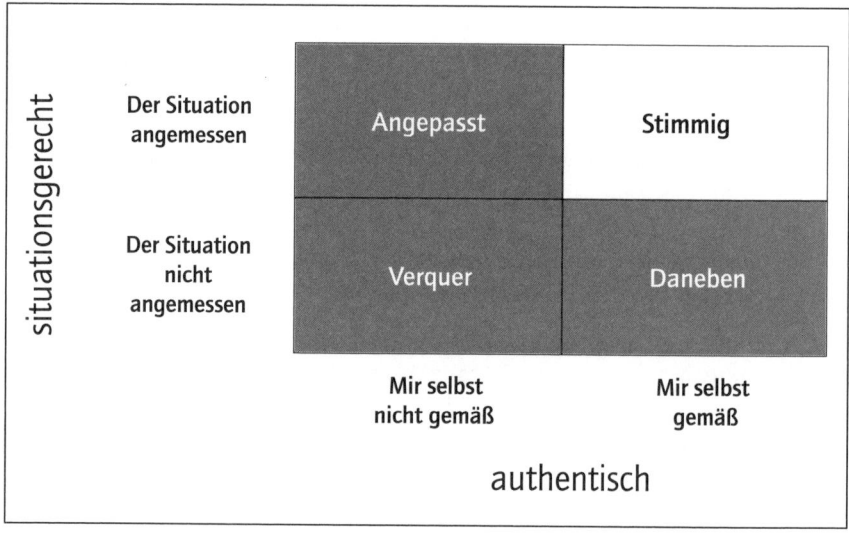

Abbildung 10: Gutes Feedback ist authentisch und situationsgerecht

In Hochleistungsteams wird ein direktes und offenes Feedback gepflegt. Die Rückmeldungen erfolgen auch immer zeitnah und anlassbezogen, was den Lerneffekt des Feedbacks unterstützt. Wir konnten beispielsweise Zeuge eines sehr direkten und authentischen Feedbacks im Rahmen einer Teamsitzung des Alinghi-Teams werden: Nachdem sich einer der Skipper zur Toilette entschuldigt hatte, knallte die Tür wenige Augenblicke später wieder auf, und der Skipper stand wieder im Raum. Mit nicht zitierfähigen Ausdrücken brachte er seinen Unmut über die aus seiner Sicht nicht optimale Reinigung der Toilette durch den Vorbenutzer zum Ausdruck und verlangte, dass sich dieser unverzüglich melden und die Reste seiner Machenschaften entfernen sollte. Zu unserer Überraschung stand tatsächlich ein Crewmitglied auf, entschuldigte sich nicht unterwürfig, aber glaubwürdig und erledigte die vernachlässigte Reinigungstätigkeit ohne weiteren Verzug. Anschließend war der Vorfall aber auch genau so schnell wieder vergessen wie er aufgekommen war.

In jedem Fall war das Feedback des Skippers authentisch, ob es darüber hinaus auch situationsgerecht war, lässt sich anzweifeln. Vermutlich wäre es als nicht angemessen wahrgenommen worden, wenn ein weniger angesehenes Teammitglied den gleichen emotionalen Ausbruch gezeigt hätte, dabei unter Umständen noch den Skipper in seinem Vortrag unterbrochen und die Konzentration der Zuhörer gestört hätte. Neben dem Wunsch nach einem offenen und authentischen Feedback ist also immer auch zu beachten, welchen Rahmen die jeweilige Situation bildet und welche Erwartungshaltungen an die jeweiligen Rollen gestellt werden. Wenn eine Führungskraft Feedback an ein Teammitglied gibt, ist noch längst nicht vorauszusetzen, dass es situationsgerecht wäre, wenn das Teammitglied eine Rückmeldung an den Vorgesetzten gäbe. Die Rollenerwartung, wer wem Feedback zu seiner Leistung geben darf, ist in unserer Gesellschaft nach wie vor sehr stark an die Hierarchie und den Status der beteiligten Personen gekoppelt. Ein guter Feedbackgeber erkennt die Zeichen der Situation und bringt das nötige Einfühlungsvermögen auf, die Angemessenheit des eigenen Feedbacks im Vorfeld zu überprüfen und sich entsprechend darauf einzustellen.

Im Wesentlichen lassen sich nun zwei Grundvorstellungen bezüglich eines guten Feedbackverhaltens erkennen: Auf der einen Seite herrscht die Erwartungshaltung eines authentischen, unmittelbaren und offenen Feedbacks vor, auf der anderen Seite sollen Feedbackgeber die Erfordernisse der Situation berücksichtigen und die Wirkung ihres Feedbacks beachten. Tatsächlich kann man auch in der Literatur zwei Lehrmeinungen bezüglich eines guten Feedbackverhaltens ausmachen (z.B. Schulz von Thun et al., 2005). Auf der einen Seite ist es ein erstrebenswerter Wert, in der teaminternen Kommunikation authentisch, offen und ehrlich zu sein. Allerdings muss sichergestellt sein, dass diese Offenheit nicht uneingeschränkt gilt, sonst führt dies zu unvorsichtigen Äußerungen, welche unter Umständen die Beziehung zu einem Teammitglied beschädigen und Narben hinterlassen. Es ist naiv zu glauben, durch den vorweg geschickten Appell: »Nimm es nicht persönlich!« ließe sich eine Feedbackkultur verordnen, in der alles gesagt werden darf. Die persönliche Verletzung eines Kollegen lässt sich über das Intellektualisieren von Feedback nicht ausschließen. Empfindungen, wie das Gefühl, übergangen worden zu sein, nicht wertgeschätzt oder akzeptiert zu werden, Opfer von Ungleichheit und Ungerechtigkeit geworden zu sein oder unfair behandelt zu werden, lassen sich nicht einfach wegdiskutieren. Emotionen werden in anderen Hirnarealen verarbeitet als das Denken, Planen und Rationalisieren. Denken und Fühlen passen nicht immer überein. Beispielsweise kann man gekränkt oder verärgert sein, obwohl das Denkhirn an die vereinbarte Spielregel zum offenen Feedback erinnert. Der häufig verwendete Aufruf, Person und Sache zu trennen, wird in der Regel so interpretiert, dass man sachlich bleiben und die Emotionen außen vor lassen soll. Der erfolgversprechendere Ansatz ist hingegen, die Befindlichkeiten zur Aussprache zu bringen und sie damit verhandelbar zu machen. Die Verhandlung ist der zivilisierte Umgang mit Konflikten. In dem Moment, da Emotionen ausgesprochen sind, sind sie als rationales Element einer Verhandlung zugänglich.

Für eine gute Feedbackkultur in einem Team, das Höchstleistung anstrebt, ist es also bei allen Appellen nach einem offenen Feedback wichtig, die Wirkung des Gesagten zu antizipieren, mit anderen Worten das Feedback mit vollem Wirkungsbewusstsein auszusprechen. Gutes Feedback bewegt sich immer in einem Spannungsfeld zwischen Offenheit und Wirkungsbewusstsein. Jeder der beiden Pole darf nicht überstrapaziert werden. So wird unbedachte Offenheit schnell als Naivität oder ein überzogenes Wirkungsbewusstsein als fassadenhaft und manipulativ wahrgenommen. In Anlehnung an die von Schulz von Thun (2005) entwickelten sogenannten Wertequadrate lässt sich das Spannungsfeld eines guten Feedbackverhaltens darstellen wie in Abbildung 11.

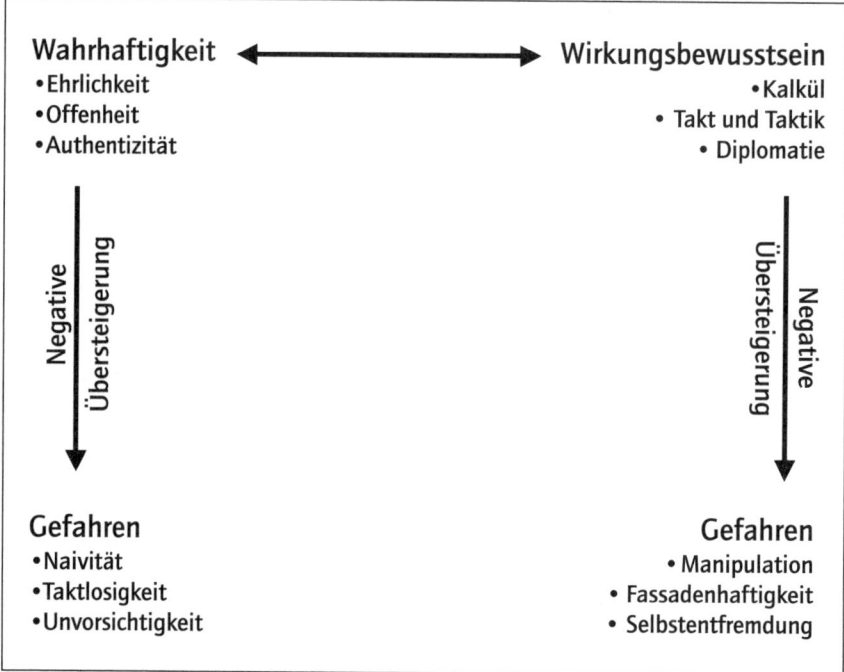

Abbildung 11: Gutes Feedback bewegt sich immer zwischen Wahrhaftigkeit und Wirkungsbewusstsein

Dazu ein **Beispiel**: Im Rahmen eines breit angelegten Changeprojekts hatte sich eine große **Versicherung** der Veränderung der Feedbackkultur im Hause verschrieben. Der Vorstand war der Ansicht, und das war auch durch die Ergebnisse einer gerade durchgeführten Mitarbeiterumfrage bestätigt worden, dass die Feedbackkultur in der Versicherung verbesserungswürdig war. Es wurde bemängelt, dass es insgesamt zu wenig Feedback gab und wenn Feedback gegeben wurde, dann immer von oben nach unten. Man wünschte sich ein dynamisches Unternehmen, in dem alle Mitglieder der Organisation, unabhängig von ihrer Hierarchie, Kritik und Verbesserungsvorschläge einbringen. Zudem wollte man den Führungskräften eine Rückmeldung zu ihrem Führungsverhalten durch ihre Mitarbeiter ermöglichen. Ein erster Schritt dazu war die durchgeführte Mitarbeiterumfrage, man wollte aber generell ein Klima des offenen Feedbacks und des ehrlichen und authentischen Miteinanders etablieren. Eine Projektgruppe entwickelte ein Leitbild, in dem die Offenheit in der Kommunikation an oberster Stelle stand. Im Sinne des obigen Schaubildes befand sich die Organisation in der unteren rechten Ecke: Die Mitglieder der Organisation trauten sich nicht, sie taktierten und paktierten und das meistens subtil und hinter vorgehaltener Hand. Die von der Projektgruppe ausgelobte Stoßrichtung der Organisationsentwicklung zu mehr Offenheit entspricht einer Diagonalen in dem obigen Schaubild von unten rechts nach oben links. Wie es aber häufig in dynamischen Projekten passiert, schoss das Projektteam über das erstrebenswerte Ziel des offenen und authentischen Feedbacks hinaus. Überall wurden plötzlich Hindernisse der offenen Kommunikation entdeckt und beseitigt, alles wurde unter dem Primat der offenen und ehrlichen Kommunikation auf den Prüfstand gestellt. In der Nachbesprechung der Ergebnisse der Mitarbeiterumfrage wurden Workshops mit jeder Führungskraft und den jeweiligen Mitarbeitern organisiert, die von einem externen Psychologen moderiert wurden. Mit bester Absicht wurden die Workshops zugespitzt auf die zu verbessernden Aspekte, ohne dabei jedoch deren Bedeutung für das tägliche gemeinsame Arbeiten in eine vernünftige Relation zu setzen. Die Mitarbeiter wurden durch bestimmte Moderationsmethoden und durch eine gesteuerte Gruppendynamik angehalten, möglichst offenes und ungeschminktes Feedback zu geben. In mehreren Fällen führte diese Vorgehensweise zu einem schonungslosen Abrechnen mit dem Vorgesetzten, was eine tiefe Verletzung des gegenseitigen Vertrauens nach sich zog. Es gab mehr als eine Abteilung, in der das betriebliche Miteinander nach diesen Workshops schlechter funktionierte als vorher. Die Ursache lag in einer negativen Übersteigerung des an sich positiven Wertes der offenen Kommunikation. Es wurden Aspekte erörtert, die für einen friedlichen und effektiven Arbeitsprozess im Alltag keine Relevanz aufwiesen. Die Wirkung des schonungslos offenen Feedbacks war nicht hinreichend berücksichtigt worden. Es gilt, stets die Bedeutung und die Auswirkung von Feedback im Blick zu wahren. Das kann so weit gehen, dass ein Vorgesetzter auf Feedback an einen Mitarbeiter verzichten muss, wenn er sich vollkommen sicher ist, dass der Mitarbeiter an dem Sachverhalt ohnehin nichts verändern kann und durch das Feedback nur unnötig verärgert oder verunsichert werden würde.

Feedback braucht institutionalisierte Plattformen

Da in einem Feedbackprozess immer auch die Wirkung der eigenen Aussagen und deren Angemessenheit für bestimmte Situationen bedacht werden muss, ist es nicht verwunderlich, dass sich manche Mitarbeiter nicht öffentlich äußern und mit ihrer Kritik hinterm Berg halten. Ganz im Gegenteil: Es wäre unter Umständen sogar naiv oder selbstschädigend, jede Meinung über das Unternehmen oder den eigenen Vorgesetzten offen kundzutun. In der oben beispielhaft angeführten Versicherung herrschte eine klare Struktur mit einer traditionell ausgeprägten Hierarchiegläubigkeit vor. In dieser Unternehmenskultur wäre es von einem Mitarbeiter töricht gewesen, bei jeder sich bietenden Gelegenheit die eigene Meinung beispielsweise über strategische und unternehmenspolitische Maßgaben detailliert darzulegen. Durch Sanktionsmechanismen, die teilweise auch subtil erfolgten über verdeckte Missachtung, Ausgrenzung oder Isolierung, waren die Mitarbeiter über Jahrzehnte hinweg so sozialisiert worden, dass sie ihre eigene Meinung nur unter ganz bestimmten Umständen und eigentlich nur im engsten Kreis der persönlich Vertrauten preisgaben. Für Hochleistungsteams ist es aber notwendig, dass die kreativen Potenziale und hilfreichen Gedanken aller Beteiligten abgerufen und transparent gemacht werden. Es gilt daher, Umstände zu schaffen, unter denen auch die Mitglieder der unteren Hierarchiestufen bereit sind, ihre Kritik und ihre Meinung offen darzulegen. Es müssen Situationen geschaffen werden, in denen eine schonungslose Offenlegung der Defizite und Verbesserungsnotwendigkeiten nicht nur akzeptiert, sondern gefordert wird. Den Beteiligten muss dabei klar sein, dass die Offenheit als situationsgerecht angesehen wird und ein Teil der Rollenerwartung ist und dass sich niemand mit offener Kritik selbst schadet.

Institutionalisiertes Feedback in der Praxis

Eine klassisch institutionalisierte Plattform für Feedback wurde im **Alinghi-Team** gepflegt. Nach jeder Trainingsausfahrt wurde ein Debriefing an Land durchgeführt, bei dem jeweils ein Crewmitglied dem Team ein direktes Feedback geben musste. Jochen Schümann bestimmte jeweils ein anderes Teammitglied und stellte auf diese Weise sicher, dass auch die schweigsameren Kollegen zu Wort kamen. Der Fokus der Rückmeldungen lag auf den erfolgversprechenden Ansätzen und Stärken des Teams, es kamen aber auch Defizite zur Aussprache. Der Feedbackgeber wurde jeweils bereits auf der Rückfahrt in den Hafen bestimmt und war von den Aufgaben beim Festmachen und Sichern des Bootes befreit. In dieser Zeit konnte der jeweilige Feedbackgeber das Erlebte in Worte fassen und sich auf seinen Beitrag zum Debriefing vorbereiten.

Auch das **DFB-Team** band die Teammitglieder in den Feedback-Prozess ein. Beispielsweise wurde es zur Tradition, dass einer der Ersatzspieler unmittelbar vor dem Spiel eine Ansprache an die Mannschaft hielt. Welche Bedeutung solche institutionalisierten Feedbackformen für die beteiligten Teammitglieder hatten, dokumentiert die Aussage des Nationalspielers Thomas Hitzlsperger.

> »Vor dem Spiel gegen Schweden kam Jürgen Klinsmann zu mir und fragte mich, ob ich die Kabinenansprache halten will. Ich hab die Sache sehr ernst genommen und mir während der Mittagsruhe auf meinem Zimmer viel Zeit genommen, um etwas Sinnvolles vorzubereiten. Obwohl ich nur Ersatzspieler an diesem Tag war, war ich wegen meiner bevorstehenden Rede ziemlich nervös.«
> Thomas Hitzlsperger (Deutscher Nationalspieler seit 2004)

Eine andere Form des institutionalisierten Feedbacks wählte das Führungsteam der größten Niederlassung einer **Schweizer Bank**. Die Niederlassung bestand aus knapp 70 Mitarbeitern, die von fünf Gruppenleitern und einer Niederlassungsleiterin gesteuert wurden. Das sechsköpfige Führungsteam traf sich jeden Montagnachmittag, um aktuelle Themen und anstehende Aufgaben zu besprechen. Man wollte als Führungsteam mit einer Stimme sprechen und die Vorgehensweisen in den diversen Funktionsbereichen der Niederlassung aufeinander abstimmen. Mit der Zeit kamen in dem Team jedoch Spannungen auf, die über uneffektive Montagsrunden, persönliche Befindlichkeiten und unterschiedliche Distanz-Nähe-Beziehungen der beteiligten Personen zum Ausdruck kamen. Als die Niederlassungsleiterin befürchtete, die spannungsgeladene Atmosphäre könnte eskalieren, machte sie den Vorstoß, sich gegenseitig ein persönliches Feedback zu geben. Sie selbst wollte dazu den Anfang machen und stellte sich den Rückmeldungen ihrer Gruppenleiter. Nach einigen Diskussionen einigte man sich auf einen rollierenden Prozess, bei dem jedes Mitglied des Führungsteams zunächst einmal ein persönliches Feedback von den Teamkollegen erhalten sollte. An jedem zweiten Montag im Monat wurde ein Teil des regelmäßigen Meetings für das persönliche Feedback reserviert.

Nach sechs Monaten hatte jedes Teammitglied eine Rückmeldung zur eigenen Wirkung, zum Auftreten, zu den wahrgenommenen Stärken und Schwächen von den eigenen Kollegen erhalten. Nach der ersten Runde waren alle Beteiligte von der Wirksamkeit des Feedbacks überzeugt. Man beschloss einstimmig, diese Form des gegenseitigen Feedbacks zu institutionalisieren. Nach dem Weggang der Niederlassungsleiterin führte das Team die gegenseitigen Feedbacks weiterhin nach den vereinbarten Spielregeln durch und setzte auch bei der neuen Niederlassungsleitung durch, diese Form des institutionalisierten Feedbacks beizubehalten. Über die Jahre hinweg ergaben sich immer wieder neue Entwicklungsthemen, es ließen sich bei allen Beteiligten aber auch eine persönliche Reifung und eine Abrundung der Persönlichkeit feststellen. Nur unter den Maßgaben eines verbindlich festgelegten Vorgehens und im Rahmen einer institutionalisierten Plattform war es den Mitgliedern des Führungsteams möglich, sich ein offenes und persönlich relevantes Feedback zu geben.

Information als Holschuld

In jedem Unternehmen wird darüber gestritten, ob Informationen Hol- oder Bringschuld sind. Die Begriffe Hol- oder Bringschuld stammen eigentlich aus dem Kaufvertragsrecht: Es wird geregelt, ob der Schuldner die Leistung zum Ort des Gläubigers bringen muss oder umgekehrt. Im Informationsmanagement großer Organisationen bezeichnet die Bringschuld die Verantwortung desjenigen, der über die Informationen verfügt, diese allen anderen, die sie benötigen, rechtzeitig und in geeignetem Umfang zur Verfügung zu stellen. Die Holschuld sieht hingegen die Verantwortung bei demjenigen, der bestimmte Informationen benötigt, diese beim Informationshalter rechtzeitig und in geeigneter Form abzuholen. Für beide Informationsprozesse gibt es gute Argumente, so dass eine Festlegung auf das Prinzip der Hol- oder der Bringschuld wichtige Aspekte außer Acht lassen würde. Tatsächlich konnten wir in High-Performance-Teams sowohl das Prinzip der Holschuld als auch der Bringschuld beobachten.

Aus unserer Sicht ist es empfehlenswert, dem Prinzip der Holschuld ein Primat einzuräumen. Es betont die Eigenverantwortung der Mitarbeiter und korrespondiert damit hervorragend mit der Stärkung des Einzelnen über das Prinzip der Arbeitsautonomie. Ein wichtiger Schritt im Zuge eines professionellen Informationsmanagements ist das Erheben des Informationsbedarfs der beteiligten Parteien. Zu Beginn von Großprojekten werden beispielsweise für jede Funktion des Projektteams separat die Art und der Umfang der benötigten Informationen festgelegt. Das Prinzip der Holschuld folgt diesem Gedanken:

Zunächst muss jedes Mitglied für sich entscheiden, welche und wie viele Informationen es für ein erfolgreiches Wirken im Team benötigt. Hierbei kann es individuell sehr große Unterschiede geben. Während mancher eine breite Informationsbasis benötigt und auch über Randbereiche und Nachbarthemen informiert sein möchte, wollen andere lieber weniger Informationen über das große Ganze, um besser den eigenen Fokus wahren und sich auf die zugewiesenen Aufgaben konzentrieren zu können. Nach dem Prinzip der Eigenverantwortung kann jedem Teammitglied Freiheit eingeräumt werden bei der Bestimmung des benötigten Informationsumfangs. Die Initiative für das Einholen der Informationen muss immer von dem Mitarbeiter ausgehen. Das ist das Primat der Holschuld.

Natürlich gibt es Situationen im betrieblichen Alltag, in denen der Vorgesetzte über Informationen verfügt, von denen niemand sonst im Team weiß, dass sie existieren. Sollten diese Informationen Relevanz für das Arbeiten der Teammitglieder aufweisen, wäre es fahrlässig, wenn der Vorgesetzte nicht dafür Sorge tragen würde, dass die Informationen an die sie betreffenden Mitarbeiter weitergeleitet werden. Die Initiative für das Einholen dieser Informationen kann in diesen Fällen nicht vom Mitarbeiter ausgehen, da dieser nicht von der Existenz dieser Art von Informationen weiß. Das ist der Anteil der Bringschuld, der für ein effizientes Kommunikationsklima innerhalb eines Teams Bedeutung hat.

Das Zusammenspiel von Hol- und Bringschuld lässt sich wie folgt auf den Punkt bringen: Der Mitarbeiter ist dafür verantwortlich, dass er die Art und den Umfang der von ihm benötigten Informationen rechtzeitig anmeldet. Durch Absprachen im Team muss die Informationsverteilung so abgestimmt werden, dass die Teammitglieder ihren Informationsbedarf gedeckt bekommen. Am einfachsten erfolgt dies, wenn Plattformen geschaffen werden, zu denen alle Mitglieder Zugang haben, um sich eigenständig am Informationsbasar zu bedienen. In lokal getrennten Teams können Plattformen zum Informationsaustausch im Inter- und Intranet oder via Telefon- und Videokonferenz geschaffen werden. Optimal ist allerdings der persönliche Austausch vis-à-vis.

Informationsforum bei Alinghi

Das Alinghi-Team beispielsweise öffnete das morgendliche Training im Kraftraum für alle Nicht-Segler des Teams. Nach unseren Beobachtungen war der Effekt dieser gemeinsamen Trainingsstunden nicht nur die Stärkung des abteilungsübergreifenden Zusammenhalts. Der entscheidende Punkt war vielmehr, dass hier im engsten Wortsinn ein Forum geschaffen worden war, auf dem alle ein- und ausgehen, sich austauschen und ungezwungen diskutieren konnten. In Verbindung mit einem geringen Statusgehabe der Führungskräfte führte die gemeinsame Arbeit im Kraftraum zu einem offenen Austausch über alle Funktionsbereiche und Hierarchien des Teams hinweg.

> »Wir hatten eine sehr unkonventionelle und offene Art der Kommunikation. Es gab zwar regelmäßige Meetings, aber wir mussten uns nicht häufig treffen, da wir eigentlich ständig informell Informationen im Gym, auf dem Gang oder am Abend bei einem Bier ausgetauscht haben. Das war speziell und das hatte ich in der Form in meinen vorhergehenden Jobs nicht erlebt.«
> Catherine Pierrin (CFO Team Alinghi)

Für alle zugängliche Informationsplattformen bieten einen geeigneten Rahmen, um das Prinzip der Holschuld praktisch umzusetzen. Es wird die Eigenverantwortung der Teammitglieder betont. Im Gegenzug muss die Teamführung relevante Informationen proaktiv in das Team bringen. Hierzu sind informelle Kommunikationswege weniger geeignet als eine formalisierte Kaskadenkommunikation, da sichergestellt werden muss, dass alle Mitglieder die relevanten Informationen erhalten.

Ein schönes Beispiel für eine erfolgreiche Kommunikation auf der Alinghi erzählte uns Curtis Blewett, ein bereits in jungen Jahren sehr erfolgreicher Segler des Teams. Blewett besetzte die sogenannte Sewer-Position auf der America's Cup Yacht. Der »Näher« beziehungsweise Zweite Bugmann wartet unter Deck auf die nach einem Manöver herabfallenden Segel und verstaut diese so, dass sie sich beim nächsten Gebrauch rasch und fehlerfrei entfalten.

> »Es ist immer schwierig, wenn du wieder ein neues Segel aufziehen musst, ohne dass du weißt, wieso und wie es zu dieser Entscheidung kam. Als ich das reklamierte, wurde mir im Sewerraum ein Lautsprecher installiert, über den die gesamte Kommunikation der fünf Afterguards übertragen wurde. So konnte ich die Konversation in der Leitzentrale des Bootes verfolgen und einen Segelwechsel rechtzeitig antizipieren.«
> Curtis Blewett

Das Beispiel von Curtis Blewett zeigt die Bedeutung sowohl des Prinzips der Hol- als auch der Bringschuld. Das Anmelden des Informationsbedarfs liegt in der Eigenverantwortung des Mitarbeiters, die Bereitstellung der Informationen über entsprechende Kanäle und Plattformen ist in der Verantwortung der Führung.

Umgang mit Konflikten

Natürlich kommt es auch in Spitzenteams zu Konflikten. Der Unterschied zu durchschnittlichen Teams liegt in einem eingespielten Mechanismus zum Umgang mit Konflikten, so dass diese schneller und nachhaltiger gelöst werden. Konflikte sind das Salz in der Suppe des Lebens, der Umgang mit Konflikten kann daher als Fundamentalkompetenz des Menschen gelten. Für ein erfolgreiches Konfliktmanagement müssen zwei Kompetenzen ausgebildet sein: Das eine ist die Fähigkeit, eine Konfliktsituation zu erkennen und richtig zu analysieren, mithin eine Sicherheit bei der Deutung von Konflikten. Das zweite ist die Fähigkeit, sich in Konflikten richtig zu verhalten, was maßgeblich von der Deutungssicherheit der Situation abhängt, aber auch klassische Gesprächsführungsfertigkeiten wie Aussprache, Umgang mit Emotionen, Verhandlung, Konfliktmoderation oder De-Eskalation umfasst.

Vom Pampern und Babysitting

In High-Performance-Teams wird das Prinzip der Eigenverantwortung des Einzelnen stark betont. Das gilt auch für den Umgang mit Konflikten. In erster Linie ist jedes Teammitglied für die Lösung der eigenen Schwierigkeiten, Spannungen und Konflikte im Team selbst verantwortlich. Unter Klinsmann galt das Prinzip der Eigenverantwortung im Konfliktfall nicht nur für die Spieler, sondern auch für das Team hinter dem Spieler-Team, also den Betreuerstab. Während unter vorhergehenden Trainern eine klare Trennlinie zwischen den für die Rahmenbedingungen verantwortlichen Betreuern und den Nationalspielern gezogen wurde, forderte Klinsmann seine Mitarbeiter aktiv auf, eigenständig auf die Spieler zuzugehen und im Konfliktfall die Aussprache zu suchen. Sie sollten den Mut haben, den Spielern gegebenenfalls auch Grenzen aufzuzeigen und Respekt für die eigene Arbeit einzufordern. Jeder Mitarbeiter im Team sollte für seine Expertise anerkannt werden und als Fachmann die gebotene Wertschätzung erhalten. Das galt für jeden Spieler genauso wie für den Trainerstab, den Koch, die Betreuer und den Busfahrer:

> »Klinsmann forderte immer wieder den gegenseitigen Respekt voreinander und untereinander. Das hat Wirkung gezeigt, das spürten wir jeden Tag.«
> Wolfgang Hochfellner (Busfahrer der Deutschen Fußball-Nationalmannschaft)

Ein Ausdruck der Eigenverantwortung war es auch, dass die Spieler trotz all dem Service und der intensiven Betreuung um sie herum dafür Sorge tragen mussten, den Stabskräften optimal zuzuarbeiten und ihnen das Arbeiten so einfach wie möglich zu machen. Nach Aussage des DFB-Büroleiters Georg Behlau habe man streng darauf geachtet, die Spieler nicht »zu pampern«.

Im **Alinghi-Team** wird das Prinzip der Eigenverantwortung »no babysitting« genannt. Es zeigt sich beispielhaft am Umgang der Teamführung mit einem jungen, zu Beginn der Kampagne noch wenig anerkannten Segler.

> »Eines Tages kam einer der jüngsten Segler unseres Teams zu mir, um mir mitzuteilen, dass er sich von den anderen Teammitgliedern zurückgesetzt fühlte. Sie hänselten ihn häufig und warfen ihn vor versammelter Mannschaft ins Wasser. Er bat mich, ihm zu helfen. So schwer es mir auch fiel, ich musste ihm sagen, dass wir keine Kindergartenmentalität pflegen und er sich selbst helfen müsse. Er musste sich den Respekt der anderen selbst erarbeiten. Wenn nämlich ich für ihn zur Mannschaft sprechen würde, würde er den Respekt der anderen vollends verlieren. Er hat das eingesehen und sich im Laufe der Zeit durch Leistung die Anerkennung der Crew erarbeitet.«
> Jochen Schümann

Bertarelli, Coutts und Schümann waren von Anfang an darum bemüht, dass etwaige Probleme und Unstimmigkeiten immer gleich direkt zwischen den betreffenden Personen geregelt wurden. Darüber hinaus gab es einheitliche und für alle Beteiligten transparente Regeln für den Umgang miteinander und sonstige Widrigkeiten. Es galt der Codex »Love it, Change it, or Leave it«, wonach jedes Teammitglied für seine Arbeitszufriedenheit selbst verantwortlich war. Die Führungskräfte gaben dazu die nötigen Freiräume, so dass jeder die Möglichkeit hatte, Missstände selbst sofort zu ändern.

> »Russell sagte uns immer, wenn Ihr Probleme oder Konflikte habt, dann müsst Ihr die selbst lösen. Wenn Ihr das nicht schafft, werde ich die Dinge lösen, dann aber konsequent und eindeutig. Es könnte jedoch sein, dass Euch diese Lösung nicht gefällt, darum würde ich Euch dringend raten, die Dinge selbst in die Hand zu nehmen.«
> Curtis Blewett

Zum Prinzip der Eigenverantwortung in der betrieblichen Konfliktlösung gibt es keine Alternative. Wie Jochen Schümann andeutet, spricht für das Einfordern einer eigenverantwortlichen Konfliktlösung, dass eine einseitige Fürsprache der Führungskraft für eine Konfliktpartei die Akzeptanz des in Bedrängnis geratenen Mitarbeiters bei seinen Kollegen schmälert oder sogar zu weitergehenden Widerständen und Ausgrenzungen führt. Das Statement von Russel Coutts zielt darauf ab, dass eine von der Führungskraft festgelegte Problemlösung mit guter Wahrscheinlichkeit schlechter und weniger akzeptabel ist als ein von den direkt Beteiligten ausgehandelter Kompromiss.

Das entscheidende Argument für das Einfordern einer eigenverantwortlichen Konfliktlösung ist aber, dass alles andere nicht funktionieren kann. In einem Coaching konnten wir Zeuge der folgenden Situation werden: Bei einem zu einem internationalen Konzern gehörenden **Textilmaschinenhersteller** mit Sitz im Westen Deutschlands hatte der Leiter der Produktion die Verantwortung für etwas mehr als 300 Mitarbeiter. Er leitete den Schichtbetrieb mit einer kleinen Gruppe von sechs Meistern, von denen fünf seit mehr als zwanzig Jahren im Unternehmen waren. Der sechste Meister war jünger und unerfahrener als die Kollegen, verfügte aber durch seine Promotion an der RWTH Aachen dem Papier nach über die beste Ausbildung. Nach einigen Monaten kam der junge Meister auf den Betriebsleiter zu und bat ihn, den Wortführer der übrigen Meister einmal zur Seite zu nehmen und ihn aufzufordern, die Sticheleien und persönlichen Ausgrenzungen gegen ihn zu unterlassen. Der Betriebsleiter hielt große Stücke auf den jungen Meister und hatte noch Großes mit ihm vor. Er nahm die Probleme im Team seiner Meister bereits seit längerem wahr und nahm sie sehr ernst. Er wollte den potenzialstarken Mitarbeiter auf keine Fall verlieren und entschloss sich, einmal unparteiisch und ergebnisoffen mit dem alteingesessenen Meister unter vier Augen zu sprechen.

Nach einigen einleitenden Worten, in denen der Betriebsleiter die Situation mit angemessenen Ich-Botschaften und in neutraler Weise beschrieben hatte, fragte der erfahrene Meister skeptisch nach, ob Beschwerden über ihn vorlägen. Der Betriebsleiter antwortete zunächst ausweichend, dass er sich einfach mal die Situation aus der Sicht des Meisters beschreiben lassen wollte. Nach einigen Minuten kam der Gesprächspartner wieder auf die Frage zurück, ob sich der junge Meister über ihn beschwert hätte. Der Betriebsleiter bestätigte, dass es Beschwerden gegeben hatte, er aber nicht bereit war, die Beschwerdeführer zu benennen, da sich diese im Vertrauen an ihn gewandt hätten. Der erfahrene Meister begann sodann mit Mutmaßungen, wer ihn wohl bei seinem Chef angeschwärzt haben könnte. Nach einigen laut ausgesprochenen Gedanken kam er zu dem eindeutigen Schluss, dass sich ja wohl nur der junge Kollege über ihn beschwert haben könnte. Als der Betriebsleiter nicht unmittelbar widersprach, stand für den erfahrenen Meister der Schuldige fest. Empört verlangte er von seinem Vorgesetzten zu erfahren, warum der Kollege nicht direkt zu ihm gekommen sei, schließlich sollte man doch erwachsen genug sein, solche Fragen persönlich zu klären, ohne den gemeinsamen Chef einzuschalten. Der Meister ließ sich nicht mehr beruhigen und verließ wutentbrannt den Raum. Den Kollegen wollte er sich mal zur Brust nehmen, das waren die letzten Worte, die er vor dem Zuknallen der Tür noch sagte. Der Betriebsleiter stand vor einem Scherbenhaufen. Er hatte dem jungen Mitarbeiter Vertraulichkeit zugesichert, die er nicht hatte gewährleisten können. Der erfahrene Meister war verärgert, weil er sich von dem jungen Kollegen angeschwärzt und hintergangen fühlte. Eine Eskalation des Konflikts und weitere Ausgrenzungen waren wahrscheinlich.

Das in guter Absicht geführte Gespräch mit dem alten Meister war von Anfang an zum Scheitern verurteilt. Der Betriebsleiter hatte für das Gespräch zwei Optionen. Er entschied sich für das Verschweigen der Beschwerde, was zu einem vorhersehbaren Hin-und-Her zwischen dem zur Rede gestellten Mitarbeiter und dem Vorgesetzten führte. Der erfahrene Meister kannte seinen Chef gut genug, um schon nach wenigen Minuten zu ahnen, dass es Beschwerden gegeben haben musste. Die Empörung über das unkollegiale Vorgehen des Kollegen war eine logische Reaktion, lenkt sie doch durch einen Ebenenwechsel erfolgreich von der eigentlichen Beschwerde ab. Auch die Drohung, den ohnehin schon unterlegenen Kollegen zur Rede zu stellen, ist typisch für derartige Gesprächsverläufe. Die andere Option des Vorgesetzten für das Gespräch wäre es gewesen, von Anfang an die Beschwerde selbst und den Namen des Beschwerdeführers offen zu legen und den zum Gespräch gebetenen Mitarbeiter um Stellungnahme zu bitten. Auch dieses Gespräch wäre nicht erfolgreich verlaufen. Der Mitarbeiter hätte sich genauso empört über die Vorgehensweise des Kollegen zeigen und damit das Gespräch auf die Verfehlungen des anderen lenken können.

Der nachvollziehbare Entschluss des Betriebsleiters, sich der Konfliktsituation auf der Meisterebene anzunehmen, war von Anfang an falsch. Er hätte vielmehr den jungen Meister fragen müssen, welche Klärungsversuche er bereits auf Kollegenebene unternommen hatte. Der Betriebsleiter hätte die Eigenverantwortung des Mitarbeiters betonen müssen und ihm dabei vielleicht erklären können, warum es dem jungen Kollegen zum Nachteil gereichen würde, wenn er sich als gemeinsamer Vorgesetzter in die Auseinandersetzung einschalten würde. Er hätte mit dem Mitarbeiter noch die Wege und Vorgehensweise diskutieren können, wie der junge Kollege auf den erfahrenen Meister zugehen und die Aussprache suchen könnte. Unter Umständen hätte er noch seine Hilfe als Konfliktmoderator angeboten für den Fall, dass auch wiederholte Klärungsversuche auf Kollegenebene nicht zu einer Einigung geführt hätten. Der Betriebsleiter hätte sich den Konflikt aber auf keinen Fall auf den Tisch legen lassen dürfen. Ein probates Mittel, um Streithähne zu einer Kompromisslösung zu bewegen, ist die Erhöhung der Kosten des Streits für beide Seiten. Der Status quo des ungelösten Konflikts darf den Kontrahenten keine Vorteile verschaffen. Es wird eine Drohung ausgesprochen für den Fall einer Nicht-Einigung. Russel Coutts arbeitet mit diesem Prinzip, wenn er den Konfliktparteien empfiehlt, sich eigenständig zu einigen, da er sonst eine Entscheidung treffen werde, die den Parteien unter Umständen nicht zusagt.

Verschriftlichung von Spielregeln

In diesem Kapitel haben wir uns den Spielregeln und Vereinbarungen zum gemeinsamen Arbeiten in High-Performance-Teams zugewendet. Je besser es einem Team gelingt, für die potenziellen Konfliktfelder in der Zusammenarbeit eine verbindliche Regelung zu finden, desto weniger Zeit und Energie müssen für Konfliktmanagement und Problemlösungen aufgewendet werden. Es macht für ein Team Sinn, alle Themenfelder, in denen es potenziell Streit geben könnte, über Spielregeln zu regeln. Positivistisch ausgedrückt: Überall dort, wo es ohnehin keinen Streit geben wird, werden auch keine Vorgaben, Gesetze, Arbeitsrichtlinien oder sonstigen schriftlichen Vereinbarungen benötigt.

Für das Zusammenleben in einem High-Performance-Team ist es irrelevant, ob die Spielregeln verschriftlicht werden oder nicht. Entscheidend ist ausschließlich, dass alle Mitglieder des Teams die Regeln der Zusammenarbeit kennen. Der Vorteil einer schriftlichen Ausarbeitung der Teamregeln liegt zum einen darin, dass durch den Prozess der Verschriftlichung die impliziten Annahmen über das Zusammenleben im Team explizit gemacht und unter Umständen um zusätzliche Sollvorgaben ergänzt werden können. Zum anderen können verschriftlichte Teamregeln dazu dienen, neu hinzukommenden Teammitgliedern einen raschen Einstieg in das gemeinsame Arbeiten zu ermöglichen.

Das **Alinghi-Team** hat interne Spielregeln unter dem Stichwort »Team Values« schriftlich festgehalten. Nach unseren Beobachtungen existierten jedoch mindestens ebenso viele ungeschriebene Gesetzte in dem Team, die in den expliziten Werten keine Erwähnung finden. Die Team Values von Alinghi sind:

- **Professional**
  We deliver results for our partners and commit to excellence in meeting our objectives.

- **International**
  We benefit from the diversity of our people and work in an open and creative environment.

- **Team oriented**
  We maximize our potential by supporting each other and working together.

- **Passionate**
  We have a passion for sailing, fair competition and the integrity of our team.

- **Free spirited**
  We are willing to take risks to live our passion fully. We will remain independent and free of any prejudice.

Der **DFB** ging in der schriftlichen Maßregelung des gemeinsamen Arbeitens noch einen Schritt weiter und wurde dabei sehr spezifisch. Mit klaren Sätzen wurden vor der Weltmeisterschaft Verhaltensanweisungen an die Spieler in schriftlicher Form ausgegeben. Die Abbildung 12 gibt den internen Verhaltenskodex wieder.

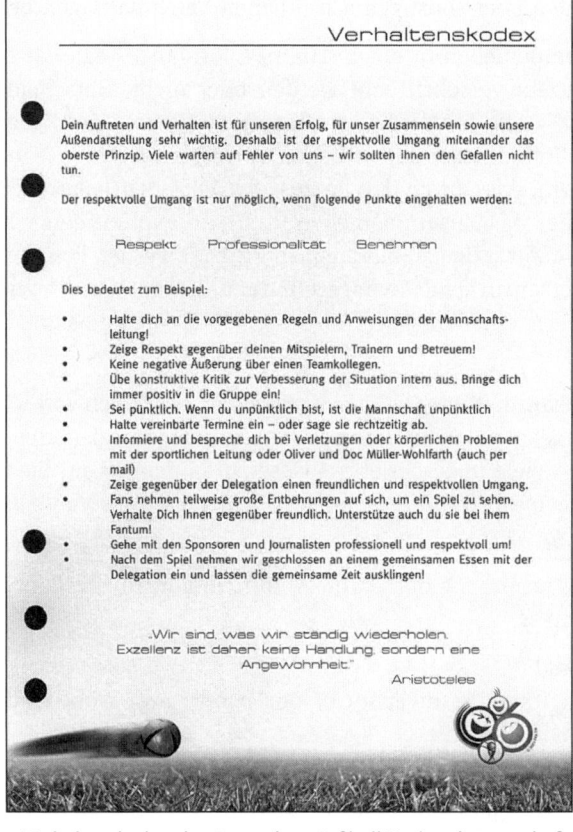

Abbildung 12: Verhaltenskodex der Deutschen Fußball-Nationalmannschaft bei der Weltmeisterschaft 2006

Erfolgsfaktor 4: Verbindliche Spielregeln für die klassischen Konfliktfelder

Die vier klassischen Konfliktfelder der Zusammenarbeit in Teams sind:
- Grad der eingeräumten Arbeitsautonomie,
- Spannungsfeld zwischen internem Wettbewerb und sozialem Ausgleich,
- Interne Kommunikation: Informationsfluss, Feedback, Erfahrungsaustausch,
- Umgang mit Konflikten.

Es empfiehlt sich für Teams, mündliche oder schriftliche Absprachen zum Umgang mit den klassischen Konfliktfeldern der Zusammenarbeit zu treffen. Hochleistungsteams zeichnen sich durch ein erhebliches Maß an Eigenverantwortung in allen vier Bereichen aus: ausgeprägte Arbeitsautonomie, starker Wettbewerbsgedanke, Informationen als Holschuld und eigenverantwortliches Konfliktmanagement. Durch klare Spielregeln zu den klassischen Konfliktfeldern können Probleme im täglichen Arbeitsprozess schneller und effizienter gelöst werden.

(21.) Stärken Sie die Eigenverantwortung jedes Teammitglieds, z.B. durch das Vermeiden von unnötigen Kontrollen und Abstimmungswegen!

(22.) Verteilen Sie herausfordernde Aufgaben an die Teammitglieder!

(23.) Ermächtigen Sie die Teammitglieder zu eigenständigen Entscheidungen und vermeiden Sie Pseudo-Delegation!

(24.) Sorgen Sie in Ihrem Team für eine gute Balance zwischen internem Wettbewerb und sozialem Ausgleich!

(25.) Betonen Sie die Eigenverantwortung der Teammitglieder bei der Anmeldung des Informationsbedarfs und der Beschaffung von Informationen!

(26.) Unterstützen Sie die teaminterne Kommunikation durch institutionalisierte Foren und informelle Gelegenheiten zum Informationsaustausch!

(27.) Sorgen Sie für ein authentisches und zeitgleich situationsgerechtes Feedback! Bedenken Sie die Wirkung Ihres Feedbacks, bevor Sie es aussprechen!

(28.) Vermeiden Sie das Babysitting und Pampern Ihrer Teammitglieder und betonen Sie gerade auch im Konfliktfall deren Eigenverantwortung!

Erfolgsfaktor 5
Wie behalten wir das Ziel im Auge? –
Willensstärke und Krisenmanagement

Nach der Planung geht es nun an die Arbeit. Die Vision und die Mission des Teams sind festgelegt, das Team entsprechend zusammengestellt, die Hierarchien und Strukturen ausgehandelt und die Spielregeln auf der Prozessebene vereinbart. Nun muss das Ganze noch in Zählbares umgesetzt werden. Da sich Hochleistungsteams hohe Ziele setzen, die in der Regel einen gewissen Komplexitätsgrad und eine Langfristigkeit aufweisen, ist die Durchführung der geplanten Teamhandlungen nicht trivial. Der Weg der gemeinsamen Zielverfolgung birgt viele Hindernisse und potenzielle Probleme. Neben den zu erwartenden und den überraschend auftretenden Schwierigkeiten liegt die größte Gefahr für den finalen Teamerfolg in einem Nachlassen der anfänglichen Motivation und Geschlossenheit des Teams. Erfolgskritisch für das letztendliche Ausbilden von Höchstleistung ist in der Handlungsphase die konsequente Fokussierung auf das Teamziel und das Aufbringen von Ausdauer über einen längeren Zeitraum hinweg. Hilfreich für die Teamsteuerung und das Verständnis der Besonderheiten von High-Performance-Teams in der Handlungsphase ist das sogenannte Rubikonmodell der Handlungsphasen der beiden Motivationspsychologen Heinz Heckhausen und Peter Gollwitzer. Das Modell wird in diesem Kapitel zunächst vorgestellt und dann auf die besondere Situation der Teamarbeit angewendet. Anschließend gehen wir auf die entscheidenden Phasen der Wahrung von Fokus und Ausdauer sowie der Bedeutung von Krisenfällen detaillierter ein.

Den Rubikon überschreiten

In den letzten Jahren hat die Metapher des Überschreitens des Rubikons in der Motivationstheorie weite Verbreitung gefunden (z.B. Heckhausen, Gollwitzer & Weinert, 1987; Ghosal & Bruch, 2003; Heckhausen & Heckhausen, 2006). Die Redensart geht auf eine historische Begebenheit im Jahr 49 v. Chr. zurück, als der römische Feldherr Cäsar mit einem bewaffneten Heer den kleinen Grenzfluss Rubikon im Norden Italiens überschritt und damit einen Bürgerkrieg gegen die römische Republik entfachte. Es wurde als Kriegshandlung betrachtet, wenn ein unter Waffen stehendes Heer den Rubikon in Richtung Rom überschritt. Berühmt wurde in diesem Zusammenhang der angebliche Ausspruch Cäsars, dass der Würfel gefallen sei (»alea iacta est«). Für Cäsar und das ihm treu ergebene Heer gab es damit kein Zurück mehr. In der Motivationstheorie wird das Überschreiten des Rubikons sinnbildlich betrachtet für den Schritt zwischen einer Abwägung und der Entscheidung für eine Handlung. Nur wenn der Rubikon bewusst überschritten wird, kann sich echte Willensstärke entwickeln jenseits einer allgegenwärtigen, aber als flüchtig und vorübergehend wahrgenommenen Welt der Motivation.

Die sogenannte Rubikontheorie von Heckhausen und Gollwitzer ist auch als Modell der Handlungsphasen bekannt. Der Gesamtprozess einer willentlichen Handlung wird demnach unterteilt in vier Phasen:

1. Die **Abwägephase**: In dieser Phase werden unterschiedliche Wünsche und Ambitionen miteinander abgewogen und in ihrer Nützlichkeit beziehungsweise der Wahrscheinlichkeit ihrer Realisierungschancen bewertet. Am Ende des Abwägungsprozesses steht eine Entscheidung über das Ziel einer möglichen Handlung und ob das Ziel angegangen werden soll. Der Würfel ist gefallen: Der Rubikon wird überschritten. Wichtig ist in dieser Phase, dass überhaupt Handlungsalternativen erkannt werden, die miteinander verglichen werden können. Nur ein bewusstes Entscheiden für eine der Optionen ermöglicht das Ausbilden von Willensstärke.

2. Die **Planungsphase**: Im Gegensatz zur ersten Abwägephase steht in der Planungsphase nicht mehr das Ob? zur Disposition, sondern nur noch das Wie?. In dieser Phase werden spezifische Handlungsschritte geplant. Es wird geklärt, wie das Ziel erreicht werden kann, wie der Weg der Zielerreichung bestritten werden soll und welche Vorgehensweisen den größten Erfolg versprechen.

3. Die **Handlungsphase**: Nun geht es an die Umsetzung der Handlungsintentionen. Dabei kommt es wesentlich auf die Wahrung von Fokus und das Aufbringen von Ausdauer an. Unerwartet auftretenden Schwierigkeiten muss flexibel begegnet werden. Die ursprüngliche Handlungsabsicht muss gegen Störeinflüsse geschützt und Ablenkungen vermieden werden.

4. Die **Bewertungsphase**: In der abschließenden Phase wird ein Soll-Ist-Vergleich vorgenommen. Der durch die willentliche Handlung neu geschaffene Status quo wird mit der ursprünglichen Zielsetzung verglichen und das eigene Handeln dementsprechend als Erfolg oder Misserfolg bewertet. Ein unbefriedigender Status quo kann dann unter Umständen zu dem Erwägen einer weiteren Handlung, also einem erneuten Durchlaufen der vier Hand-

lungsphasen, führen. Dafür muss aber eine internale Attribution vorliegen: Der Handelnde muss der Überzeugung sein, dass das eigene Handeln Einfluss auf das Resultat hat. Im Falle einer externalen Attribution kommt es zu einer fatalistischen Einstellung, die zu eigenem Nicht-Handeln und Lethargie führen kann.

Das Motivationsmodell der Handlungsphasen lässt sich leicht auf Hochleistungsteams übertragen: In der Abwägephase wird das langfristige Teamziel, die Teamvision, festgelegt. Am Ende dieser Phase ist eine Entscheidung über den Existenzgrund, den Zweck der gemeinsamen Anstrengungen gefallen. Der Rubikon wird in dem Sinne überschritten, dass es kein Zurück mehr gibt. Es steht außer Frage, dass sich das Team der Vision verschreibt; das Ob ist geklärt. In der Planungsphase geht es um die Mission, also die Qualität des gemeinsamen Weges. Mit der Mission wird festgelegt, wie man bei der Verfolgung der Teamziele vorgehen und agieren möchte. Es geht nicht mehr um das Ob, sondern nur noch um das Wie. Auch die Klärung der Rollen, der Teamstrukturen und der Spielregeln fallen in die Planungsphase. Zudem werden die Einzelschritte, mithin also die operativen Feinziele des Teams, geplant. In der Handlungsphase werden die geplanten Etappenziele mit Ausdauer und Fokus verfolgt, Krisen gemeistert und unerwartete Schwierigkeiten überwunden. Schließlich kommt es in der Bewertungsphase zu einer Überprüfung des Erreichten. In der Abbildung 13 werden die vier Handlungsphasen noch einmal veranschaulicht.

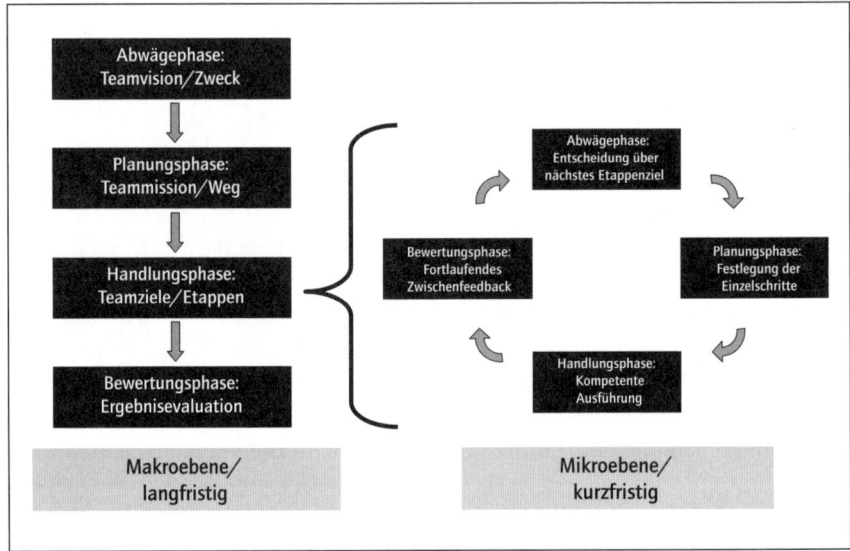

Abbildung 13: Das auf High-Performance-Teams angewendete Modell der Handlungsphasen

In der Abbildung 13 wird berücksichtigt, dass die Rubikontheorie sich nicht nur auf der Makroebene für die Modellierung des gesamten Lebenszykluses eines Hochleistungsteams eignet, sondern auch auf der Mikroebene eine sinnvolle Anwendung findet. Im Grunde genommen lässt sich für jedes der Etappenziele ein eigenes, kurzfristiges Modell der Handlungsphasen definieren: In der Abwägephase wird über ein Etappenziel entschieden. Es wird am Ende dieser Phase nicht mehr in Frage gestellt, dass ein bestimmtes Etappenziel dem Gesamtziel nützt und dementsprechend verfolgt und erreicht werden soll. Analog zum Modell auf der Makroebene, geht es in der Planungsphase um die Festlegung bestimmter Handlungsschritte, die in der Handlungsphase kompetent und konsequent umgesetzt werden. Am Ende erfolgt eine Überprüfung des Erreichten und eine Evaluation des Weges der gemeinsamen Arbeit. Dies entspricht den im vorangegangenen Kapitel beschriebenen Feedbackprozessen in High-Performance-Teams. Dabei wird der neu erreichte Status quo im Hinblick auf das angestrebte Etappenziel überprüft und gegebenenfalls eine neue Handlungsintention definiert.

Die Handlungsdurchführung liegt in der Verantwortung des gesamten Teams. In dieser Phase kommt es auf die kompetente Umsetzung der geplanten Einzelschritte an, hier werden die Expertise und Fachkompetenz der Teammitglieder benötigt. In dieser Phase zahlen sich eine kompromisslose Personalauswahl, eine stärkenorientierte Personalentwicklung und ausdauerndes Training aus. Alle anderen Phasen liegen im Einflussbereich des Teamleaders. Die Entscheidung über die Etappenziele, die Planung der nötigen Einzelschritte sowie die Prozess- beziehungsweise Zwischenevaluation können im Zweifel von einer Führungsperson im Alleingang vorgenommen werden. Wie wir im Zusammenhang mit dem Prinzip »Freedom to act« beschrieben haben, lohnt sich natürlich auch in den Planungs- und Evaluationsphasen eine enge Einbeziehung der Teammitglieder. An dieser Stelle lässt sich jedoch gut der Handlungsspielraum der Teamführung verdeutlichen: In drei von vier Handlungsphasen der Rubikontheorie kommt der Leitung der entscheidende Einfluss zu, nämlich bei der Entscheidung über die Etappenziele, bei der Festlegung auf die zu erledigenden Teilschritte und bei der Bewertung des Arbeitsprozesses und der Handlungsresultate.

Die Handlungstheorie von Heckhausen und Gollwitzer bietet eine übersichtliche Struktur über einen gesamten Handlungsprozess hinweg. Das Modell bietet den Vorteil, dass es nicht von einem diffusen, mehr oder weniger passiven Motivationskonstrukt ausgeht, sondern den Menschen als aktiven, selbst entscheidenden Akteur auffasst, der in der Lage ist, bewusst zwischen Handlungsoptionen abzuwägen, sich einen Überblick über mögliche Handlungsschritte zu verschaffen und eigenständig Entscheidungen treffen und diese in die Tat umsetzen zu können. Zudem wird angenommen, dass die Auswirkung des eigenen Handelns reflektiert und ein neu geschaffener Status quo kritisch-distanziert analysiert werden kann. Wir folgen diesem an sich optimistischen, humanistischem Menschenbild. Wie anders als durch die Performance der beteiligten Menschen wären andernfalls systematische Leistungsunterschiede zwischen Teams erklärbar? Es liegt allerdings auf der Hand, dass auf jeder der vier Handlungsphasen der Rubikontheorie ein **Scheitern und Versagen** möglich ist.

1. In der **Abwägephase** kann bereits die falsche Entscheidung über das Gesamtziel getroffen werden, nicht alle Handlungsoptionen sind unter Umständen bekannt gewesen oder in ihren Konsequenzen korrekt antizipiert worden. Im Entscheidungsprozess kann es zur Lageorientierung bis hin zur Entscheidungsparalyse kommen. Teams mit einem sogenannten Schlüssellochmanagement, bei dem alle Entscheidungswege bei einem einzigen Teamleader zusammengeführt werden, leiden beispielsweise gerade in Krisenfällen unter sub-optimalen oder ausbleibenden Entscheidungen.

2. In der **Planungsphase** kann es ebenfalls zu Fehlentscheidungen kommen. Beispielsweise werden die situativen Einflüsse und Interaktionsbedingungen nicht hinreichend analysiert, die Ressourcen falsch eingeschätzt, die Implementierungskompetenz des Teams überschätzt oder nur eine Weg-Ziel-Option geplant, ohne Berücksichtigung von Gefahren und alternativen Vorgehensweisen.

3. Die in der **Umsetzungsphase** auftretenden Probleme sind deutlich offensichtlicher als Defizite im Zielfindungs- und Planungsprozess. Daher fokussieren sich Teams auch mit Vorliebe auf die Umsetzungsdefizite und versuchen, diese durch verstärkte Anstrengung zu überwinden. Dabei wird nicht selten außer Acht gelassen, dass die Fehler unter Umständen bereits in einer unzureichenden Planung oder Abwägung der alternativen Handlungsoptionen lagen. Ein »Mehr vom Gleichen«, also eine Verstärkung der Bemühungen, ohne inhaltlich etwas zu verändern, kann zu erheblichen Energie- und Zeitverlusten führen und verstellt mitunter den Blick für eine grundlegende Analyse der eigentlichen Probleme. Ein kritisches Feedback an die an der Umsetzung beteiligten Teammitglieder verstärkt in solchen Fällen das ohnehin bereits vorhandene Frusterlebnis.

4. Auch in der abschließenden **Bewertungsphase** können noch Fehler mit gravierender Tragweite begangen werden. Zunächst ist für eine differenzierte Bewertung einer neuen Situation ein erhebliches Analysevermögen mit der Fähigkeit zur Abstraktion von Nöten. Nicht jeder ist in der Lage, mit einer hinreichenden Distanz und einem Hubschrauberblick eine Situation treffend

zu beurteilen. Als Teamführer ist man selbst ein integraler Bestandteil eines Teams und mitunter Urheber eines erreichten Status quo, was eine kritische (Selbst-)Reflexion zusätzlich erschwert. In der Bewertungsphase können zudem falsche Ursachenzuschreibungen erfolgen. Zufällige Erfolge werden beispielsweise dem eigenen Verhalten zugeschrieben, was eine abergläubische Verstärkung eines an sich nicht wirksamen Verhaltens nach sich zieht. Andersherum können Misserfolge, die einer Reihe unglücklicher Rahmenbedingungen geschuldet waren, intern attribuiert werden, was zu einer überkritischen Überprüfung des eigenen Vorgehens führt. Unter Umständen werden also durch eine fehlerhafte Ursachenzuschreibung für den neu eingetretenen Status quo falsche Verhaltensweisen verstärkt oder an sich Erfolg versprechende Vorgehensweisen vorschnell verändert oder aufgegeben.

Angesichts der zahlreichen Fehlerquellen in jeder der vier Handlungsphasen werden Leistungsunterschiede zwischen durchschnittlichen und sehr guten Teams plausibel und nachvollziehbar. Die Spitzenteams führen jeden der vier Handlungsschritte mit Exzellenz durch. Am Sichtbarsten wird dies in Bezug auf die Handlungsphase. Selbstverständlich arbeiten High-Performance-Teams länger und intensiver an dem Ausbau der Fähigkeiten und Fertigkeiten der einzelnen Teammitglieder oder am Automatisieren wiederkehrender Handlungsschritte im operativen Umsetzungsprozess. Die Segler des Alinghi-Teams waren beispielsweise während der Vorbereitung auf den America's Cup den gesamten Winter über mit Wollmützen versehen täglich zwölf Stunden auf dem Wasser, während das Team New Zealand viel Zeit mit der Optimierung des Bootes am Computer verbrachte. Es ist jedoch nicht ausreichend, lediglich in der Handlungsphase anzusetzen. Nur durch ein möglichst fehlerfreies Vorgehen in allen der vier Handlungsphasen wird Höchstleistung möglich.

Hilfreich kann das Denken in kleinen Schritten sein. Die in der Abbildung 13 dargestellten kurzfristigen Handlungskreise auf der Mikroebene können nicht klein genug definiert werden. Entscheidende Bedeutung kommt dabei den Phasen der Zielabwägung und der Bewertung zu. Mittels eines kleinteiligen Prozesses der Überprüfung der einzelnen Teilschritte, der Leistung in den Subteams und der Nützlichkeit und Qualität der jeweiligen Projektetappen können Fehlentwicklungen und ein unnötiger oder ineffektiver Ressourceneinsatz frühzeitig identifiziert und korrigiert werden.

Ausdauer und Fokus

Bei der Verfolgung der langfristig angelegten Teamziele kommt es auf Ausdauer und die Wahrung des Fokus an. Das in der Regel zu Beginn einer neuen Teamarbeit leicht zu erreichende Energiehoch muss über die Zeit konsolidiert und aufrechterhalten werden. Der entscheidende Stellhebel sowohl für die Wahrung der Energie als auch des Fokus ist das Denken in Etappen und Feinzielen. Zudem muss die ursprüngliche Handlungsintention gegen Störeinflüsse und Ablenkungen geschützt werden.

Das Etappendenken bei der WM-Vorbereitung

Durch das Denken in Feinzielen und Etappen wird die Komplexität eines Gesamtziels reduziert. Für das einzelne Teammitglied wird es damit möglich, die Aufmerksamkeit und Energie auf ein operativ greifbares Ziel auszurichten. Die Teamenergien fließen in die in der jeweiligen Projektphase wichtigen Aufgaben. Weiterhin ist das Etappendenken hilfreich bei der Entwicklung von Selbstbewusstsein, Zusammengehörigkeitsgefühl und Stolz des Teams. Das Erreichen von Etappenzielen kann mit Lob, Anerkennung, Teamfeiern und anderen Formen der Incentivierung verstärkt werden. Von Schritt zu Schritt steigt das Selbstvertrauen des Teams und die Zuversicht in die eigene Wirksamkeit. Zudem merkt das Team, dass man auf dem richtigen Weg ist und der Erreichung des langfristigen Endziels schrittweise näher kommt. Es entsteht eine sogenannte »Can-do«-Stimmung und nach und nach wächst der Glaube in die Erreichbarkeit der zunächst als utopisch erachteten Vision des Teams.

> »Am Anfang der Kampagne war ich nicht sicher, wie sich einige Teile des Teams entwickeln würden, aber dieser Sieg gegen Oracle hat uns allen noch mehr Selbstvertrauen gegeben. Bis dahin war der America´s Cup ein Traum für uns. An diesem Tag wurde er ein großes Stück mehr Realität.«
> Russell Coutts

> »Many times we have been behind in a race and ultimately the team that wins is the team that keeps the belief and determination to think it can win.«
> Ernesto Bertarelli

Jürgen Klinsmann hat bei der Planung des Weltmeisterschaftsprojekts 2006 frühzeitig Etappenziele definiert. Ohne den Blick auf das finale Großereignis zu verlieren, setzte er kurzfristige Highlights und Herausforderungen, an denen das junge Team wachsen und sich ausprobieren konnte. Ein entscheidender Meilenstein auf dem Weg zum Endturnier war der ein Jahr vor der WM ausgetragene Confederations-Cup.

Der Trainerstab simulierte mit dem Confederations-Cup im eigenen Land ganz bewusst die Weltmeisterschaft: Die Trainingseinheiten, die individuelle Arbeit mit den Spielern, die Auswahl der Hotels, der Umgang mit den Medien und der Öffentlichkeit, alles war schon auf die Weltmeisterschaft abgestimmt.

> »Es war uns wichtig zu sehen, wie die Mannschaft mit den Begleiterscheinungen dieser Mini-WM und dem riesigen Medieninteresse umgeht. Wir haben immer wieder versucht, das Interesse, den Hype um die Mannschaft, aber auch die Kritik an ihnen positiv zu interpretieren. Sie sollten keine Angst bekommen, sondern vielmehr die Energie der Öffentlichkeit für sich und das Team nutzen.«
> Jürgen Klinsmann

In dieser Phase des Projekts war die Stimmung in den Medien gespannt. Die Kritiker warteten nur auf die ersten Fehltritte, und während der vielen Freundschaftsspiele, die Klinsmann mit immer neuen Spielerkonstellationen durchführte, gab es natürlich auch Schwächen zu beobachten. Insbesondere die Defensive wurde zum unkalkulierbaren Sicherheitsrisiko erklärt. Klinsmann versuchte, seine Spieler in dieser kritischen Zeit zu schützen und ihnen immer wieder aufs Neue Selbstvertrauen zu verleihen.

In den vorangegangenen elf Monaten hatte Klinsmann vor allem durch Reformen und Neuverpflichtungen überzeugt. Nun musste er erstmals mit Ergebnissen und Leistung aufwarten. Nach einem wenig überzeugenden Auftaktspiel gegen Australien und einem Sieg gegen Tunesien wartete mit Argentinien die zu diesem Zeitpunkt vielleicht beste Mannschaft der Welt. Angesichts des schweren Gegners und des Erreichens des Halbfinals hätten auch die schärfsten Kritiker verstanden, wenn Klinsmann auf Nummer sicher gegangen wäre und etwas defensiver hätte spielen lassen. Doch die Mannschaftsleitung hielt an ihrem Konzept fest und forderte bedingungslosen Offensivgeist. Darüber hinaus nahm der Trainerstab zur Überraschung vieler Ballack, Frings und Lehmann aus der Mannschaft und setzte stattdessen bewusst auf junge, weniger erfahrene Spieler. In einem hochklassigen und abwechslungsreichen Spiel überzeugte die deutsche Mannschaft vor allem durch Mut, Kampfkraft und offensives Spiel. Am Ende stand gegen den zweimaligen Weltmeister ein respektables 2:2.

»Zu wissen, dass man in wichtigen Spielen auch ohne die Führungsspieler bestehen
kann, war eine wichtige Erkenntnis dieses Turniers und gab der Mannschaft ein
gewisses Selbstwertgefühl.«
Jürgen Klinsmann

Nach dem Unentschieden gegen Argentinien war ganz Deutschland von der
neuen offensiven Spielkultur des deutschen Teams begeistert. Zwar scheiterte
man bei dieser Mini-WM im Halbfinale an Brasilien mit 3:2, aber auch hier
überzeugte die junge Mannschaft durch ihre erfrischende Spielweise. Auch die
jungen Spieler im Team hatten das Gefühl, dass der fünfmalige Weltmeister
Brasilien nicht unschlagbar ist. Wer danach gedacht hatte, dass das Spiel um
Platz drei gegen Mexiko nur noch eine Pflichtaufgabe für das Team sei, wurde
eines Besseren belehrt. Nach einem 4:3 Sieg mit nur zehn Spielern gegen die
damalige Nummer sechs der Fußballwelt stand nicht nur der dritte Platz beim
Confederations-Cup 2005, sondern auch der Schulterschluss mit der deutschen
Bevölkerung fest.

»Am Ende des Confederations-Cups haben die Spieler gemerkt, dass das, was Klinsmann
uns erzählt, wirklich stimmt. Die Fitness stimmt, die Psyche stimmt, die Taktik stimmt,
und plötzlich hat man begonnen, an die Vision, den Gewinn der Weltmeisterschaft, zu
glauben. Der Confederations-Cup war gewissermaßen der proof of concept.«
Dr. Hans-Dieter Hermann (Sportpsychologe im DFB Team seit 2004)

Wir geben zu bedenken, dass es für Sportteams leicht ist, in Etappen zu
denken, schließlich bietet ein vorgegebener Spiel- oder Wettkampfkalender
zwangsläufig festgelegte Teilziele und Zwischenherausforderungen. In Wirt-
schaftsteams sind zudem die langfristigen Ziele in der Regel nicht so emotional
aufgeladen wie im Spitzensport. Die Erfolgsprinzipien der Hochleistungsteams
im Sport lassen sich aber dennoch übertragen. Auf der einen Seite ist es, wie
bereits beschrieben, wichtig, eine inspirierende, positiv besetzte Vision für
das eigene Team zu definieren. Das visionäre Management ist leider selten
anzutreffen. Nur wenige Manager vermitteln die langfristige Zielvorstellung
für das Team auf mitreißende und begeisternde Weise, manche wissen vielleicht auch nicht, wo sie langfristig stehen möchten, oder trauen sich nicht,
angesichts volatiler Märkte eine Zukunftsprognose abzugeben. Man kann sich
diesbezüglich leicht selbst überprüfen, indem man sich fragt, wie die eigene
Abteilung in drei, vier oder fünf Jahren aussehen wird, wofür sie stehen
beziehungsweise wie sie wahrgenommen werden soll. Jeder Teamführer sollte
in der Lage sein, in wenigen anschaulichen Sätzen den zukünftigen Zustand
des eigenen Teams in Worte fassen zu können.

Langfristige Ziele in sinnvollen Etappen erreichen

Auf der anderen Seite ist es notwendig, eine langfristig angelegte Zielstellung in sinnvolle und zielführende Etappen unterteilen zu können. Es muss den Mitarbeitern klar werden, welchen Beitrag eine Teilaufgabe für das langfristige Gesamtziel leistet. Die Etappenziele sollten ihrerseits herausfordernd sein und ihr Erreichen einen positiven Nutzen versprechen. Durch einen schrittweisen Lern- und Bestätigungsprozess entwickelt und festigt sich das Team und bildet Vertrauen in die eigenen Fähigkeiten.

Bei Managern lassen sich im Extrem zwei fehlerhafte Tendenzen ausmachen. Der eine Manager stellt immer wieder die langfristigen Ziele des Teams heraus, malt die Vision aus und verweist auf den in ferner Zukunft zu erreichenden Zustand. Dabei verliert er jedoch aus den Augen, dass auch der längste Weg mit einem ersten Schritt beginnt. Nach einer ersten Begeisterung des Teams für die gemeinsame Vision verpufft in der Folge immer mehr Energie, da die einzelnen Teamteile keine sinnvollen Etappenziele erhalten, auf die sie sich ausrichten können. Die in guter Absicht entwickelte Aktivität folgt keinem aufeinander aufbauenden Plan. Erste Misserfolge stellen sich ein, da alle an unterschiedlichen Stellen der gemeinsamen Aufgabe arbeiten. Da man sich gleich an dem Gesamtproblem versucht, ohne in kleinteiligen Schritten und aufeinander aufbauenden Herausforderungen zu denken, steigt der Frust des gesamten Teams.

Der andere Manager denkt kurzfristig. Er ist in der Lage, greifbare, realistische und unmittelbar umsetzbare Teilziele zu definieren. Dabei verliert er jedoch aus den Augen, dass die Mitglieder des Teams um die Bedeutung ihrer Tätigkeit für ein größeres Ganzes wissen wollen. Sie möchten den dahinterliegenden Sinn ihrer Arbeit erkennen und sich damit identifizieren können. Das Ziel einer kurzfristig zu erreichenden Kosteneinsparung oder einer Umsatzsteigerung um 20 % bietet den Charme des Konkreten und mag manche Mitarbeiter anspornen. Ohne den dahinterliegenden Sinn des Ziels im langfristigen Verständnis zu erkennen, wirkt jedoch spätestens das zweite Ziel dieser Art demotivierend und belastend. Beide Manager haben jeweils eine Führungsaufgabe richtig und eine falsch gemacht. Um Teams dauerhaft zu Höchstleistung anzuspornen, ist beides wichtig: Das Aufzeigen der langfristigen Zielsetzung, der Vision des Teams und zeitgleich das Aufteilen des Gesamtweges in herausfordernde, attraktive Etappenziele.

Jürgen Dormann beispielsweise folgte im Turnaround von **ABB** einem langfristigen Plan. Er setzte auf kurzfristige Optimierungsziele, verfolgte aber von Beginn seiner operativen Verantwortung als CEO an auch langfristige Ziele, wie beispielsweise die Wiederherstellung der Identifikation der Mitarbeiter mit ihrem sich auf die eigenen Wurzeln besinnenden Technologiekonzern. Allen an den Veränderungsprozessen beteiligten Mitarbeitern war klar, dass sie nicht nur an einer kurzfristigen Optimierung der Finanzkennziffern des Unternehmens arbeiteten, sondern zu etwas dauerhaft Tragfähigem beitrugen. Die Etappenziele wiederum halfen den Managern, die vorhandenen Kräfte koordiniert und zielgerichtet einzusetzen.

Spätestens seit dem Zusammenbruch der sozialistischen Planwirtschaft sind 5-Jahres-Pläne in Verruf geraten. Aus der Sicht der Notwendigkeit einer Beschreibung eines anzustrebenden und positiv besetzten Zielzustands der gemeinsamen Arbeit macht die Grundidee einer langfristigen Zielplanung allerdings sehr wohl Sinn. Es muss dabei jedoch beachtet werden, dass sich Rahmenbedingungen ändern, neue Technologien aufkommen oder sich interne Strukturen als wenig konstant erweisen können. Gerade in der heutigen Zeit wird angesichts von volatilen Markt- und Wettbewerbsbedingungen häufig auf die erschwerten Bedingungen einer langfristig haltbaren Planung verwiesen. Aus unserer Sicht sollte ein Teamleader jedoch nicht vorschnell auf das Definieren einer Vision verzichten. Vielmehr kommt es darauf an, kurzfristig beweglich zu bleiben und flexibel auf unerwartete Schwierigkeiten und veränderte Rahmenbedingungen zu reagieren, ohne dabei die langfristige Ausrichtung und Zielsetzung aus den Augen zu verlieren. Teams, die nur auf kurzfristige Ziele fokussieren, werden schnell beliebig und austauschbar und büßen an dauerhafter Leistungsfähigkeit ein.

Der Schutz der Handlungsintention

»Ich habe Russell noch nie so erlebt wie vor und während der Finale um den America´s Cup. Er war absolut fokussiert und hatte ständig diesen Tunnelblick. In solchen Situationen ist es besser, ihm aus dem Weg zu gehen.«
Grant Simmer (General Manager Team Alinghi)

Im Verlauf eines langfristigen Projekts oder einer langwierigen Teamaufgabe besteht stets die Gefahr des Energieverlustes und einer nicht mehr hinreichenden Fokussierung des Teams auf die eigentlichen Ziele. In der Motivationspsychologie ist in diesem Zusammenhang von der Notwendigkeit des Schützens der eigenen Handlungsintention die Rede. Nach dem Überschreiten des Rubikons, also dem bewussten Entscheiden für eine ausgewählte Handlungsalternative, gilt es in der Folge, die Handlungsintention vor wiederstreitenden Überlegungen und internen oder äußeren Ablenkungen zu schützen.

Es geht darum, den Fokus zu wahren und den einmal eingeschlagenen Weg zu verfolgen, auch wenn es Widerstände gibt.

Eine bekannte Technik, um sich selbst an einen festgelegten Weg zu binden, ist es, anderen von der eigenen Handlungsabsicht zu erzählen. So berichten beispielsweise Anti-Rauchertrainings von Erfolgen mit dieser Methode: Der Raucher berichtet ihm wichtigen Personen von seiner Absicht, das Rauchen endgültig aufgeben zu wollen. In dem Wissen, dass sich die eingeweihten Personen bei der nächsten Gelegenheit nach dem Stand der Nicht-Raucher-Bemühungen erkundigen werden, entwickelt der Raucher einen stärkeren Schutz seiner Verhaltensabsicht. Cäsar wählte beim Überschreiten des Rubi-kons zum Schutz seiner Handlungsabsicht eine andere Technik. Er setzte alles auf eine Karte und machte jedem seiner Soldaten klar, dass es kein Zurück gab. Die Beteiligten waren sich darüber im Klaren, dass sie einschließlich ihres Lebens alles verlieren würden, wenn sie nicht das gemeinsame Ziel erreichten. In der Wirtschaftswelt geht es in der Regel zwar nicht um Leben und Tod, es ist aber durchaus üblich, dass Manager ihr persönliches Ver-bleiben in einer Funktion mit dem Erreichen eines spezifischen Zielzustands verbinden. Die Bereitschaft, auch gegen Widerstände an den langfristigen Zielen festzuhalten, ist natürlich größer, wenn der eigene Ruf oder das eigene Verbleiben in einem Unternehmen vom finalen Erfolg abhängen.

Zum Schutz der eigenen Handlungsintention mag auch das Wissen um das Konstrukt der kognitiven Dissonanz beitragen. Nach einer Entscheidung für eine von mehreren Optionen ist die kognitive Dissonanz am größten. Jeder, der sich schon einmal mit einer großen Anschaffung schwer getan hat, kennt das Problem: Direkt nach der Unterschrift kommen die verstörenden Gedan-ken auf: War der Kauf nicht überteuert? Hätte nicht auch eine preiswertere Alternative ausgereicht? Bin ich nur der Eloquenz des Verkäufers erlegen? Ein sehr menschlicher Wesenszug ist es, gerade wenn die Entscheidung unwiderruflich gefallen ist, diese dissonanten Gedanken zu verdrängen oder vor sich selbst zu entkräften. Für den Schutz der Handlungsintention ist es hilfreich zu wissen, dass kognitive Dissonanzen und innere Konflikte sehr häufig nach einer wichtigen Entscheidung auftreten und keinen Grund zur Beunruhigung darstellen müssen. Ist der Abwägungsprozess sorgfäl-tig ausgeführt worden, kann man seiner eigenen Entscheidung für eine Handlung vertrauen. Weiterhin findet in der Phase der Planung, also nach dem Entscheidungsprozess, eine bewusste, kognitive Einengung statt. In der auf die Abwägungsphase folgenden Planungsphase wird nur noch der Weg zum Ziel diskutiert, die Handlungsintention selbst wird nicht mehr hinterfragt.

Und schließlich wird die Handlungsintention in der Durchführungs- oder Handlungsphase durch die klassischen Techniken zum Selbstmanagement geschützt. Alle Methoden des Selbst- und Zeitmanagements zielen auf die Wahrung von Fokus ab, nachdem man sich selbst über die eigenen Ambitionen und Ziele klar geworden ist (z. B. Allen, 2004; Küstenmacher & Seiwert, 2004). Es geht darum, Störquellen und Hinderungsfaktoren zu identifizieren und die eigene Energie gezielt einzusetzen. Die auf individueller Ebene sinnvollen Techniken und Methoden zum Schutz der eigenen Handlungsintentionen vor äußeren Störquellen lassen sich auch auf Teamebene anwenden. Beispielsweise ließ das DFB-Führungsteam während der Weltmeisterschaft Tageszeitungen und Presseberichte nicht, wie bei vorangegangenen Turnieren üblich, im Essensraum auslegen, sondern nur im Pressezentrum in einem Nebenraum. So konnten sich die Spieler zwar aktiv informieren, wurden aber nicht fortlaufend durch einzelne Schlagzeilen abgelenkt. Zudem wurde bei den Trainings immer nur ein Kameramann zugelassen, sodass zwar tagesaktuelle Fernsehbilder geliefert werden konnten, die Spieler aber nicht durch übermäßige Medienanfragen in ihrer Konzentration gestört wurden.

Die Wahrung der Konzentration durch ein aktives Erwartungsmanagement der Umgebung und die Abschirmung der eigenen Handlungsintention vor Störungen lässt sich in allen Spitzenteams wiederfinden. Das Fokussieren der Energie auf das jeweilige (Etappen-)Ziel ist eine notwendige Voraussetzung für Höchstleistung. Ein anschauliches Beispiel bietet der Spionagevorwurf gegen das Team One World Challenge während des America's Cups 2003. Während unter anderem das Team Prada eine umfassende Anklageschrift verfasste und sich auf eine gerichtsähnliche Auseinandersetzung einließ, engagierte sich das Alinghi-Team nicht aktiv. Man gab der kurzfristigen Verlockung, einen starken Konkurrenten mit überschaubarem Aufwand zu schwächen, nicht nach, sondern konzentrierte sich auf die eigenen Stärken und Aufgaben.

> »Wir haben die Spionageaffäre um die One World Challenge natürlich verfolgt und auch unsere Informationen darüber gehabt. Wir wollten uns jedoch nicht ablenken lassen von unseren eigentlichen Aufgaben. Für uns war klar, dass wir den America´s Cup auf dem Wasser und nicht vor dem Gericht gewinnen wollten.«
> Hamish Ross (General Counceller Team Alinghi)

Ähnlich ging das Alinghi-Team in der bereits erwähnten Black-Heart-Campaign vor, in der man sich trotz massiver Angriffe der neuseeländischen Öffentlichkeit nicht aktiv zur Wehr setzte. Die Wahrung der Konzentration und die Ausrichtung der Teamenergien auf die gemeinsame Aufgabe hatten Priorität.

Im Arbeitsalltag eines Managers ergeben sich in der Regel genügend administrative Aufgaben, um sich ganztägig beschäftigen zu können. Die individuelle Wirksamkeit hängt jedoch maßgeblich davon ab, die richtigen Dinge zu tun, nicht, die Dinge richtig zu tun. Eine Fokussierung auf das Wesentliche in Hinsicht auf die eigenen, langfristigen Handlungsziele ist eine notwendige Voraussetzung für das Entwickeln von Höchstleistung. Auch in diesem Punkt kann man sich leicht selbst überprüfen: Wie viel Zeit verbringt man damit, Aufgaben, die an einen herangetragen werden, zu erledigen? Im Gegensatz dazu: Wie viel Zeit bleibt dann noch für die Bearbeitung der Vorhaben, die man sich selbst zum Ziel gesetzt hat?

In der Krise liegt die Kraft

Eine Krise ist etwas Wunderbares. Sie hat die Kraft, ein Team zusammenzuschweißen. Krisensituationen sind häufig die entscheidenden Wendepunkte auf dem Weg zum Erfolg. Die erfolgreiche Bewältigung einer Krise geht in das kollektive Gedächtnis eines Teams ein und hat Legendenpotenzial.

Unter einer Krise verstehen wir die Zuspitzung einer kritischen Situation. Ein wesentliches Merkmal einer Krise ist das Gefühl des (temporären) Kontrollverlustes mit der spürbaren Gefahr, final zu scheitern. Wird der negative Trend, der zu der Krise geführt hat, nicht erfolgreich umgekehrt, kommt es unweigerlich zur Katastrophe. Nach Gredler (1992) lässt sich eine Krise charakterisieren durch die Notwendigkeit, Entscheidungen zu treffen, durch ein allseits wahrgenommenes Gefühl der Bedrohung, durch einen Anstieg an Unsicherheit, Dringlichkeit und Zeitdruck und durch den Eindruck, der Ausgang der Krise wird von prägendem Einfluss auf die Zukunft sein.

In Krisen zeigt sich, wie stark sich die Teammitglieder tatsächlich mit dem Team identifizieren und wie wichtig ihnen die Bewältigung der gemeinsamen Aufgabe ist. Entweder es kommt zum Zerfall des Teams oder zu einer Stärkung des Teamzusammenhalts. In jedem Fall wird das Teamgefüge nach der Krise ein anderes sein als zuvor. Ein Ende mit Schrecken ist manchen lieber als Schrecken ohne Ende, so dass manchen Teamführern schon das bewusste Zuspitzen von kritischen Situationen nachgesagt worden ist. Tatsächlich werden in Krisen häufig latente Probleme an die Oberfläche gespült und damit überhaupt erst greifbar beziehungsweise einer offenen Diskussion zugänglich. Die Klärung von verdeckten Schwierigkeiten trägt maßgeblich zu einem effektiven Arbeitsverhalten bei, da keine Energien mehr für interne Spielchen und Intrigen aufgewendet werden müssen.

Dem Alinghi-Team waren der offene Austausch und das Vermeiden von latenten Konflikten derart wichtig, dass man dafür sogar einen eigenen Slogan kannte: No Politics. Auch im Sauber Formel 1 Team legte man Wert auf einen direkten und ehrlichen Umgangsstil, was dem ehemaligen Weltmeister Jaques Villeneuve gleich nach seinem Eintritt in das Team bemerkenswert erschien:

> »Als ich 2005 zum Sauber Team kam, bestätigte sich für mich sehr schnell das Image, welches die Schweizer in der Branche haben. Es ist ein Team ohne Mikropolitik und Intrigen. Ich will ehrliche Leute um mich herum haben, und das finde ich hier.«

Krisen bieten aufgrund der von allen wahrgenommenen Dringlichkeit (»sense of urgency«) die Möglichkeit, verdeckte Probleme zur Aussprache zu bringen und damit aktiv zu bewältigen. Der Erfolg versprechende Hebel in der Krisenbewältigung liegt in einer konsequenten Lösungsorientierung. Der Handlungsdruck erfordert unmittelbare Beiträge zur Bewältigung des Problems. Es liegt gerade in der Natur einer Krise, dass ein Fortfahren mit den bisherigen Vorgehensweisen unweigerlich in den Misserfolg mündet. Da diese Erkenntnis im Krisenfall von allen geteilt wird, bietet die Krise die Chance zum Change. Der Veränderungsdruck ist im Krisenfall maximal: Es muss zur Wende kommen, oder das gesamte Teamvorhaben droht zu scheitern.

Angesichts des Zeitdrucks im Krisenfall bleibt keine Gelegenheit um einen Sündenbock zu suchen. Es darf in Spitzenteams keine Verurteilung oder Anschuldigung von Teammitgliedern geben, die versucht haben, einen Teilbereich zu optimieren, aber dabei über das Mögliche hinausgegangen sind und damit Fehler verursacht haben. Sollten die Personen natürlich fahrlässig oder widerrechtlich gehandelt haben, müssen sie persönlich zur Rechenschaft gezogen werden. Auch ein Ausschluss aus dem Team ist dann nicht auszuschließen. Grundsätzlich sollte aber eine Kultur des Vertrauens und Vergebens vorherrschen. Nur wenn die einzelnen Teammitglieder wissen, dass sie Fehler begehen dürfen, werden sie das nötige Risiko auf sich nehmen, an den Grenzbereich des Möglichen zu gehen und damit überhaupt erst Spitzenleistung ermöglichen. Andernfalls wird lediglich Dienst nach Vorschrift gemacht. Mit außergewöhnlichen oder gar kreativen Leistungen ist dann jedoch nicht zu rechnen.

Die Suche nach einem Schuldigen ist beliebt, da sie den Zustand des Kontrollverlustes scheinbar überwindet. Durch das Opfern eines Sündenbocks wird man nach einem erlittenen Krisenfall wieder selbst zum Handelnden.

Zudem erübrigt sich eine anstrengende Detailanalyse über die tatsächlichen Ursache-Wirkungs-Zusammenhänge und man kann sich selbst aus der Schusslinie nehmen.

Das Gegenteil des Suchens nach einem Schuldigen ist eine konsequente Lösungsorientierung. Es werden keine Zeit und Energie für persönliche Beschuldigungen und interne Diskussionen vergeudet. Vielmehr werden die Kräfte des Teams auf die Abwendung der Gefahr gelenkt. Als besonders positiv wird es von den Teammitgliedern erlebt, wenn sie dabei aktiv handeln können. Alle müssen merken, dass man nur gemeinsam erfolgreich sein kann, dass es auf jeden einzelnen in der Krise ankommt. Eine erfolgreich bewältigte Krise hilft dem Team, sich seiner selbst zu versichern. Man spürt, dass im Zweifelsfall alle an einem Strang ziehen und zu Gunsten des Teamziels persönliche Nachteile wie beispielsweise Mehrarbeit in Kauf nehmen.

Das **Sauber Formel 1 Team** erlebte im Jahr 2000 eine äußerst durchwachsene Saison. Die größte Krise war dann aber zugleich der Zeitpunkt des größten Erfolgs. Beim Training zum Großen Preis von Brasilien waren an beiden Wagen die Heckflügel gebrochen. Aus Sicherheitsgründen musste die Teilnahme am Rennen abgesagt werden. Noch am Rennsonntag versammelten sich dann aber alle Teammitglieder, die zur Bewältigung der aufgetretenen Probleme beitragen konnten, unaufgefordert und freiwillig im Werk in Hinwil. Es wurde nicht nach den Schuldigen, sondern nach der Lösung gesucht, um vierzehn Tage später am darauffolgenden Rennen wieder teilnehmen zu können.

> »Nach dem Vorfall wussten wir, dass unser Kernteam noch funktioniert. Es war beeindruckend, wie sich alle einbrachten, beinahe vierzehn Tage lang durcharbeiteten und mit einer Jetzt-erst-recht-Einstellung nach Lösungen suchten.«
> Willy Rampf

Eine ähnliche Erfahrung hatte das Alinghi-Team im Krisenfall gemacht. Einen Tag vor dem Beginn des Halbfinales des Louis Vuitton Cups brach beim Abschlusstraining der Mast der Rennyacht. Ein Schock, da jeder im Team wusste, dass die verbleibende Zeit bis zum Rennen am nächsten Tag eigentlich viel zu kurz war, um den Mast zu reparieren. Das Team ließ sich nicht beirren und arbeitete die ganze Nacht hindurch. Jeder packte mit an und gab sein Letztes, damit die Yacht rechtzeitig zum Start wieder vollständig hergestellt war.

Im Sinne des zuvor diskutierten Modells der vier Handlungsphasen stellt eine Krise kein unüberwindbares Hindernis dar. Vielmehr handelt es sich um

Sonderfälle des Handlungskreises auf der Mikroebene. Sind die Prozesse der Etappenzieldefinition, der Handlungsplanung und -durchführung sowie der Situationsbewertung in einem Team eingespielt, stellen sie eine ausreichende Krisenprävention dar, die das Team zur raschen Reaktion auf unvorhergesehene Probleme befähigen.

So dringlich das Risiko des Scheiterns im Krisenfall ist, so groß ist auch das Potenzial, aus einer Krise gestärkt hervorzugehen. Die größte Gefahr liegt im Krisenfall in der Verschwendung von dringend an anderer Stelle benötigter Energie und Aufmerksamkeit durch das typische Suchen nach Schuldigen. Es wird auf das Problem gestarrt und über Fehler anderer geschimpft. Demgegenüber sind eine konsequente Lösungsorientierung in Verbindung mit einer guten Problemeingrenzung, die eine greifbare Definition der Handlungsnotwendigkeiten und des Etappenziels ermöglicht, die entscheidenden Stellhebel eines erfolgreichen Krisenmanagements. Je eingespielter das Denken und Handeln in Etappen und Unterprojekten in einem Team ist, desto weniger Unruhe wird durch einen unerwarteten Krisenfall ausgelöst und desto eher kann die Teamenergie auf die Problembewältigung fokussiert werden. Und schließlich gilt: Teams, die sich bei der Bewältigung des regulären Geschäfts ein wenig freie Kapazitäten erhalten und eine gewisse Leichtigkeit bewahren können, haben die nötige »zweite Luft«, um im Krisenfall zusätzliche Energie zu mobilisieren und aus der größten Krise den größten Erfolg des Teams zu machen. In der Krise liegt die Kraft.

Erfolgsfaktor 5: Willensstärke entwickeln

Den Rubikon zu überschreiten bedeutet, eine getroffene Entscheidung konsequent umzusetzen und auch gegen Widerstände das einmal beschlossene Handlungsziel nicht aus den Augen zu verlieren. Nur wer Handlungsalternativen erkennt und sich nach einem Abwägungsprozess bewusst für eine Option entscheidet, kann Willenskraft entwickeln. In der Handlungsphase kommt es auf den erfolgreichen Schutz der Handlungsintention und auf die Wahrung von Fokus und das Entwickeln von Ausdauer an. Es dürfen keine Energien für interne Machtspiele und Intrigen vergeudet werden. Krisensituationen erfordern das engagierte Eingreifen des gesamten Teams und bergen daher die Chance der Festigung und Stärkung des Teams.

(29.) Überschreiten Sie den Rubikon und entwickeln Sie Willenskraft, indem Sie sich bewusst für ein Team und ein bestimmtes Handlungsziel entscheiden!

(30.) Schützen Sie Ihre Handlungsintention vor internen und externen Störquellen!

(31.) Denken Sie in kleinen Schritten und definieren Sie sinnvolle Etappenziele, ohne dabei die langfristige Zielsetzung des Teams aus den Augen zu verlieren!

(32.) Seien Sie sich der Bedeutung der Phasen der Entscheidung über Handlungsziele, der Planung einer Handlung und der Bewertung einer Handlung bewusst! Der Erfolg der Spitzenteams liegt nicht nur in der Umsetzungskompetenz.

(33.) Betrachten Sie Krisen als Chance! Eine gemeinsam bewältigte Krisensituation kann den Wendepunkt auf dem Weg zum Teamerfolg darstellen.

(34.) Richten Sie im Krisenfall die vorhandenen Kräfte auf die Lösung des Problems aus, und halten Sie sich nicht auf mit der Suche nach dem Schuldigen!

(35.) Bewahren Sie sich in der Bewältigung des regulären Geschäfts eine gewisse Leichtigkeit! Nur wer im Zweifelsfall noch zulegen kann, hat die Chance, unvorhergesehene Probleme zu meistern.

Teil 3:
Zusammenfassung: Das Leadership-House für High-Performance-Teams

Das Leadership-House – Führungsprinzipien und Regeln zur Zusammenarbeit

Abschließend sollen nun die Erkenntnisse aus den vorangegangenen Abschnitten noch einmal konsolidiert und übersichtlich dargestellt werden. Ein Blick auf die Erkenntnisse, die wir aus unserer Forschung mit den genannten Hochleistungsteams aus Spitzensport und Wirtschaft gewonnen haben, zeigt, dass der Erfolg von Hochleistungsteams zu einem hohen Grad dem Befolgen gewisser Prinzipien zu verdanken ist. Diese bilden trotz der unterschiedlichen Teamhintergründe und -kontexte ein ähnliches Muster. Wir können über den Schritt der Induktion vom konkreten Teamfall auf allgemein anwendbare Prinzipien schließen.

Auf der Basis unserer Forschung haben wir das Leadership-House für High-Performance-Teams entwickelt, welches zusammenfassend die Führungsprinzipien und die Regeln der Zusammenarbeit darstellt, die es Teams ermöglichen, Höchstleistungen zu erbringen. Wir haben das Haus als Metapher für ein Hochleistungsteam gewählt, weil es einerseits Schutz und Stabilität symbolisiert und andererseits mit seinen einzelnen Elementen (Dach, Fundament und Säulen) eine leicht nachvollziehbare Analogie zu den Prinzipien erfolgreicher Teams darstellt. So steht das Dach des Hauses für die Teamvision, das Fundament für die partizipative Teamselektion und Strukturfindung und die Säulen für die Regeln der Zusammenarbeit, auf welchen das Miteinander des Teams beruht. Umgeben und beeinflusst werden das Haus und all seine Elemente von einem transformationalen Führungsverständnis (vgl. Abbildung 14).

Nachfolgend wird das Leadership-House in seinen einzelnen Elementen dargestellt und erläutert.

Das Bindeglied: Transformationale Führung

Hochleistungsteams stehen unter enormem Zeit- und Wettbewerbsdruck. Um unter diesen Bedingungen bestehen zu können, müssen sie nicht nur anpassungsfähig und agil sein, sondern sich auch durch Innovationen von der Konkurrenz abheben können. Unter Berücksichtigung dieser Rahmenbedingungen stellt sich zunächst die Frage, welche Art von Führung geeignet ist, um Teams zu Höchstleistungen zu führen. In der jüngeren Führungsliteratur unterscheidet man grundsätzlich zwischen einem transaktionalen und einem transformationalen Führungsstil. Führungskräfte, welche einen transaktionalen Stil pflegen, sind in der Wirtschaft weit verbreitet und interpretieren das Verhältnis von Führungskraft und Geführten als eine Transaktion: Der Geführte leistet exakt das, was von ihm erwartet wird, und erhält dafür als Gegenleistung das vorher Vereinbarte, in der Regel Gehalt, Bonus, Beförderung, Firmenwagen oder Ähnliches. Diese Art von Führung weist allerdings verschiedene Schwächen auf, die beispielsweise Rowold & Rowold (2006) wie folgt zusammenfassen:

1. Die Beziehung zwischen dem Chef und seinen Team ist eher rational, unpersönlich und wenig emotional. Es entsteht häufig eine unflexible Austauschbeziehung (»contingent reward«), die Innovationen und kreatives Problemlösen erschwert. Es besteht ferner die Gefahr, dass sich Mitarbeiter durch das ständige Ausrufen eines verstärkenden Reizes (z.B. Bonus) instrumentalisiert fühlen.
2. Anstatt das Team anzuleiten und mittels Coaching zu Höchstleistungen zu führen, fokussiert das Management seine Aufmerksamkeit bei der transaktionalen Führung mehr auf Fehler und Abweichungen von den Vorgaben (aktive Kontrolle).
3. Häufig erlebt man im Paradigma der transaktionalen Führung Vorgesetzte, welche sich zurückziehen und nur eingreifen, wenn Probleme chronisch werden (reaktive Kontrolle).
4. Motivation über Boni führt leicht zu einer wachsenden Erwartungshaltung der Angestellten. Für den ersten Bonus ist der Geführte bereit, die nötige Mehrarbeit auf sich zu nehmen und sich, die Belohnung vor Augen, über das Maß hinaus einzusetzen. Die Erfahrung zeigt jedoch, dass diese Bereitschaft zum Mehreinsatz von relativ kurzer Dauer ist. Der Anreiz des vorher als ausreichend empfundenen Bonusses wird als zu schwach empfunden, um sich nochmals zu Höchstleistungen aufzuschwingen. Der Schwellenwert, der den Zusatzeinsatz auslöst, wird, ob bewusst oder unbewusst, nach oben gesetzt. Der nächste Bonus muss dann höher sein als der erste,

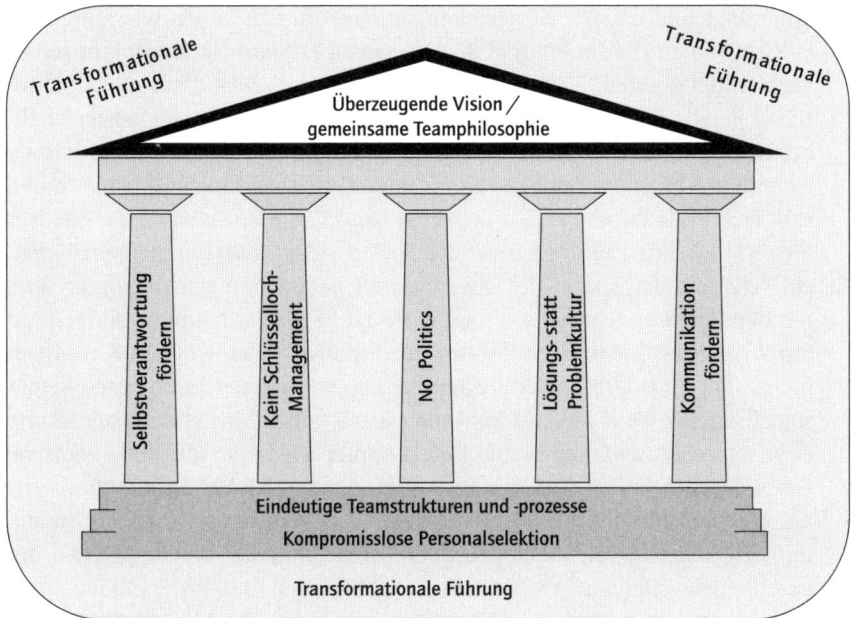

Abbildung 14: Das Leadership-House für High-Performance-Teams

der Firmenwagen noch repräsentativer. Wenn der Angestellte das Gefühl hat, seine Leistung war besser als die beim letzten Mal, findet er seinen Vertrag zu schlecht. Transaktionale Führer mit ihrem Credo von Boni als Lohnbestandteilen können die Mitarbeiter in der zweiten und dritten Bonusrunde nicht mehr oder immer weniger motivieren. Der Bonus wird nach und nach zum Teil des Festgehaltes und verliert so seinen Sinn.

High-Performance-Teams versuchen, diese Probleme und Schwächen zu meiden. Die von uns untersuchten Hochleistungsteams wurden dementsprechend allesamt transformational geführt. Selbstverständlich wurden in den Teams auch klare Regeln und Incentives für das Erreichen einer bestimmten Leistung vereinbart und deren Einhaltung kontrolliert. Die Leader dieser Teams beließen es aber nicht bei diesen transaktionalen Elementen, sondern ließen vor allem transformationale Momente in ihren Führungsstil einfließen. Diese Art der Führung zeichnet sich grundsätzlich durch »die 4 i's« (inspirierend, identifizierend, intellektuell, individuell) aus und kann folgendermaßen beschrieben werden (eine Übersicht findet sich in Abbildung 3).

1. Den Mitarbeitern wird eine **Vision** begeistert kommuniziert und jedem einzelnen Teammitglied wird der eigene Beitrag zur Erreichung dieser Vision

aufgezeigt und erklärt. Dieses erste i für Inspiration haben wir sehr deutlich bei Jürgen Klinsmann und der deutschen **Fußball-Nationalmannschaft** beobachten können. Klinsmann übernahm im Juli 2004 die Nationalmannschaft gerade drei Wochen nach einer enttäuschenden Europameisterschaft, bei der Deutschland schon in der Vorrunde ausgeschieden war. Trotzdem formulierte er schon bei der ersten Pressekonferenz voller Selbstvertrauen sein Ziel: »Wir wollen 2006 im eigenen Land Weltmeister werden«. Das war für viele Experten und auch für die Spieler selbst, wie sie uns bestätigten, ein sehr ambitioniertes Ziel. Aus unseren Beobachtungen und Interviews mit den Spielern geht hervor, dass diese zu Beginn selbst nicht so recht an die Vision des Gewinns der Weltmeisterschaft glauben wollten, Klinsmann ihnen aber zu jederzeit gemeinsam mit seinem Betreuerteam immer wieder signalisierte, dass er vollstes Vertrauen in sie hatte. Parallel dazu appellierte er in seinen Präsentationen und Reden immer wieder an die große deutsche Fußballvergangenheit und schaffte es so, die Spieler zu inspirieren.

Ein weiteres Beispiel für Inspiration im Management ist Jürgen Dormann mit den sogenannten »Friday Letters«. Dormann, der damalige CEO, der eine beinahe illiquide **ABB** mit über 5 Milliarden US$ an Schulden übernommen hatte, schrieb jede Woche an alle seine ca. 135.000 Mitarbeiter einen 1- bis 2-seitigen Brief, der in 17 Sprachen ins Intranet gestellt wurde. Darin informierte er unverblümt über die Situation von ABB, sprach Missstände und Versäumnisse direkt an, definierte die notwendigen kurz- und mittelfristigen Aktivitäten, berichtete über Fortschritte und brachte seine persönliche Zuversicht im Hinblick auf die Zukunft zum Ausdruck. Vor allem aber schaffte Dormann es mit seinen Freitagsbriefen, jedem Mitarbeiter von ABB die Vision und Strategie sowie deren Hintergründe klar zu kommunizieren. Die Orientierungslosigkeit und Unsicherheit über das Was, Warum und Wohin des Unternehmens wurden durch ein kristallklares, eindeutiges, einfaches und gemeinsames Verständnis ersetzt. Die Mitarbeiter wussten wieder, für was ABB stand, wo das Unternehmen hinstrebte und was ihr Beitrag dazu sein sollte.

2. Die Führungskräfte leben die Vision glaubhaft vor, handeln integer und vermitteln Enthusiasmus. Damit wird das zweite i der transformationalen Führung beschrieben. Es geht darum, dass der Leader identifizierend wirkt und die Teammitglieder ihn als **Vorbild** annehmen. Ein Beispiel aus unserer Forschung hierzu ist die Aussage von Curtis Blewett, einem Mitglied des **Alinghi-Teams**, der uns sagte, dass ihn am Führungsstil von Ernesto Bertarelli, Brad Butterworth und Russel Coutts am meisten beeindruckte, dass zu keiner Zeit irgendwelche Pseudo-Motivationsversuche gestartet oder sogenannte Pep-talks gehalten wurden. Vielmehr lebten die Anführer vor,

was sie predigten. Man spürte zu jeder Zeit ihren Ehrgeiz, ihre Intensität und ihr volles Commitment zum Team und dessen Zielen. Das motivierte die Teammitglieder am meisten.

Bei Jürgen Dormann konnten wir ein weiteres Beispiel für Identifikation der Mitarbeiter durch vorbildhaftes Handeln der Führungskraft beobachten. Gleich zu Beginn seiner Amtszeit als CEO bei **ABB** schaffte Dormann viele Privilegien und Statussymbole ab. So ließ er beispielsweise die beiden gepanzerten Firmenlimousinen und den Firmenjet verkaufen. Darüber hinaus setzte er der Praxis der teuren First Class Tickets für das Top-Management ein Ende. Innerhalb Europas flog selbst er immer Economy und erwartete dies auch von seinen Vorstandskollegen. Für das größte Aufsehen unter der Belegschaft sorgte jedoch die Abschaffung des sehr gediegenen und exquisiten Konzernleitungsspeisesaals. Das gesamte Executive Committee aß von da an – wie alle anderen Mitarbeiter auch – in der Firmenkantine. Bei diesen Aktionen ging es Dormann nicht um die gesparten Kosten, sondern vielmehr um die dahinterstehende Symbolik. Durch diese Maßnahmen, welche primär den CEO selbst betrafen und die Aufgabe einer Menge an Annehmlichkeiten bedeuteten, setzte Dormann ein deutliches Zeichen und wirkte für die Mitarbeiter als Vorbild in einem schmerzhaften Turnaround-Prozess.

3. Das dritte i steht für die **intellektuelle Stimulation**, wobei Führungskräfte ihren Mitarbeitern neue Einsichten vermitteln und dafür sorgen, dass sie aus bestehenden Denkmustern und Gewohnheiten ausbrechen können. Die Mitarbeiter werden herausgefordert, Probleme aus verschiedenen Sichtweisen zu betrachten und sie zu lösen.

   Bezeichnend für dieses Element der transformationalen Führung ist der im **Alinghi-Team** vorherrschende Kodex »Love it, change it, or leave it«, wonach jedes Teammitglied aufgefordert wurde, sich ganz dem gemeinsamen Projekt zu verpflichten und selbstverantwortlich und eigenständig Lösungen für etwaige Missstände zu suchen. In diesem Kontext der intellektuellen Herausforderung ist auch die Aufforderung von Jochen Schümann als Sportdirektor des Alinghi-Teams an einen seiner Segler zu verstehen, im Krisenfall selbst nach Mittel und Wegen suchen, um sich den Respekt der Mannschaft zu verdienen.

   In einem Klima der Herausforderungen können Mitarbeiter wachsen und sich weiterentwickeln. Sie werden aufgefordert, den bestehenden Status quo zu hinterfragen und permanent nach Optimierungsmöglichkeiten zu suchen.

4. Das vierte und letzte i der transformationalen Führung steht dafür, dass jeder Mitarbeiter als **Individuum** anerkannt und geachtet wird. Die Führungskraft kennt demzufolge die individuellen Stärken und Neigungen seiner Mitarbeiter und fördert diese gezielt. In Unternehmen stellen wir

entgegen diesem Prinzip häufig fest, dass Mitarbeiter kaum individuell berücksichtigt werden; selten führen die Chefs Einzelgespräche mit ihren Mitarbeitern, analysieren gezielt deren Stärken oder helfen ihnen, ihre Stärken weiter auszubauen. Stattdessen erleben wir sehr oft eine »one fits all«-Strategie im Umgang mit dem eigenen Team oder, schlimmer noch, keine oder nur eine schwächenorientierte Personalentwicklung. Schwächenorientierte Entwicklung führt aber bestenfalls zur Mittelmäßigkeit, während eine stärkenorientierte Entwicklung Mitarbeiter zu herausragenden Leistungen führen kann. Eine Erkenntnis, die im Spitzensport selbstverständlich ist; nie würde beispielsweise ein Verteidiger Fertigkeiten trainieren, welche primär ein Stürmer benötigt. Ferner ist es für einen Trainer im Spitzensport gang und gäbe, dass er regelmäßig mit seinen Spielern spricht, um deren Einstellung und Meinung einzuholen – sei es im Rahmen eines Einzelgespräches, während die anderen Spieler mit dem Co-Trainer weiterarbeiten, oder im Rahmen einer kollektiven Mannschaftsaussprache.

Auch Jürgen Klinsmann hat diese individuelle Behandlung in seinem Führungsstil immer wieder berücksichtigt. So wurden erstmals unter seiner Führung die Videoanalysen, welche bis dahin meist vor der gesamten **WM-Mannschaft** gezeigt wurden, konsequent separat und individuell für die einzelnen Mannschaftsteile Abwehr, Mittelfeld und Angriff aufbereitet und diskutiert. Ferner bekam jeder einzelne Spieler seinen eigenen Trainingsplan und einen individuellen Tagesplan mit sämtlichen Terminen. Schließlich zeigte Klinsmann in wiederkehrenden Einzelgesprächen und individuellen Coachings jedem Spieler seine Stärken auf. Er sah es als seine vordringlichste Aufgabe, dem Team Selbstvertrauen zu verleihen. Es entsprach der Philosophie des gesamten Führungsteams, jeden Spieler zu involvieren und ihn als Individuum stärkenorientiert zu fördern.

Die transformationale Führung ist das Führungsverständnis, welches wir bei den von uns untersuchten High-Performance-Teams immer wieder vorgefunden haben. Leadership ist eine Philosophie und eine ganzheitliche Aufgabe. Aus diesem Grund stellt die transformationale Führung in unserem Leadership-House auch das Bindeglied und die Klammer für das gesamte Gebilde dar. Es beeinflusst die Art der Zusammenarbeit und ist gleichsam Ausgangs- und Bezugspunkt aller weiteren Elemente des Leadership-Houses. Im Rahmen unserer Forschung mit den High-Performance-Teams aus Sport und Management wurde deutlich, dass die transformationale Führung positiv mit der Leistung des Teams korreliert: Je stärker die Ausprägung der transformationalen Führung, desto höher die Leistungsfähigkeit und effektive Leistung des Teams. Auch empirische Untersuchungen belegen, dass es im Vergleich zur transaktionalen Führung durch die transformationale Führung besser gelingt, Leistungen von Mitarbeitern freizusetzen, die über das hinausgehen, was von ihnen erwartet wird. In der Literatur wird dieser Zugewinn an Leistung durch die transformationale Führung als Augmenting Effect beschrieben (Waldmann et al., 1987; Waldmann et al., 1990; Bass, 1998). Die transformationale Führung bindet die Teammitglieder an die Vision, regt sie zur ständigen Verbesserung und Innovation an, wirkt identifizierend und berücksichtigt die individuellen Stärken und Werte der einzelnen Teammitglieder. Durch diese Art der Führung wird die Basis für Höchstleistung geschaffen.

Das Fundament

Nachdem wir einleitend mit der transformationalen Führung das Bindeglied, bzw. den alle Elemente umgebenden Führungsstil unseres Leadership-Houses beschrieben haben, soll in diesem Abschnitt mit der Personalselektion und der Etablierung eindeutiger Teamstrukturen das Fundament des Hauses gelegt werden.

Kompromisslose Personalselektion

Die Personalselektion ist der Ausgangspunkt und die Basis für jede Art von Team. Im Rahmen unserer Forschung haben wir immer wieder festgestellt, dass die Teamgründer bzw. -leader bei der Auswahl ihrer Teammitglieder sehr akribisch und kompromisslos vorgingen. Für die Auswahl der richtigen Personen nahm man sich ausreichend Zeit und analysierte bis ins letzte Detail die Eignung der Kandidaten. Dabei ging es nicht nur um die fachlichen, sondern auch und im gleichen Maße um die menschlichen Qualitäten.

Zur Ermittlung der richtigen Teammitglieder und zur Überprüfung der menschlichen Passung ging das **Alinghi-Team** beispielsweise so weit, dass das gesamte Team über Aufnahme oder Ablehnung jedes potenziellen Mitglieds entschied. Bei diesem demokratischen Prinzip waren so viele Personen beteiligt, dass Kompromisse ausgeschlossen werden konnten. Niemand wollte Kollegen im Team haben, mit denen man menschliche Probleme zu befürchten hatte. Die Alinghi-Geschichte wurde durch die kompromisslose Vorgehensweise bei der Personalselektion eine »Geschichte von Freunden«.

Im Management beobachten wir hingegen häufig, dass bei Engpässen freie Stellen nicht mit optimalen Bewerbern besetzt werden. Um die Vakanz und damit das Managementproblem schnell vom Tisch zu haben, handeln Manager bei der Personalauswahl häufig vorschnell und verfallen in blinden Aktionismus. Doch eines ist gewiss: Keine andere Entscheidung hat so negative und nachhaltige Auswirkungen auf eine Organisation wie eine schlechte Mitarbeiterauswahl.

Bevor Sie also vorschnell Entscheidungen treffen, die nur von kurzer Dauer sind oder sich nur schwer rückgängig machen lassen, lernen Sie von den Prinzipien der Teamauswahl von Spitzenteams. Werden Sie sich bewusst, welche Qualitäten Ihre neuen Mitarbeiter haben sollen, sowohl fachlich als auch menschlich. Versuchen Sie schließlich, wenn immer möglich, auch Ihre bestehenden Mitarbeiter in den Auswahlprozess zu integrieren. Wenn Sie über Neuzugänge im Konsens entscheiden, können Sie von vornherein eine Menge potenzieller zwischenmenschlicher Konflikte vermeiden und erzielen zudem im Sinne eines Buy-in-Effekts das Wohlwollen und positive Commitment der bestehenden Belegschaft gegenüber den neuen Teammitgliedern.

Eindeutige Teamstrukturen

Neben der Selektion der Teammitglieder ist die Bestimmung der Strukturen, Zuständigkeiten und Hierarchien ein weiteres wichtiges Fundament für das Funktionieren eines Hochleistungsteams. Menschen benötigen Strukturen zur Orientierung und Fokussierung sowie zur Vermeidung von Redundanzen. Sie geben den klaren Rahmen vor, innerhalb dessen das Team seine Energien entfalten und koordiniert einsetzen kann. Entscheidend ist dabei jedoch, dass die Strukturen zu keinem Zeitpunkt ein Korsett darstellen und Initiativen abwürgen. Gerade im Rahmen einer transformationalen Führungsphilosophie ist es wichtig, dass die Teammitglieder ausreichend Freiräume zugestanden bekommen, um Innovationen und Verbesserungsvorschläge eigenständig umsetzen zu können. Idealerweise wird dem Team die nötige Zeit zur Verfügung gestellt, damit sich durch eigenständige Aufgabenverteilung eine Zuständigkeit nach individuellen Stärken ergibt. Nur unter der Bedingung, dass die Teammitglieder Freiräume bei der Aufgabenallokation erhalten, können die individuellen Stärken der Teammitglieder optimal zur Geltung kommen. Für das Entwickeln von Hochleistung kommt es auf die Stärken jedes Teammitglieds an.

Vielfach beobachten wir vor allem in Großkonzernen eine überbordende Bürokratie und Hierarchie, die in Jahren des Wachstums in bester Absicht aufgebaut wurden, zu einem späteren Zeitpunkt aber im Weg stehen, wenn Organisationen schnell und agil reagieren müssen. Solche Strukturen werden über Jahre mitgeschleppt und nicht mehr hinterfragt; als Folge können Mitarbeiter sich in all den Regeln, Normen, Vorschriften und Weisungen gefangen fühlen, was häufig dazu führt, dass nur noch verwaltet und nicht mehr gestaltet wird. In den von uns beobachteten High-Performance-Teams wurden die definierten Strukturen immer wieder überprüft, und es wurde hinterfragt, ob diese die Zusammenarbeit erleichtern und Hochleistung befördern oder behindern. Zu jedem Zeitpunkt versuchte man nach dem Motto »Soviel Struktur wie nötig und so wenig Bürokratie wie möglich« zu arbeiten.

Das Dach – Eine gemeinsame Vision

In Ergänzung dazu, dass im Rahmen der transformationalen Führung mit dem i für Inspiration durch die Führungskraft zu jeder Zeit das Ziel der Teambemühungen und die Bedeutung der einzelnen Aufgaben aufgezeigt werden soll, ist es uns ein Anliegen, die Vision im Dach des Leadership-Houses als Leitstern zu verankern. Im Gegensatz zu Alt-Bundeskanzler Helmut Schmidt, der einmal sagte: »Wer Visionen hat, sollte lieber gleich zum Arzt gehen«, sind wir der Meinung, dass eine gemeinsam entwickelte und von allen geteilte Vision enorme Kräfte bei jedem einzelnen Teammitglied entfachen kann. Zu Beginn ihrer Tätigkeit entwickelten alle von uns untersuchten Teams eine gemeinsame Idee vom Sinn und Ziel ihres Tuns, eine Vision. Auf diese Vision ausgerichtet wurde dann ein Umsetzungskonzept erstellt. An diesem Konzept wurde kontinuierlich, geduldig und hartnäckig gearbeitet und gefeilt. Die Führungsverantwortlichen müssen den langfristigen Plan immer wieder vermitteln und die Teammitglieder daran beteiligen, sie davon überzeugen, in kleinen Schritten immer besser zu werden; nur so lässt sich eine Dynamik schaffen, und nur so entfaltet ein Konzept Strahlungswirkung.

Am Beispiel des **DFB-Teams** während der Fußball-Weltmeisterschaft kann man sehen, welch enorme Kraft von einer positiven Vision ausgehen kann. Zu Beginn haben nur Klinsmann und sein Führungstrio an den Gewinn der Weltmeisterschaft geglaubt, nach einer gewissen Zeit glaubten auch die Spieler daran. Und als man dann bis zum Beginn der Weltmeisterschaft immer besser wurde, und das Team bei der Weltmeisterschaft mit enormen Selbstvertrauen auftrat, entfaltete die Vision ihre ganze Strahlkraft – plötzlich glaubte eine ganze Nation, dass man in der Lage war, den Weltpokal zu gewinnen.

Zugegebenermaßen ist es im Spitzensport sehr viel einfacher, eine inspirierende, verständliche und begeisternde Vision zu etablieren. Geht es doch meist darum, einen Cup, die Meisterschaft oder einen Rekord zu gewinnen, wohingegen im Management die Ziele oft vielschichtig, komplex und wenig emotional sind. Das befreit eine Führungskraft aber nicht von der Aufgabe, den Mitarbeitern einen Sinn für ihr Streben aufzuzeigen. Oder, um es ganz plakativ auszudrücken, ihnen zu vermitteln, warum es sich lohnt, morgens aufzustehen und jeden Tag aufs Neue den Weg zur Arbeit anzutreten.

Leider ist die visionsorientierte Führung im Management nicht sehr verbreitet. So hören wir vielfach »unsere Vision für dieses Jahr ist eine Umsatzsteigerung um 10%« oder noch schlimmer »eine Kostensenkung um 20%«. Mit solchen Zielen weckt man bei seinen Mitarbeitern keinerlei Begeisterung und, nach einem kurzen Strohfeuer, mittel- bis langfristig auch keine außergewöhnlichen Leistungen. Ein Beispiel für eine gelungene Vision im Management ist die Vision von **Sony** in der Mitte der 1990er-Jahre. Damals verkündete der CEO, dass Sony so sein wolle wie seine Kunden der nächsten Generation, die Digital Dream Kids. Um diese befriedigen zu können, benötige Sony außergewöhnliche Produkte, Produkte welche die Verbindung von analogen (AV) und digitalen Medien (IO) ermöglichen. Als Symbol für diese Vision wählte Nobuyuki Idei, der damalige CEO der Firma, das bekannte VAIO. Eine Vision, welche in der Ingenieurskultur von Sony enorme Kräfte freisetzte.

Säule I – Selbstverantwortung fördern

Nachdem wir in den vorangegangenen Abschnitten das Dach sowie das Fundament des Leadership-Houses behandelt haben, werden nun nachfolgend die einzelnen Säulen besprochen. Die Säulen sind sinnbildlich für die Regeln der Zusammenarbeit, auf welchen das Miteinander des Teams beruht. Selbstverständlich beeinflusst der vorherrschende transformationale Führungsstil auch die Regeln der Zusammenarbeit, weshalb er in unserem Schaubild auch als omnipräsente Klammer des Leadership-Houses dargestellt ist. In Abgrenzung zum Führungsstil, welcher eine übergeordnete Philosophie der Anleitung und Motivation von Mitarbeitern darstellt, sind die Regeln der Zusammenarbeit eher als Taktiken zu verstehen, welche die Zusammenarbeit optimieren.

Die erste »Säule« der Zusammenarbeit lautet »Selbstverantwortung fördern« und meint, dass jedes Teammitglied grundsätzlich die Probleme in seinem Verantwortungsbereich selbstständig lösen sollte. Häufig beobachten wir jedoch Führungskräfte, die ihre Rolle im Sinne einer Übermutter interpretieren, die alle Problemchen und Wehwehchen ihrer Mitarbeiter aus dem Weg räumt. Am Ende sind diese Chefs Babysitter in ihrem Unternehmen, die mehr mit den Unvollkommenheiten ihrer Mitarbeiter als mit den eigenen Projekten beschäftigt sind. Gleichzeitig erziehen sie ihre Mitarbeiter zur Unselbstständigkeit, sind diese doch gewohnt, dass Probleme vom Chef gelöst werden. Wir nennen das auch erlernte Hilflosigkeit. Um dieser Gefahr entgegenzusteuern, hat beispielsweise ein internationaler Baumaschinenhersteller mit Sitz in Liechtenstein in seine Corporate Values das Prinzip »Love it, Change it, or Leave it« aufgenommen. Mit diesem Leitsatz sollen alle Mitarbeiter des Unternehmens daran erinnert werden, dass sie grundsätzlich Wahlfreiheit haben, das heißt unter Umständen auch, einmal ein Projekt ablehnen zu können. Wenn sie es aber annehmen, dann verlangt man von ihnen 100 %-igen Einsatz; sie können das Projekt ändern oder Probleme aus dem Weg schaffen, was sie aber nicht können, ist Jammern und nach dem Chef Rufen, der wie der deus ex machina alle Sorgen und Schwierigkeiten aus dem Weg räumt.

Auch Jürgen Dormann hat im Rahmen seines Turnaround-Managements bei **ABB** ganz gezielt Selbstverantwortung gefördert. Zu Beginn seiner Amtszeit stellte er fest, dass die Mitarbeiter und sogar die Mitglieder des Executive Committee wegen vieler Kleinigkeiten zum CEO liefen; diesen Missstand wollte er beheben. So konnten sich die Vorstandsmitglieder unter Dormann direkt mit dem Verwaltungsrat abstimmen und mussten nicht – wie vormals üblich – jeweils den indirekten Weg über den CEO gehen. Dormann gab seinen Mitarbeitern klare Vorgaben und achtete gleichzeitig darauf, dass sie genügend Freiräume und Handlungskompetenzen für die Erfüllung ihrer Aufgaben und Projekte erhielten. Auf diese Weise stärkte er die Verantwortung der Belegschaft, verkürzte die Entscheidungswege und erhöhte die Effizienz der Zusammenarbeit.

Säule II – Kein Schlüssellochmanagement

Hand in Hand mit der Forderung nach Selbstverantwortung geht die zweite Säule unseres Leadership-Houses: »Kein Schlüssellochmanagement«. Es ist gewissermaßen der Umkehrschluss der ersten Regel der Zusammenarbeit: Wer Selbstverantwortung in seinem Team fordert und fördert, muss seinen Mitarbeitern gleichzeitig genügend Freiräume einräumen, damit diese Probleme auch eigenständig lösen können. Zugegebenermaßen benötigt es in der einen oder anderen Situation Zeit, bis die Mitarbeiter mit den Freiheitsgraden richtig umgehen können, und hin und wieder muss man als Führungskraft auch Fehler hinnehmen, welche man bei weniger Freiräumen und engerer Führung nicht erlebt hätte. Aus diesem Grund sprach man beim Alinghi-Team auch von einer Kultur des Vertrauens und Vergebens. Nach einer gewissen Einarbeitungszeit wissen Mitarbeiter, was zu tun ist – meist auch besser als der Chef. Wie könnte der auch in allen Aufgabenbereichen seines Unternehmens oder Teams der Know-how-Träger Nummer eins sein? In der Zusammenarbeit mit den untersuchten Hochleistungsteams ist es uns immer wieder aufgefallen, dass die Chefs zu jeder Zeit auf die Fähigkeiten ihrer Teammitglieder vertraut haben und ihnen die Freiheiten einräumten, die sie benötigten, um ihren Job selbstbestimmt erledigen zu können. Solche Chefs sind eben keine sogenannten »Schlüssellochmanager«, über deren Schreibtisch sämtliche Entscheide und Initiativen laufen müssen. In der Regel geben die Mitarbeiter dieses Vertrauen in Form von verantwortungsbewussterer, durchdachterer und besserer Leistung zurück. Nur wenn der Mitarbeiter weiß, dass seine Arbeit nicht über einen doppelten Kontroll- und Rückversicherungsprozess überprüft wird, entwickelt er die nötige Sorgfalt und Selbstdisziplin für Höchstleistung. Es kommt auf jeden Einzelnen an, ein Verstecken hinter Hierarchien und diffusen Teamstrukturen ist nicht möglich.

Wichtig bleibt dabei allerdings noch zu erwähnen, dass man dem Prinzip des »kein Schlüssellochmanagement« auch in schwierigen Situationen und Krisen treu bleiben muss. Sicherlich sollte man in solchen Situationen präsent und ansprechbar sein. Hüten sollte man sich aber davor, den Mitarbeitern das Heft aus der Hand zu reißen, da diese die vorher zugestandenen Freiräume und das Vertrauen schnell als Lippenbekenntnisse entlarven und ihre Bemühungen wieder zurückdrehen würden. Wenn es anzunehmen ist, dass in kritischen Situationen am Ende doch immer der Chef entscheidet, warum sollte man sich dann um eine qualitativ hochwertige Ausführung der übertragenen Aufgaben bemühen?

Säule III – No politics/Kompetenz statt Prominenz

Die dritte Säule der Zusammenarbeit ist die Regel »No politics« bzw. »Kompetenz statt Prominenz«. Bei den von uns beobachteten Teams spielten Titel und Hierarchien eine nebensächliche Rolle, so verwendete beispielsweise das Alinghi-Team ihre Titel grundsätzlich nur im Außenverhältnis. Was in diesen Teams zählt, ist Leistung. Nur durch Leistung und nicht durch politische Spielchen oder sogenannte Pep-talks verschafft man sich Respekt. Horst Heldt, der heutige Sportdirektor des VfB Stuttgart und ehemalige Fußballprofi, sagte uns dazu:

> »Die Teammitglieder entlarven sogenannte Frühstücksdirektoren relativ schnell. Trainer, die immer und überall eine Rede halten müssen, nur weil sie sich gerne reden hören, nehmen eine Menge Energie aus einem Team.«

Wahre Hochleistungsteams verstehen es, die persönlichen Eitelkeiten und den Karriereopportunismus, die in vielen Management- wie Sportteams vorherrschen, auszuschalten. Führungskräfte sollten solche Tendenzen unter ihren

Mitarbeitern im Keim ersticken und gleichzeitig als gutes Beispiel vorangehen. Sie sollten sich nicht aufdrängen, sondern lediglich als schnellste Schaltstelle für das Team anbieten. Sie sollten halten, was sie versprechen, und durch ihr authentisches Tun anderen Teammitgliedern als Vorbild dienen können. Im Team sollte der Leitsatz gelten: »Nicht wer etwas sagt, sondern was gesagt wird, ist entscheidend.« Diese Regel sorgt automatisch dafür, dass Diskussionsbeiträge sachdienlich und konstruktiv sind, Nebenschauplätze der Eitelkeit und Machtspielchen vermieden werden und keine Energien, die für die eigentliche Teamaufgabe benötigt werden, vergeudet werden.

Säule IV – Lösungs- statt Problemkultur

Die vierte Säule des vorgestellten Leadership-Houses ist mit »Lösungs- statt Problemkultur« betitelt und sorgt für ein konstruktives, positives und lösungsorientiertes Miteinander. Dies ist eine einleuchtende Grundregel jeglicher Zusammenarbeit, an der aber trotzdem sehr viele Organisationen immer wieder scheitern. Im Rahmen unserer Forschungstätigkeit mit verschiedenen Firmen hatten und haben wir oft die Gelegenheit, die Gespräche zwischen Mitarbeitern ein wenig mitzuverfolgen. Dabei ist uns immer wieder aufgefallen, wie viel über Probleme gesprochen wird. Der Chef, der schon wieder nicht da ist, wenn man ihn braucht; die IT-Abteilung, welche es einfach nicht schafft, eine reibungslose Computernutzung zu ermöglichen oder der Lieferant, welcher die Ware nun schon zum wiederholten Male zu spät und in schlechter Qualität angeliefert hat. Problemfixierung und ständiges Lamentieren sind weitverbreitet. Hin und wieder gibt es aber auch Organisationseinheiten, die Schwierigkeiten optimistisch begegnen, indem sie Probleme als Herausforderungen formulieren, die man proaktiv angehen muss. In diesen Abteilungen werden sehr wohl auch Missstände angesprochen, danach wird aber unverzüglich und gemeinsam über mögliche Lösungsvarianten nachgedacht. Hier herrscht eine positive Macher-Kultur, in der mehr über künftige Chancen und Perspektiven als über Probleme, Fehler und Versäumnisse gesprochen wird.

Fehler und Probleme sind bei der Zusammenarbeit von Menschen unumgänglich. Anstatt sich aber in langwierigen und energieraubenden Prozessen gegenseitig die Schuld zuzuweisen, zeichnen sich Hochleistungsteams dadurch aus, dass sie diese Unvollkommenheiten akzeptieren und sich unverzüglich daran machen, die Missstände gemeinsam zu beheben. Führungskräfte sollten darum darauf achten, dass in ihrem Team keine Problemkultur aufkommt. Stattdessen sollte eine zukunftsorientierte Lösungskultur herrschen und Mitarbeiter immer wieder aufgefordert werden, nicht nur über Probleme, sondern vor allem über deren Lösungen zu sprechen.

Säule V – Kommunikation fördern

Die fünfte und letzte Säule der Zusammenarbeit eines Hochleistungsteams besteht in der Förderung der internen Kommunikation. Dieses Prinzip ist grundsätzlich nicht neu und allgemein bekannt. Die Schwierigkeit liegt jedoch, wie so oft, in der Umsetzung des Vorhabens. Vielfach unterliegen Führungskräfte dem Trugschluss, dass sie diesem Prinzip ausreichend Rechnung tragen, wenn sie nur kontinuierlich alle Mitarbeiter über die Mitarbeiterzeitung, das schwarze Brett oder ein Rundmail informieren. Sicherlich sind diese Bemühungen gut gemeint und besser als keine Kommunikation, allerdings wird eine solche Art der Kommunikation schnell zur Routine und nach einer gewissen Zeit von der Belegschaft nicht mehr bewusst als solche wahrgenommen. Kommunikation darf somit nicht nur als statisches Einweg-Sendeverhalten ausgestaltet werden, sondern muss Ausdruck einer aktiven und dynamischen Beziehungskultur zwischen den Mitarbeitenden sein. Deswegen verstehen wir unter dem Begriff »Kommunikation fördern« nicht nur die Informationsvermittlung top-down über organisationsinterne Sachverhalte, sondern auch eine aktive Feedbackkultur. Denn nur wenn jeder Einzelne offen seine Meinung sagt, kann das Team in seiner Gesamtheit Fortschritte machen. Eine Erkenntnis, die im Spitzensport selbstverständlich ist. Beinahe nach jedem Training und nach jedem Wettkampf analysiert man gemeinsam Stärken, Schwächen und sucht nach Verbesserungspotenzialen, um schon am nächsten Tag wieder besser zu sein.

Bei **Alinghi** legte die Führungscrew großen Wert auf diese Feedbackkultur und nannte es das »Gebot des offenen Wortes«. Getreu diesem Prinzip führte die Teamleitung nach jeder Trainingseinheit eine Nachbesprechung durch. Jochen Schümann, der Sportdirektor des Teams, wählte dafür jeweils ein Teammitglied aus, das der Mannschaft ein direktes und offenes Feedback zu der gemeinsamen Übungseinheit geben sollte. Es wurde damit garantiert, dass sich jeder, auch der Zurückhaltendste, an diesem offenen Dialog zur gegenseitigen Verbesserung beteiligte.

Eine funktionierende, natürliche sowie intensive Kommunikations- und Feedbackkultur ist unbedingte Voraussetzung für die Höchstleistung von Teams. Führungskräfte sollten darum bemüht sein, dass Möglichkeiten zum Austausch jederzeit und für alle Teammitglieder gegeben sind. Das kann man grundsätzlich durch strukturelle ebenso wie durch kulturelle Maßnahmen erreichen:

Strukturell sollten bauliche, organisatorische aber auch prozessuale Lösungen berücksichtigt werden, welche den informellen und damit natürlichen Informationsfluss begünstigen. Eine Kultur des Informationsaustausches lässt sich natürlich nicht verordnen, aber dennoch durch entsprechende Symbole, Rituale oder Vorbilder fördern. Statt beispielsweise tagelang hinter verschlossenen Türen allein im Führungsgremium zu tagen, um dann mit einer seitenlangen To-Do-Liste herauszukommen, sollten Mitarbeiter soweit möglich in den Entscheidungsprozess integriert werden. Wenn die Belegschaft weiß, wie es zu der einen oder anderen auch unangenehmen Entscheidung gekommen ist, ist sie viel eher bereit, dafür einzustehen und die damit verbundenen Konsequenzen zu tragen. Gleichzeitig wirkt eine solche Einbindung der Mitarbeiter tendenziell ansteckend, was dazu führt, dass Führungskräfte, welche von ihren Chefs in wichtige Entscheidungen integriert werden, dies auch in ihren Teams so handhaben.

Als weiteres Beispiel sind hier die bereits erwähnten »Dormann-Letters« zu nennen. Mit Hilfe dieser 112 Briefe hat Dormann nicht nur immer wieder über Ziele, aktuelle Entwicklungen und Missstände im Unternehmen **ABB** informiert, sondern durch das Einräumen von Antwort- und Feedbackmöglichkeiten jedem einzelnen Mitarbeiter die Chance zum Dialog mit dem CEO gegeben. In seiner gut zweijährigen Amtszeit erhielt Dormann so über 4.000 Antworten von seinen Mitarbeitern. Dieser Dialog war ein klares Signal und ein Aufruf zu einer Kultur des Austausches und der Offenheit. Eine wichtige Triebfeder für Höchstleistung.

Fazit

Um der Ressource Mensch zu seiner vollen Entfaltung zu verhelfen und aus durchschnittlichen Teams wirkliche High-Performance-Teams zu formen, legen wir Managern die Befolgung dieser mit Hilfe des Leadership-Houses zusammengefassten Prinzipien ans Herz. Kompromisslos in der Personalselektion, transformational in der Führung mit klaren Strukturen und Regeln, ausgerichtet auf eine gemeinsame Vision, basierend auf den Prinzipien Selbstverantwortung, Freiheit, no politics, Lösungsorientierung und Kommunikation, so gelang es den von uns beobachteten Teams ein Umfeld zu kreieren, in dem jeder Einzelne im Dienste des gemeinsamen Zieles Höchstleistung bringen konnte.

Einschränkend sei an dieser Stelle aber auch auf die Grenzen der Analogie zum Spitzensport hingewiesen. Nicht alle Erkenntnisse lassen sich in jedem Fall und bis ins Detail auf die Unternehmenspraxis übertragen:

1. Ein Unterschied zur Unternehmenswelt besteht zweifelsohne darin, dass es im Spitzensport einfacher ist, eine eindeutige und klar messbare Vision zu formulieren. Ferner ist diese Vision in der Regel innerhalb eines von vornherein bekannten Zeitraumes (ein Jahr zur Meisterschaft, drei Jahre zum America's Cup, etc.) zu erreichen. Die Teammitglieder können also von Beginn an ihre Energien bündeln und für diesen überschaubaren Zeitraum auf höchstem Niveau mobilisieren. In Unternehmen ist es aufgrund des volatilen Marktumfeldes, häufiger interner Führungswechsel oder Unternehmensübernahmen bedeutend schwieriger, so eindeutige und langfristig angelegte Visionen zu leben.

2. Ein weiterer Unterschied besteht darin, dass im Sport häufiger die Möglichkeit besteht, Teams von Null aufzubauen und dadurch auf allen Positionen nach einer idealen Lösung gesucht werden kann. Dagegen findet man im Unternehmensalltag zu Beginn eines großen Projektes in der Regel einen festen Personalbestand vor, der nur punktuell verändert oder ergänzt werden kann. Unter diesen Voraussetzungen ist es schwieriger, eine Aufbruchstimmung und ein Wir-Gefühl zu etablieren.

3. In Hochleistungsteams im Spitzensport sind durch das jahrelange intensive Training und die gemeinsamen Reisen zu Wettkämpfen und Trainingslagern die Arbeits- und Lebenswelt häufig miteinander verschmolzen. Ein Zustand, den wir in Unternehmen in den seltensten Fällen beobachten und der bei positiver Teamkultur automatisch zu intensiverer Kommunikation, offenerem Umgang und besserem Verständnis führt.

Unabhängig von diesen Einschränkungen sind wir überzeugt, dass man durch die Beobachtung von Teams im Spitzensport eine Menge Lehren für die Führung und Zusammenarbeit von Teams ziehen kann. Denn diese Teams sind gezwungen, Woche für Woche, von Wettkampf zu Wettkampf immer wieder Höchstleistung zu bringen und dafür zu sorgen, dass das Team als Ganzes funktioniert. Dies bedeutet, dass die Taktung und die Intensität des Wettbewerbs im Spitzensport ähnlich hoch ist wie im Management. Diese enge Abfolge der Wettbewerbe und die Tatsache, dass sich Hochleistungsteams im Spitzensport regelmäßig mit den Besten der Welt messen, führt dazu, dass sich die Führungskräfte dieser Teams täglich mit der Leistung, der Moral und den Befindlichkeiten jedes einzelnen Akteurs auseinandersetzen müssen. Manager dagegen haben neben ihrer Führungsaufgabe in der Regel immer noch operative Aufgaben zu erledigen. Sie arbeiten an einem Strategiepapier, einem Businessplan oder einem Marketingkonzept und nur nebenbei oder zwischendurch leiten sie ihre Teams an. Ein Trainer im Spitzensport dagegen beschäftigt sich beinahe zu 100 % mit Führung, den ganzen Tag über beobachtet, motiviert, inspiriert, coacht und lenkt er sein Team. Im Rahmen unserer Forschung konnten wir hier Führung in ihrer Reinform erleben und sind darum überzeugt, dass unsere Erkenntnisse, welche im dargestellten Leadership-House konsolidiert wurden, für Unternehmen jeglicher Größe und Branche ebenso Inspiration wie Anleitung für einen besseren Umgang mit der Ressource Mensch sein können. Aus dem Gesagten ist allerdings auch klar geworden, dass sich Führungskräfte ausreichend Zeit nehmen müssen, wenn sie ihrer Verantwortung als Teamleader nachkommen wollen. Eine Führungskraft, die nicht führt, sondern sich nur der operativen Arbeit widmet, untergräbt leicht die Motivation ihrer Mitarbeiter. Deren Leistungsfähigkeit ist wie eine zarte Pflanze, die der ständigen Sorge bedarf.

> »Leadership ist nicht so sehr eine Frage der Rolle, des Status oder des Titels.
> Die Frage ist: Werden dir die Leute folgen, wenn man dir
> Titel und Status wegnimmt?«
> Gary Steel (Personalvorstand von ABB)

Wenden Sie das Leadership-House in Ihrem Team doch einmal an und überprüfen Sie anschließend selbst: Wir sind überzeugt, Ihre Mitarbeiter werden Ihnen bereitwillig folgen und die berühmte Extra-Meile für Sie und Ihr Unternehmen gehen.

Literatur

Erfolgsfaktor 1

Bass, B.M. (1990). From transactional to transformational leadership: learning to share the vision. *Organisational Dynamics*, 18 (3), 19-31.

Bass, B.M. (1998). *Transformational leadership: industrial, military and educational impact.* Mahway, NJ: Lawrence Erlbaum Associates.

Bruch, H. & Jenewein, W. (2005). *ABB 2005 – Rebuilding Focus, Identity, and Pride.* Working Paper am Institut für Führung und Personalmanagement der Universität St. Gallen/Schweiz.

Bruch, H. & Vogel, B. (2005). *Organisationale Energie – Wie Sie das Potenzial Ihres Unternehmens ausschöpfen.* Wiesbaden: Gabler.

De Waal, F. (2005). *Our Inner Ape. A Leading Primatologist Explains Why We Are Who We Are.* New York: Riverhead Books.

Faerber, Y. & Stöwe, C. (2004). *Karrierefaktor Mitarbeiter führen.* Freiburg: Haufe.

Gross, P. (1994). *Die Multioptionsgesellschaft.* Frankfurt: Suhrkamp.

Jenewein, W. & Morhart, F. (2007). Wie Jürgen Dormann ABB rettete. *Harvard Business Manager,* 9, 3-11.

Lurse, K. & Stockhausen, A. (2001). *Manager und Mitarbeiter brauchen Ziele: Führen mit Zielvereinbarungen und variable Vergütung.* Neuwied: Luchterhand.

Milgram, S. (1982). *Das Milgram-Experiment. Zur Gehorsamsbereitschaft gegenüber Autorität.* Hamburg: Rowolth.

Schopenhauer, Arthur (1851/1965). *Parerga und Paralipomena. Kleine philosophische Schriften.* Frankfurt: Cotta-Insel.

Zimbardo, P. G. (2005). *Das Stanford Gefängnis Experiment. Eine Simulationsstudie über die Sozialpsychologie der Haft.* Goch: Santiago.

Erfolgsfaktor 2

Beer, M. & Nohria, N. (2000). Resolving the Tension between Theories E and O of Change. In: M. Beer & N. Nohria (Hrsg.) *Breaking the Code of Change*, Boston: Harvard Business School Press, 1-34.

Dunphy, D. (2000). Top-Down versus Participative Management of Organizational Change. In: M. Beer & N. Nohria (Hrsg.) *Breaking the Code of Change*, Boston: Harvard Business School Press, 123-135.

Kotter, J. (1996). *Leading Change*. Boston: Harvard Business School Press.

Kotter, J. & Rathgeber, H. (2006). *Das Pinguin-Prinzip – Wie Veränderung zum Erfolg führt*. München: Droemer.

Erfolgsfaktor 3

Beck, U., Ziegler, U. E. & Rautert, T. (1997). *Eigenes Leben*. München: C.H.Beck.

Brockner, J., Heuer, L., Siegel, P. A., Wiesenfeld, B., Martin, C., Grover, S., Reed, T. & Bjorgvinsson, S. (1998). The Moderating Effect of Self-esteem in Reaction to Voice: Converging Evidence from Five Studies. *Journal of Personality and Social Psychology*, 75 (2), 394-407.

De Waal, F. (2005). *Our Inner Ape. A Leading Primatologist Explains Why We Are Who We Are*. New York: Riverhead Books.

Gregory, S. W. & Webster, S. (1996). A Nonverbal Signal in Voices of Interview Partners Effectively Predicts Communication Accommodation and Social Status Perceptions. *Journal of Personality and Social Psychology*, 70 (6), 1231-1240.

Gregory, S. W. & Gallagher, T. J. (2002). Spectral Analysis of Candidates' Nonverbal Vocal Communication: Predicting U.S. Presidential Election Outcomes. *Social Psychology Quarterly*, 65 (3), 298-308.

Labella, T. H., Dorigo, M. & Deneubourg, J.-L. (2004). Self-Organised Task Allocation in a Group of Robots. In: R. Alami (Hrsg.) *Proceedings of the 7th International Symposium on Distributed Autonomous Robotic Systems*, Toulouse, June 23-25, 2004.

Paschen, M. & Dihsmaier, E. (2004). Richtig handeln bei Konflikten. *managerSeminare*, 80, 44-50.

Reynolds, C. W. (1987). Flocks, Herds, and Schools: A Distributed Behavioral Model. *Computer Graphics*, 21 (4), 25-34.

Surowiecki, J. (2005). *Die Weisheit der Vielen*. München: Bertelsmann.

Tuckman, B. W. (1965). Developmental Sequence in Small Groups. *Psychological Bulletin*, 63, 384-399.

Erfolgsfaktor 4

Bangert-Drowns, R. L., Kulik, C., Kulik, J. A. & Morgan, M. T. (1991). The Instructional Effect of Feedback in Test-like Events. *Review of Educational Research*, 61, 213-238.

Bruch, H. & Jenewein, W. (2005). *ABB 2005 – Rebuilding Focus, Identity, and Pride*. Working Paper am Institut für Führung und Personalmanagement der Universität St. Gallen / Schweiz.

Epstein, M. L. et al. (2002). Immediate Feedback Assessment Technique Promotes Learning and Corrects Inaccurate First Responses. *Psychological Record*, 52 (2), 187-202.

Heidbrink, M. & Kusenberg, K. (2007). Entwicklung von Führungskompetenzen im Senior-Management eines Industriekonzerns. In: U. P. Kanning (Hrsg.) *Förderung sozialer Kompetenzen in der Personalentwicklung*, Göttingen: Hogrefe, 181-214.

Heubusch, J. D. & Lloyd, J. W. (1998). Corrective Feedback in Oral Reading. *Journal of Behavioral Education*, 8 (1), 63-79.

Karasek, R. A. & Theorell, T. (1992). *Healthy Work: Stress Productivity and the Reconstruction of Working Life*. New York: Basic Books.

Schulz von Thun, F., Ruppel, J. & Stratmann, R. (2005). *Miteinander reden: Kommunikationspsychologie für Führungskräfte*. 4. Aufl., Hamburg: Rowohlt.

Van der Doef, M. & Maes, S. (1999). The Job-Demand-Control-(Support-)Model and Psychological Well-Being: A Review of 20 Years of Empirical Research. *Work & Stress*, 13 (2), 87-114.

Wunderer, R. (2006). *Führung und Zusammenarbeit. Eine unternehmerische Führungslehre*. 6. erw. Aufl., Neuwied: Luchterhand.

Erfolgsfaktor 5

Allen, D. (2004). *Wie ich die Dinge geregelt kriege. Selbstmanagement für den Alltag*. München: Piper.

Ghosal, S. & Bruch, H. (2003). Going Beyond Motivation to the Power of Volition, *MIT Sloan Management Review*, Spring, 51.57.

Gredler, M. (1992). *Evaluating Games and Simulations, a Process Approach*. London: Kogan Page.

Heckhausen, H., Gollwitzer, P. M. & Weinert, F. E. (1987). *Jenseits des Rubikon. Der Wille in den Humanwissenschaften*. Berlin: Springer.

Heckhausen, J. & Heckhausen, H. (2006). *Motivation und Handeln*. 3. Aufl., Berlin: Springer.

Küstenmacher, W. T. & Seiwert, L. J. (2004). *Simplify your life. Einfacher und glücklicher leben*. 12. Aufl., Frankfurt: Campus.

Zusammenfassung

Bass, B. M. (1998). *Transformational Leadership: Industrial, Military and Educational Impact*. Mahway, NJ: Lawrence Erlbaum Associates.

Rowold, J. & Rowold, G. (2006). Effektiver führen durch Kollegiales Team-Coaching (KTC). Wie transformationale Führung längerfristig Leistung verbessern kann. In: J. Rowold & G. Rowold (Hrsg.). *Grundlagen und Anwendungen des Kollegialen Team-Coachings*, Münster: MV-Verlag, 92-105.

Waldmann, D. A., Bass, B. M. & Einstein, W. O. (1987). Leadership and Outcomes of Performance Appraisal Processes. *Journal of Occupational Psychology*, 60, 177-186.

Waldmann, D. A., Bass, B. M. & Yammarino, F. J. (1990). Adding to Contingent-reward Behavior. The Augmenting Effect of Charismatic Leadership. *Group & Organization Studies*, 15 (4), 381-394.

Stichwortverzeichnis